高职高专“十二五”规划教材

钢丝的防腐与镀层

王火清　编

北　京

冶　金　工　业　出　版　社

2015

内 容 提 要

本书共分9章，主要内容包括金属腐蚀的基本知识、金属防护方法、钢丝镀前的表面处理、钢丝热镀锌、电镀基本理论、钢丝电镀锌、钢丝电镀铜、合金电镀、典型产品的工艺介绍等。每章后都附有习题。

本书可作为高等职业院校冶金技术专业的教材，也可作为冶金技术人员、企业员工培训教材和参考书。

本书配套的教学课件读者可从冶金工业出版社官网（http：//www.cnmip.com.cn）教学服务栏目中下载。

图书在版编目（CIP）数据

钢丝的防腐与镀层/王火清编．—北京：冶金工业出版社，2015.10
高职高专“十二五”规划教材
ISBN 978-7-5024-6172-0

Ⅰ．①钢…　Ⅱ．①王…　Ⅲ．①钢丝—防腐—高等职业教育—教材　②钢丝—镀层—高等职业教育—教材　Ⅳ．①TG17

中国版本图书馆CIP数据核字(2015)第239764号

出 版 人　谭学余
地　　址　北京市东城区嵩祝院北巷39号　邮编　100009　电话　(010)64027926
网　　址　www.cnmip.com.cn　电子信箱　yjcbs@cnmip.com.cn
责任编辑　俞跃春　美术编辑　杨　帆　版式设计　葛新霞
责任校对　卿文春　责任印制　杨　帆
ISBN 978-7-5024-6172-0
冶金工业出版社出版发行；各地新华书店经销；固安华明印业有限公司印刷
2015年10月第1版，2015年10月第1次印刷
787mm×1092mm　1/16；11.5印张；271千字；166页
33.00元

冶金工业出版社　投稿电话　(010)64027932　投稿信箱　tougao@cnmip.com.cn
冶金工业出版社营销中心　电话　(010)64044283　传真　(010)64027893
冶金书店　地址　北京市东四西大街46号(100010)　电话　(010)65289081(兼传真)
冶金工业出版社天猫旗舰店　yjgycbs.tmall.com
（本书如有印装质量问题，本社营销中心负责退换）

天津冶金职业技术学院材料成型与控制技术专业及冶金技术专业“十二五”规划教材编委会

序

2011年，是“十二五”开局年，我院继续深化教学改革，强化内涵建设。以冶金特色专业建设带动专业建设，完成了冶金技术专业作为中央财政支持专业建设的项目申报，形成了冶金特色专业群。在教学改革的同时，教务处试行项目管理，不断完善工作流程，提高工作效率；规范教材管理，细化教材选取程序；多门专业课程，特别是专业核心课程的教材，要求其内容更加贴近企业生产实际，符合职业岗位能力培养的要求，体现职业教育的职业性和实践性。

我院还与天津市教委高职高专处联合召开“天津市高职高专院校经管类专业教学研讨会”，聘请国家高职高专经济类教学指导委员会专家作专题讲座；研讨天津市高职高专院校经管类专业教学工作现状及其深化改革的措施，对天津市高职高专院校经管类专业标准与课程标准设计进行思考与探索；对“十二五”期间天津高职高专院校经管类专业教材建设进行研讨。

依据研讨结果和专家的整改意见，为了推动职业教育冶金技术专业教育改革与建设，促进课程教学水平的提高，我们组织编写了冶炼方向职业教育系列教材。编写前，我院与冶金工业出版社联合举办了“天津冶金职业技术学院‘十二五’冶金类教材选题规划及教材编写会”，并成立了“天津冶金职业技术学院材料成型与控制技术专业及冶金技术专业‘十二五’规划教材编委会”，会上研讨落实了高职高专规划教材及实训教材的选题规划情况，以及编写要点与侧重点，并确定了第一批的8种规划教材，即《热轧无缝钢管生产》、《冶金过程检测技术》、《型钢生产》、《钢丝的防腐与镀层》、《金属塑性变形与轧制技术》、《连铸生产操作与控制》、《炼钢生产操作与控制》和《炼铁生产操作与控制》。第二批规划教材，如《冶炼基础知识》等也陆续开始编写工作。这些教材涵盖了钢铁生产主要岗位的操作知识及技能，所具有的突出特点是：理实结合、注重实践。编写人员是有着丰富教学与实践经验的教师，有部分参编人员来自企业生产一线，他们提供了可靠的数据和与生产实际接轨的新工艺新技术，保证了本系列教材的编写质量。

本系列教材是在培养提高学生就业和创业能力方面的进一步探索和发展，符合职业教育教材“以就业和培养学生职业能力为导向”的编写思想，相信它对贯彻和落实“十二五”时期职业教育发展的目标和任务，以及对学生在未来职业道路中的发展具有重要意义。

天津冶金职业技术学院　教学副院长　孔维军

2014 年 8 月

前言

金属制品工业的主要产品有钢丝、钢丝绳、钢绞线、预应力钢丝和钢丝网等制品。这些产品应用在各种工程环境中。因此，为了防止工业气氛、海洋气氛、海水、土壤等介质的腐蚀，并保证产品具有某种工业用途，生产中往往在钢丝表面上镀覆某种单一金属层或合金层、非金属层和塑料层等。

最早的热镀锌工艺出现在170多年以前，至今它已广泛地应用在屋面钢板、钢丝、钢丝网、钢带、钢管、器皿、紧固零件等产品上。现在，钢丝热镀工艺已发展到热镀锌-铝合金、热镀铝，还有添加稀土金属的合金镀层。

电镀也有120多年的历史，广泛地应用于机械部件的防止腐蚀、表面装饰、抗磨损、增加硬度，以及提供特殊的磁、电、光、热等表面特性。

本书以碳素钢丝的腐蚀和它的表面镀层为对象，讲述三个方面的内容，即金属的腐蚀与防护基本知识，钢丝的热镀原理和工艺，钢丝的电镀原理和工艺。在介绍钢丝表面镀层使用工艺的同时，还比较系统地介绍有关电化学和电极过程的基本理论以及金属腐蚀原理；在钢丝的电镀原理和工艺中介绍电镀计算的应用公式，并且着重介绍电沉积过程的基本理论，以及影响镀层晶粒粗细和均匀性的因素，工艺参数的控制及其对镀层质量的影响；结合实际生产介绍钢丝电镀工艺的设计方法和电镀设备。除了介绍热镀锌原理和工艺外，对于钢丝制品在热镀、电镀前的表面处理方法也进行了系统介绍，并且还介绍了表面处理的新方法和工艺原理；还结合镀锌炉讲述了热工基本知识。

在教材编写过程中，天津冶金职业技术学院冶金工程系王磊做了大量的工作，在此表示衷心的感谢！

本书旨在使理论和生产实际密切地结合起来，既可以作为钢丝及其制品专业的教材，又可以作为金属防腐与镀层专业的技术参考书。

由于编者水平所限，书中的不妥之处，敬请各位专家和读者批评指正。

编　者

2015年1月

目 录

1 金属腐蚀的基本知识 …… 1
1.1 金属腐蚀的分类 …… 1
1.2 金属腐蚀概述及腐蚀过程的机理 …… 2
1.2.1 化学腐蚀 …… 2
1.2.2 电化学腐蚀 …… 4
1.2.3 应力腐蚀 …… 5
1.3 钢丝腐蚀的特殊性 …… 5
1.4 影响金属腐蚀的因素 …… 6
1.4.1 内在因素的影响 …… 6
1.4.2 外在因素对电化学腐蚀的影响 …… 9
1.5 金属腐蚀速度的表示方法 …… 12
1.6 腐蚀的试验方法 …… 14
习题 …… 15

2 金属防护方法 …… 16
2.1 金属防护的分类 …… 16
2.2 钢丝防腐镀层的分类和特点 …… 17
2.2.1 镀锌层 …… 17
2.2.2 铜镀层 …… 17
2.2.3 锡镀层 …… 17
2.2.4 铅镀层 …… 17
2.2.5 铝镀层 …… 18
2.3 防护新技术、新材料简介 …… 18
2.3.1 正确选用金属材料 …… 18
2.3.2 正确地选择防腐蚀方法 …… 18
2.3.3 改变环境气氛提高钢丝耐蚀能力 …… 18
2.3.4 使用新材料防腐 …… 19
习题 …… 19

3 钢丝镀前的表面处理 …… 20
3.1 钢丝表面脱脂工艺 …… 20
3.1.1 碱洗脱脂——化学碱洗工艺 …… 20

3.1.2 低温烧除油脂工艺……21
3.1.3 电解碱洗……22
3.2 酸洗工艺……24
3.2.1 化学酸洗……24
3.2.2 电解酸洗……25
习题……29

4 钢丝热镀锌……30

4.1 镀锌方法概述……30
4.2 热镀锌的地位……31
4.2.1 生产热镀锌钢丝技术条件分析……31
4.2.2 镀锌层的防腐蚀效果分析……31
4.3 镀锌质量与钢丝表面的准备处理……32
4.3.1 低碳钢丝退火对镀层质量的影响……33
4.3.2 脱脂对镀层质量的影响……33
4.3.3 助镀剂处理对镀层质量的影响……33
4.3.4 钢丝拉拔后残留的涂层和润滑剂膜的影响……34
4.4 热镀锌工艺原理……34
4.4.1 锌的性质……34
4.4.2 在热镀时锌和铁的作用……34
4.4.3 钢丝侵入锌液后的作用过程……35
4.4.4 钢丝出锌后的作用过程……35
4.4.5 锌层组织构造……35
4.5 热镀锌工艺条件对钢丝力学性能的影响……37
4.5.1 抗拉强度下降伸长率提高……37
4.5.2 扭转值和反复弯曲值下降……38
4.5.3 弯曲疲劳强度在热镀锌后有所下降……39
4.5.4 热镀锌后对酸洗造成的脆性有所消除……40
4.6 影响锌层组织构造的因素……40
4.6.1 锌锅温度……40
4.6.2 浸锌时间的影响……41
4.6.3 钢丝化学成分的影响……41
4.6.4 锌液成分的影响……42
4.6.5 钢丝规格、外观等的影响……43
4.7 影响锌层厚度的因素……43
4.7.1 影响合金层厚度的因素……43
4.7.2 影响纯锌层厚度的因素……44
4.8 热镀锌工艺分析……44
4.8.1 热镀锌对钢丝的要求……44

4.8.2　助镀剂的作用及工艺……………………………………………………………… 45
4.8.3　锌锅工艺及热镀锌操作技术…………………………………………………… 47
4.8.4　热镀锌工艺流程简介…………………………………………………………… 53
4.9　镀锌锅热工的基本分析……………………………………………………………… 55
4.9.1　传热的基本方式及温度测量…………………………………………………… 55
4.9.2　燃料、钢丝的热参数…………………………………………………………… 59
4.9.3　镀锌炉热平衡介绍……………………………………………………………… 67
4.9.4　镀锌炉概述……………………………………………………………………… 69
4.10　热镀锌生产定额及材料消耗 ……………………………………………………… 70
4.10.1　热镀锌钢丝产量的计算 ……………………………………………………… 70
4.10.2　原材料消耗指标 ……………………………………………………………… 71
习题 ……………………………………………………………………………………… 72

5　电镀基本理论…………………………………………………………………………… 73

5.1　法拉第电解定律的应用……………………………………………………………… 73
5.2　电沉积过程…………………………………………………………………………… 77
5.2.1　液相中传质步骤及其成为控制步骤的极化特征……………………………… 77
5.2.2　阴极过程由表面转化和电化学反应步骤控制的极化特征…………………… 81
5.2.3　电结晶过程……………………………………………………………………… 83
5.3　镀层在阴极表面的分布……………………………………………………………… 84
5.3.1　基本概念………………………………………………………………………… 84
5.3.2　镀层厚度不均匀的原因………………………………………………………… 84
5.3.3　极化度的概念…………………………………………………………………… 84
5.3.4　影响均镀能力和深镀能力的因素……………………………………………… 85
5.4　析氢过程及影响氢过电位的因素…………………………………………………… 89
5.4.1　析氢过程………………………………………………………………………… 89
5.4.2　影响氢过电位的因素…………………………………………………………… 90
5.5　影响镀层结晶晶粒的因素…………………………………………………………… 92
5.5.1　电镀液的基本类型……………………………………………………………… 92
5.5.2　电镀液本性对镀层的影响……………………………………………………… 94
5.5.3　电镀参数对镀层的影响 ……………………………………………………… 103
5.6　阳极过程 …………………………………………………………………………… 105
5.6.1　阳极过程的特点 ……………………………………………………………… 105
5.6.2　影响阳极过程的因素 ………………………………………………………… 105
习题……………………………………………………………………………………… 106

6　钢丝电镀锌 …………………………………………………………………………… 107

6.1　电镀锌在金属制品工业中的应用 ………………………………………………… 107
6.2　氨三乙酸-氯化铵镀液 ……………………………………………………………… 108

6.2.1　镀液成分和工艺规范 …… 108
6.2.2　镀液的配制 …… 109
6.2.3　工艺原理 …… 109
6.2.4　镀液成分和工艺规范对镀层的影响 …… 110
6.3　碱性锌酸盐镀锌 …… 111
6.3.1　镀液成分和工艺规范 …… 111
6.3.2　镀液的配制方法 …… 112
6.4　硫酸盐镀锌 …… 113
6.4.1　钢丝电镀锌工艺规范 …… 113
6.4.2　电镀锌工艺条件的影响 …… 114
6.4.3　镀液的配制 …… 116
6.4.4　电镀锌车间的工艺设计 …… 116
6.5　镀锌钢丝的镀层质量检验 …… 122
6.5.1　硫酸铜试验 …… 122
6.5.2　锌层质量试验 …… 123
6.5.3　缠绕试验 …… 124
习题 …… 124

7　钢丝电镀铜 …… 125

7.1　钢丝电镀铜的应用和工艺类型 …… 125
7.1.1　铜镀层的特性及应用 …… 125
7.1.2　镀铜液类型 …… 125
7.2　氰化物镀铜 …… 126
7.2.1　工艺原理 …… 126
7.2.2　镀液成分和工艺规范 …… 127
7.3　焦磷酸盐镀铜工艺 …… 127
7.3.1　工艺原理 …… 127
7.3.2　镀液的配制 …… 130
7.3.3　镀液成分和工艺条件的影响 …… 131
7.4　硫酸盐镀铜 …… 133
7.4.1　工艺规范 …… 133
7.4.2　工艺原理 …… 133
7.4.3　镀液成分和各工艺参数的影响 …… 133
7.4.4　镀液的配制 …… 135
7.5　钢丝电镀设备概述 …… 135
7.5.1　各种槽体的材质 …… 135
7.5.2　镀槽形式 …… 136
7.5.3　阳极 …… 136
7.5.4　槽内布置 …… 137

习题 …… 137

8　合金电镀 …… 138

8.1　概述 …… 138
8.2　合金电镀理论 …… 139
8.2.1　合金镀层的结构 …… 139
8.2.2　金属共沉积的基本条件 …… 140
8.2.3　金属共沉积的类型 …… 144
8.2.4　合金极化曲线的分解 …… 145
8.2.5　合金电镀液成分对镀层成分的影响 …… 147
8.2.6　工艺规范对镀层成分的影响 …… 148
8.2.7　合金电镀的阳极 …… 149
8.3　电镀铜-锡合金 …… 150
8.3.1　Cu-Sn 合金镀液的主要类型及特性 …… 150
8.3.2　焦磷酸盐-锡酸盐电镀 Cu-Sn 合金工艺 …… 151
8.4　电镀铜-锌合金 …… 153
8.4.1　氰化物络合电镀 Cu-Zn 合金 …… 153
8.4.2　焦磷酸盐镀 Cu-Zn 合金 …… 154
习题 …… 154

9　典型产品的工艺介绍 …… 156

9.1　钢丝绳用圆钢丝热镀锌 …… 156
9.1.1　原料的技术条件 …… 156
9.1.2　热镀锌原料 …… 156
9.1.3　工艺流程 …… 156
9.1.4　各道工序工艺规范 …… 157
9.1.5　热镀锌设备 …… 157
9.2　钢丝绳用钢丝热处理-电镀锌工艺 …… 157
9.2.1　工艺流程 …… 157
9.2.2　电镀锌钢丝技术要求 …… 158
9.2.3　工艺制度 …… 158
9.2.4　原材料 …… 159
9.2.5　设备 …… 159
9.3　轮胎钢丝电镀铜工艺 …… 159
9.3.1　成品钢丝的质量要求 …… 159
9.3.2　半成品钢丝的技术要求 …… 160
9.3.3　工艺流程 …… 160
9.3.4　工艺规范 …… 160
9.3.5　各种电镀液的配制 …… 161

9.3.6　设备规格 …………………………………………………… 161
9.4　钢丝热扩散法镀黄铜 …………………………………………… 161
9.4.1　轮胎钢帘线用钢丝 ………………………………………… 162
9.4.2　高压胶管用钢丝 …………………………………………… 163
9.4.3　半成品钢丝热处理-热扩散镀黄铜工艺 …………………… 164
9.4.4　生产钢帘线工艺举例 ……………………………………… 165
习题……………………………………………………………… 165

参考文献……………………………………………………………… 166

1 金属腐蚀的基本知识

金属腐蚀是指金属受到周围介质的化学或电化学作用而引起的破坏。

对于金属因机械性的作用，例如磨损或水流等介质的冲击而造成的金属损坏，都不能称做腐蚀。但机械性的破坏往往和金属腐蚀是同时发生的。例如矿山用钢丝绳，由于拉伸、弯曲、摩擦等造成的机械性破坏往往同在酸性条件下造成的腐蚀是同时进行的，而后者的危害更是不容忽视的。

1.1 金属腐蚀的分类

按照腐蚀过程进行的机理，金属腐蚀分为两大类，化学腐蚀和电化学腐蚀。

化学腐蚀是指金属与周围介质只发生化学作用而没有电流产生的腐蚀过程。例如在干燥气体和非电解质溶液中发生的腐蚀。化学腐蚀也分为两大类：一是气体腐蚀，即金属在完全没有湿气凝结于金属表面的情况下发生的腐蚀，如钢丝在热处理时，在高温下与空气中的氧气进行化学反应生成的氧化铁，其成分包括有 FeO、Fe_2O_3 和 Fe_3O_4；二是在非电解质溶液中的腐蚀，例如某些有机物质作用于金属表面的情况下发生的腐蚀，像钢丝在含硫石油中的腐蚀。

电化学腐蚀，是指在电解质溶液中有电流产生的腐蚀过程。一般分为五种情况：

（1）大气腐蚀。即金属在大气中的腐蚀，以及在任何湿的气体中进行的腐蚀，因为绝大多数金属构件在大气中使用，所以这是最常见的腐蚀。

（2）在电解质溶液中的腐蚀。它也是较普遍的腐蚀，往往是天然水或水溶液作用于金属的腐蚀。根据介质的特性又分为酸腐蚀、碱腐蚀和盐腐蚀等。

（3）土壤腐蚀。即土壤与金属起作用，例如埋于地下的金属构件的腐蚀。

（4）海水腐蚀。大多数是海运船舰的金属构件与海水接触发生的腐蚀，例如拖网用镀锌钢丝绳在海水中的腐蚀。

（5）盐浴腐蚀。金属与熔融盐接触发生的腐蚀，例如盐焙炉热处理时对金属的腐蚀。

在上述各种腐蚀的情况下，腐蚀破坏的形式又可分为全面腐蚀和局部腐蚀。全面腐蚀是指腐蚀分布在金属整个表面上，这类形式可以是均匀的，也可以是不均匀的；局部腐蚀是腐蚀分布在某一定的区域表面上，而其余部分却几乎没有遭受腐蚀，它包括有：

（1）斑腐蚀。发生在表面的个别部分上，其深度不大但占有较大面积，如图 1-1 所示。

（2）陷坑腐蚀。相当大的破坏集中在不大的面积上，如图 1-2 所示。

（3）点腐蚀。腐蚀集中在面积很小的各个点上，如图 1-3 所示。

（4）晶间腐蚀。其特征为腐蚀是沿晶粒边界发生的。这是一种很危险的腐蚀，因为在外观还没发生明显变化的情况下，就已经使金属的机械性能急剧降低。如不锈钢材的腐蚀多为晶间腐蚀，如图 1-4 所示。

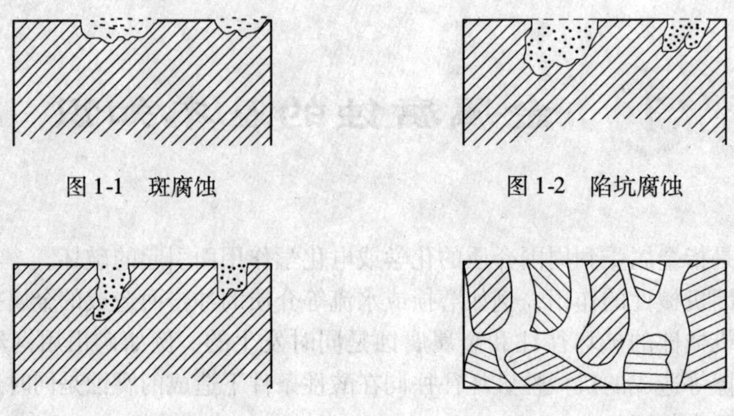

图 1-1 斑腐蚀　　图 1-2 陷坑腐蚀

图 1-3 点腐蚀　　图 1-4 晶间腐蚀

（5）腐蚀破裂。破坏发生在沿最大张应力线的一种局部腐蚀，它不仅可以沿晶粒边界进行，而且也可以贯穿晶粒本体，故又称为穿晶腐蚀。穿晶腐蚀有腐蚀疲劳及在一定的张应力下的腐蚀，如图 1-5 所示。

（6）表面下腐蚀。它是从金属表面开始，又向表面下扩展，引起金属隆起或分层，如图 1-6 所示。

图 1-5 腐蚀破裂　　图 1-6 表面下腐蚀

（7）选择腐蚀。常常对多元合金而言，一种组元溶解到腐蚀介质中去，其他组元逐渐在金属表面增浓，例如黄铜脱锌就是组元之一锌溶解到介质溶液中。

值得注意的是，局部腐蚀要比全面腐蚀的危害性大。在相同的腐蚀量下，局部腐蚀会使金属的力学性能大大降低。例如钢丝绳遭受到全面腐蚀时在腐蚀量为 10% 时，其破断拉力只降低 10%，但若遭到局部腐蚀，即腐蚀量仅为万分之一，就会使钢丝绳在该处断裂。

1.2 金属腐蚀概述及腐蚀过程的机理

1.2.1 化学腐蚀

氧化是常见的化学腐蚀，其作用可以描述为：$Me+\frac{1}{2}O_2 = MeO$，Me 代表金属。氧化能否发生要看金属氧化物的分解压力大小而定。倘若在一定条件下金属氧化物 MeO 的分解压力大于该条件下介质中氧的分压力，则不可能生成金属氧化物，即不会进行金属的氧化反应。反之，氧化反应才有可能进行。

在空气这类介质中，氧的分压约为 0.2 大气压（20265Pa），只有金属氧化物在一定温度下的分解压力小于 0.2 大气压（20265Pa），该金属才会在空气中发生氧化。往往在减少介质中氧的分压力时，例如造成无氧气氛或还原性气氛，使介质中氧的分压小于某种金属氧化物在该温度下的分解压力，则金属不发生氧化。

有资料指出，在2000K以下锌及铁氧化物的分解压力很小。因而它们在2000K以下很易氧化。锌、铁氧化物在各种温度下的分解压力见表1-1。

表1-1 锌、铁氧化物在各种温度下的分解压力

绝对温度/K	金属氧化物分解压力/Pa	
	$2ZnO = 2Zn + O_2$	$2FeO = 2Fe + O_2$
500	1.3×10^{-63}	
600	4.6×10^{-51}	5.1×10^{-37}
800	2.4×10^{-35}	9.1×10^{-25}
1000	7.1×10^{-26}	2.0×10^{-17}
1200	1.5×10^{-19}	5.6×10^{-14}
1400	5.4×10^{-15}	5.9×10^{-9}
1600	1.4×10^{-11}	2.8×10^{-6}
1800	6.8×10^{-9}	3.3×10^{-4}
2000	9.5×10^{-7}	1.6×10^{-2}

从化学腐蚀的机理进行分析，化学腐蚀是金属与介质直接进行化学反应的结果，反应方程为 $Me + X \rightarrow MeX$，X为介质原子。当金属表面无油垢及其他杂物时，介质与金属表面接触，先发生吸附，随后介质分子分解为原子，并发生介质原子与金属表面原子的化学反应。

腐蚀产物若是气态或是可以挥发的物质，则不以完整的膜留在金属表面上，于是介质便无阻碍地同金属表面接触，不断地进行吸附，并且分解为原子，与金属原子化合从而发生腐蚀过程。

倘若腐蚀产物形成了膜，那么在化学反应最初阶段形成的是单分子层膜，它不能隔断介质与金属的接触，金属原子，更确切地说是金属离子与电子以及介质原子（或离子）还将通过膜相向地进行扩散，在膜中相遇进行化合反应，生成新的腐蚀产物，加厚了膜。随着膜的成长，扩散难度增加，使腐蚀过程中产生的膜，在其增厚的过程中又产生“自行制动作用”，即反而起着阻止继续腐蚀的作用。为此，腐蚀产物的膜必须保持完整性。

有人提出生成完整的氧化膜的一个必要条件是：氧化物的体积 V_n 要大于为生成这些氧化物而消耗的金属体积 V_m，即 $V_n > V_m$。并推导出下式：

$$\frac{V_n}{V_m} = \frac{M_r \rho_m}{x A_r \rho}$$

式中 V_n——氧化物的分子体积；

V_m——形成分子体积的氧化物所消耗的金属的体积；

M_r——氧化物分子量；

ρ——氧化物的密度；

A_r——金属的原子量；

ρ_m——金属的密度；

x——在一个分子氧化物中所含金属原子数目。

唯有当$\frac{M_r \rho_m}{x A_r \rho} > 1$时，氧化膜才可能是完整的。

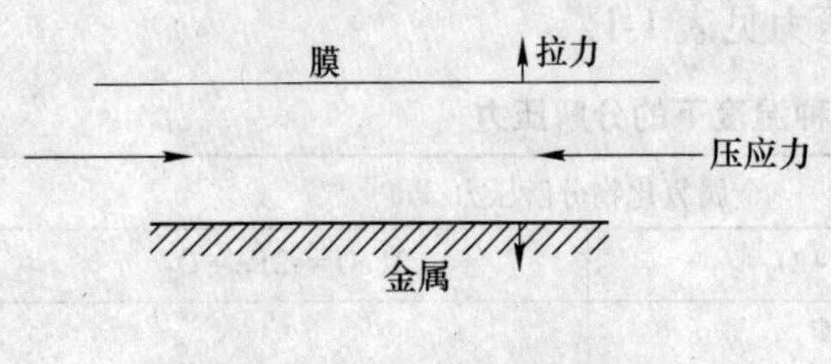

图 1-7 膜的受力示意图

上述公式仅仅说明可能得到完整的氧化膜。但是膜能否保证完整还和膜的内应力有关。形成膜的氧化物，其体积大于金属体积，随着膜的成长，膜的体积发生膨胀，于是在膜中便产生沿平行金属表面方向的压力和垂直金属表面方向的拉力，这就是使膜离开金属的内应力，如图 1-7 所示。

此外，温度变化而产生膜的点阵类型变化时，以及温度变化使膜与金属的膨胀系数不同时，都会使膜产生内应力。

当内应力超过膜的力学性能——强度和塑性时，便产生裂缝。在内应力大于膜与金属间的结合力时，则发生膜的剥落。于是加速了化学腐蚀。

1.2.2 电化学腐蚀

金属在电解质溶液的介质中，产生电流的腐蚀称为电化学腐蚀。

1.2.2.1 原电池作用

电化学腐蚀的本质是氧化—还原反应，因此必定伴随着电子转移。

以铜、锌原电池为例说明如下。

把铜板和锌板放在同一种电解质溶液中，并用导线将它们连接起来。在电路中串联一个电流表，便可发现导线中有电流产生，这种装置就称为原电池，如图 1-8 所示。

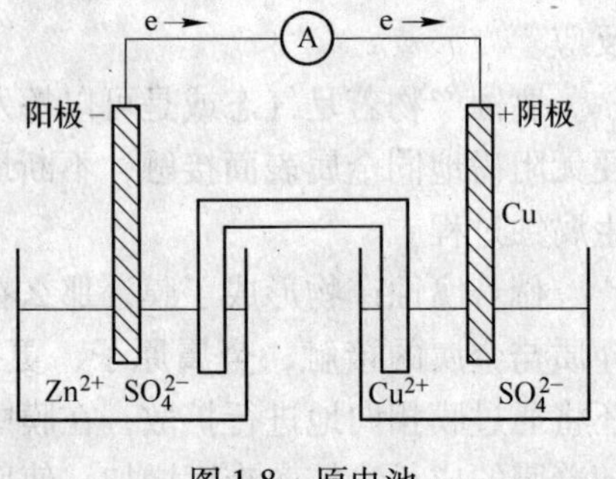

图 1-8 原电池

电子流动方向是从锌板经导线流向铜板。电子流出的一极称为负极，电子流入的一极称为正极，即锌为负极，铜为正极。为什么会产生这一现象呢？这就是因为在金属中，锌比铜活泼，锌与铜比较，锌容易失去电子，于是负极发生反应为：$Zn - 2e = Zn^{2+}$，Zn^{2+}进入溶液，锌发生氧化反应，不断溶解。电子到达铜板时，将发生还原反应即溶液中Cu^{2+}得电子，其电极反应为$Cu^{2+} + 2e = Cu$。

根据电化学规定，发生氧化反应的又称为阳极反应，发生还原反应的又称为阴掘反应。

锌的溶解便称为电化学腐蚀。

若是在酸性介质中，原电池的正极还可能发生析氢反应，即$H^+ + e = H$，$H + H = H_2$。

若是在中性电解质溶液中，例如在Na_2SO_4溶液中，则有可能发生吸氧反应，即在原电池正极发生如下反应：

$$\frac{1}{2}O_2 + H_2O + 2e \longrightarrow 2OH^-$$

金属的活泼性是根据实验测定各种金属的电极电位，进行初步估计而来的，对于金属内部的夹杂物、金属间化合物等，人们也已经测定了它们电极电位的大小。

金属等物质在水溶液中得失电子的能力，与电极电位代数值有关，电极电位越小，越易失电子，起氧化反应；电极电位越大，越易得电子，起还原反应。

应该说明的是原电池之所以产生电流，是因为原电池中两个电极存在着电位差，这两个电极都分别有一个电位，这就是电极电位。同时应注意到，在腐蚀过程中，因为金属常常不是处在本金属离子的溶液中，即使是处于本金属离子溶液中，其浓度也不会恰恰是1mol/L，因此一般指的是不平衡电位。例如铁的标准电位为-0.43V，而在3%氢氧化钠溶液中，其电位开始是-0.34V，最终为-0.50V。又如锌的标准电位是-0.76V，而在3%氢氧化钠溶液中，开始为-0.83V，最终为-0.83V。

1.2.2.2 电化学腐蚀的三个条件

电化学腐蚀是由负极上的阳极反应，电子的流动以及正极上的阴极反应三个环节组成的。电化学腐蚀应满足的条件是：

（1）金属上各部分，或不同金属之间存在着电极电位差。

（2）各部分金属要处于相互接触，相当于用导线连接。

（3）具有电极电位差的各部分金属是放在互相连通的电解质溶液中。

1.2.3 应力腐蚀

在生产实际情况下往往存在应力腐蚀。应力腐蚀的含义是金属材料在应力及腐蚀同时作用下所造成的破坏。应力腐蚀不同于单一力学性能破坏或仅仅受腐蚀作用破坏。它往往在上述某一种情况下，在很低的应力情况下，便会发生材料的破坏。例如钢丝冷拉产生的残余应力，又如金属在酸洗析氢时，往往会发生突然的破坏。其危害性往往是金属内部先形成裂纹，而表面并无显著变化时，便有可能出现材料的破坏。

1.3 钢丝腐蚀的特殊性

钢丝的材质，除含铁以外，还会含有石墨或渗碳体等，这些杂质能导电，其电极电位数值较铁大，即杂质不易失去电子。当钢丝表面暴露于潮湿的空气时，由于表面的吸附作用，使之表面上覆盖一层水膜。钢丝的铁成分与杂质成分（Fe_3C）紧密接触，再加上水膜的电解质溶液，便在钢丝上形成无数微电池，这也就是原电池。

在酸性的大气环境中，水膜中溶解了二氧化碳或二氧化硫等酸性气体，导致水膜中H^+浓度的增加，即存在下述反应：

$$CO_2 + H_2O \longrightarrow H_2CO_3 \longrightarrow H^+ + HCO_3^-$$

$$SO_2 + H_2O \longrightarrow H_2SO_3 \longrightarrow H^+ + HSO_3^-$$

于是钢丝中的铁和杂质好像放在含H^+，HCO_3^-，HSO_3^-等电解质溶液中一样，形成无数原电池，铁为负极（阳极反应）：$Fe = Fe^{2+} + 2e$ 发生溶解。

杂质为正极（阴极反应），在杂质区域的表面溶液中，发生H^+得电子的反应即

$2H^+ +2e = H_2$。这种情况称为析氢腐蚀，最后产物是以 Fe_2O_3 为主的红褐色铁锈。总的反应如下：

负极（阳极反应）　$Fe = Fe^{2+} + 2e$

$$Fe^{2+} + 2OH^- = Fe(OH)_2$$

（OH^- 由水而来）

正极（阴极反应）　$2H^+ + 2e = H_2$

于是原电池反应为 $Fe + 2H_2O = Fe(OH)_2 + H_2$。$Fe(OH)_2$ 又被空气氧化，生成 $Fe(OH)_3$。反应是：

$$4Fe(OH)_2 + 2H_2O + O_2 = 4Fe(OH)_3$$

$Fe(OH)_3$ 及其脱水产物为 Fe_2O_3。上述是在酸性环境下产生的电化学腐蚀。

若是在弱碱性或中性介质下，钢丝表面水膜含有中性电解质溶液，例如 NaCl、Na_2SO_4 等中性盐存在时，便会发生吸氧的电化学腐蚀。反应如下：

负极（阳极反应）　$2Fe = 2Fe^{2+} + 4e$

正极（阴极反应）　$O_2 + 2H_2O + 4e = 4OH^-$

总反应为 $2Fe + O_2 + 2H_2O = 2Fe(OH)_2$。随之，在空气中 $Fe(OH)_2$ 又氧化为 $Fe(OH)_3$，部分脱水成为 Fe_2O_3，形成铁锈。

钢丝腐蚀示意图如图 1-9 所示。

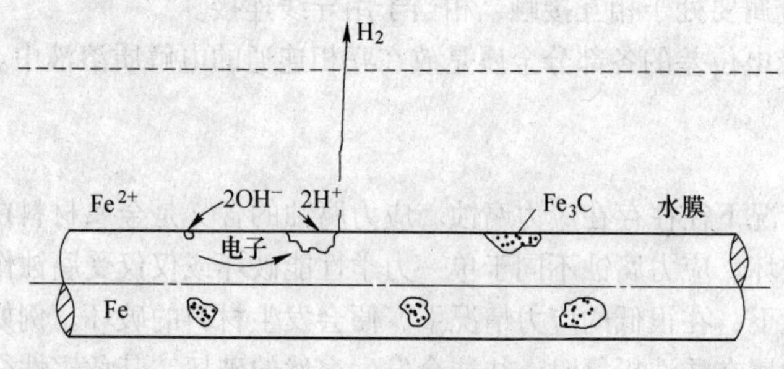

图 1-9　钢丝腐蚀示意图

1.4　影响金属腐蚀的因素

影响金属腐蚀有内在因素和外在因素，内在因素有：金属元素的化学性质，固溶体的成分，合金的组织，应力与形变，疲劳等；外在因素有：溶液 pH 值，溶液的成分和浓度，环境的温度，腐蚀介质的运动速度等。

1.4.1　内在因素的影响

1.4.1.1　金属元素的化学性质

在同样条件下不同的金属，它们的腐蚀程度不同。目前还不能根据元素在周期表中的位置来得出在一切情况下都可以运用的金属腐蚀性的普遍规律，因为还有其他因素影响着金属的腐蚀速度。如果仅仅从金属本身的性质来讨论的话，只能粗略地发现近似的规律。

不同的金属有不同的电极电位，因此，它们的耐腐蚀性也各不相同。此外，容易形成保护膜，即易产生钝化的金属，其耐蚀性与保护膜的性质有关。最容易钝化的金属是指其表面能够氧化成在电解质中稳定的氧化物。例如铝和铬的电位虽然都比铁较负，但是铝和铬在大气中的耐蚀性却比铁好得多，这主要是因为铝和铬在大气中能够生成具有良好保护性能的氧化膜而使金属钝化。

1.4.1.2 固溶体成分的影响

由两个组元组成的单相合金，如果其中一个组元在一定的介质中是完全耐蚀的，即在该介质中化学性质极其稳定，或者该组元由于钝化，而另一种组元在该介质中是完全不耐蚀的，那么单相合金中不耐蚀的组元比耐蚀的组元在介质中以更快的速度溶解。例如黄铜在许多溶液中容易脱锌，出现脱锌反应。

1.4.1.3 合金复相的影响

一般说来，单相合金比多相合金耐腐蚀。与单相合金（固溶体）比较，多相合金中有阴极相存在时，一般都加速腐蚀。例如钢丝在盐酸或稀硫酸中的腐蚀，铁素体为阳极，发生溶解，而碳化物或石墨是阴极，不溶解。又如硬铝中 $CuAl_2$ 等就会引起腐蚀的加速。当由于阴极相的存在而加速腐蚀的情况下，阴极相越多，其弥散程度越大，则腐蚀速度越大。

但是，在氧去极化腐蚀中，当腐蚀过程中被氧的扩散速度所控制时，则阴极相的存在不影响腐蚀速度。此外在氧的浓差电池腐蚀下，腐蚀速度也与阴极相无关。

为什么会出现上述两种情况呢？首先分析氧去极化腐蚀的过程，它常常发生在中性的电解质溶液中，在有氧存在的弱酸性溶液中以及在潮湿空气中。这类情况与钢丝及其制品使用的环境相似。若在多相合金中阳极相电位为 φ_A（如钢丝中铁素体），在发生腐蚀时阳极相溶解，在阴极相（如钢丝中碳化物 Fe_3C 或石墨）则发生 $\frac{1}{2}O_2 + H_2O + 2e = 2OH^-$ 的反应，这种腐蚀的条件是 $\varphi_A < \varphi_{O_2} - \eta_{O_2}$。其中 φ_A 为阳极电位；η_{O_2} 为阴极反应 $\frac{1}{2}O_2 + H_2O + 2e = 2OH^-$ 的平衡电位，根据电化学中能斯特方程 $\varphi_{O_2} = \varphi^{\circ}_{O_2} + \frac{0.059}{2}\lg\frac{(O_2)^{1/2}}{(OH^-)^2}$。$\eta_{O_2}$ 为氧的离子化超电位。对于一定的合金相，其阴极相的 η_{O_2} 为定值，当电解质溶液经过强烈搅拌，大量地通入空气时，腐蚀速度主要被氧的离子化超电位 η_{O_2} 所决定。但是，大多数情况是金属置于平静的或轻微搅动的电解质溶液中，金属表面的薄层溶液厚度一般为 1mm 或 1mm 以上，在搅拌时薄层溶液仍然存在，有 0.02～0.1mm 厚。于是氧不能靠对流通过它，只能依靠扩散通过薄层溶液到达金属表面。金属能否发生腐蚀，要取决于 $\varphi_A < \varphi_{O_2} - \eta_{O_2}$，其中决定于氧的浓度（$O_2$），因此腐蚀速度决定于氧的扩散速度。合金中微观阴极相的数量并不影响腐蚀速度，因为微观阴极相极小而量却很多，使得通过薄液层而扩散的路径全已用尽，即使有更多阴极相，也不能再增加扩散到阴极相的氧的总量，因而腐蚀速度不变。例如不同含碳量的钢在水中或中性水溶液中，腐蚀速度几乎相同。

其次，分析一下氧的浓差电池腐蚀情况。对于因为金属各部分所接触的电解质溶液中含氧的浓度不同而发生的腐蚀，称为氧的浓差电池腐蚀。根据电极过程，即 $\frac{1}{2}O_2 + H_2O +$

$2e = 2OH^-$，并由公式 $\varphi_{O_2} = \varphi_{O_2}^{\circ} + \frac{0.059}{2}\lg\frac{(O_2)^{1/2}}{(OH^-)^2}$ 可知当金属构件插入中性溶液中时，靠近液面溶入的 O_2 较多，其 φ_{O_2} 较大，在溶液深处溶入的 O_2 较少，其 φ_{O_2} 较小，于是液面处电极电位 φ_{O_2} 较大，作为阴极；而溶液深处电极电位较小，作为阳极，因此发生腐蚀。这个腐蚀过程也称做吸氧腐蚀，或称差异充气腐蚀。当这种腐蚀过程被氧的扩散速度所控制时，正如前面所讲的氧去极化腐蚀一样，微观的阴极相小而多，金属表面的薄液层中的扩散途径已用尽，虽然微观阴极相再增加，但扩散到微观阴极上的氧的总量不能再增加了，因而腐蚀速度不会改变。

合金中的阳极相，它大致有下面五种情况：

(1) 如果合金中的阳极相可以钝化，那么阴极相的存在反而会有利于阳极钝化。腐蚀会因此而迅速减慢，例如灰口铁在硝酸中比铁具有明显的耐蚀性。

(2) 在合金腐蚀时，如果能形成与金属牢固结合的保护膜，那么阴极相越多，且弥散度越大，越有利于保护膜的形成，因而腐蚀速度越低。

(3) 一般的情况，阳极相越多，腐蚀速度越大，这是由于微电池数目增多的缘故。但对于受氧的扩散速度控制的氧去极化腐蚀除外。

(4) 在阳极相很小时，例如 Al-Mg-Si 合金中的 Mg_2Si 相在腐蚀开始后就会很快地被溶解掉，合金表面几乎由均一的组织——固溶体所组成，因而由于阳极相存在所造成的组织不均匀性对腐蚀速度无显著影响。

(5) 当阳极相很小时，阳极相的存在对腐蚀速度的影响也不大。因为在阳极相面积很小时，腐蚀电流密度将很大，在阳极能够产生极化作用时，则阳极区域的极化作用可能很大，腐蚀速度会减少很多。

1.4.1.4　应力与变形的影响

金属内部产生应力时，腐蚀加速。一般是沿应力线进行腐蚀，大多数情况是贯穿晶粒，但是也有由于应力造成晶间腐蚀的情况。应力腐蚀出现在冷加工变形后未进行退火的金属制品上。因此需要退火以消除应力。

1.4.1.5　腐蚀疲劳

受交变应力的金属制品在腐蚀介质中发生的腐蚀称做腐蚀疲劳。由于腐蚀与疲劳发生了互相助长的作用，因此它比单纯腐蚀或单纯疲劳的破坏要严重得多。它的机理，是在开始时可能由于腐蚀作用在金属表面上一点发生小的腐蚀坑，它相当于在金属表面划痕，此处应力集中而且坑的底部应力最大，电极电位最低，成为阳极区域，这就使该处的腐蚀加深，反过来又造成应力在该点更加集中，腐蚀更易在该处发展，最终导致严重的破坏。消除或减弱腐蚀疲劳的方法主要是减小腐蚀作用的因素的影响。

1.4.1.6　其他内在因素的影响

(1) 固溶体因腐蚀而溶解在电解质溶液中后，若其中电位较高的组元能从溶液中重新析出在金属表面，则往往因此加速腐蚀。例黄铜镀层在酸性溶液中腐蚀溶解时，其中铜又析出于黄铜层表面上，加速黄铜的腐蚀。

（2）金属表面的光洁度影响。表面越光滑，耐蚀性越高。这种情况在大气腐蚀情况下更为明显。

（3）金属晶粒大小，一般对腐蚀无显著影响，只有在增大晶粒时造成晶界增厚和晶界上杂质增多的情况下，才有影响，出现晶间腐蚀。在某种条件下发生晶间腐蚀（如不锈钢），往往是晶粒越大，晶间腐蚀越甚。

1.4.2　外在因素对电化学腐蚀的影响

1.4.2.1　大气中的因素对金属腐蚀的影响

A　相对湿度及温度的影响

相对湿度是在某一温度时空气中水蒸气的实际含量与同一温度下空气中饱和水蒸气含量的比值。温度降低到一定程度，相对湿度达到100%，就开始凝露，该温度就是含有此水气量的空气的露点。使金属生锈的因素是相对湿度，因为水膜的生成与相对湿度有关。

相对湿度增加到一定限度时，金属的锈蚀速度突然上升，这个相对湿度称为临界相对湿度。钢的临界相对湿度约为70%，当然在空气中有污染或金属表面不洁时，临界相对湿度值还要降低。几种金属的临界相对湿度为铁约65%、铝约65%、锌约70%。

金属腐蚀速度也与水膜厚度有关，图1-10为金属腐蚀速度与水膜厚度的关系曲线。

从图上分析，在区域A水膜极薄，腐蚀速度很小。区域D相当于金属全浸在水中。只有在B、C之间时腐蚀速度最大，此时水膜厚度约1μm，氧气透过水膜到金属表面较为容易，氧的阴极去极化作用不受阻碍，因而腐蚀速度很大。但水膜超过一定厚度时，氧透过水膜到达金属表面就较缓慢，腐蚀速度因此变低，这相当于图中C、D之间的区域。

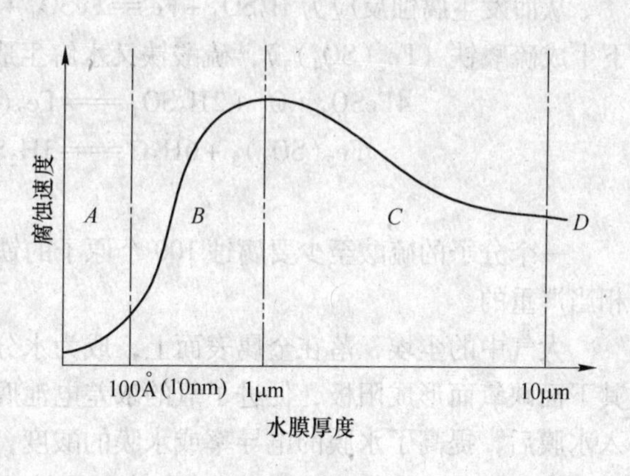

图1-10　腐蚀速度与水膜厚度的关系

如果综合考虑温度和相对湿度对金属腐蚀的影响，一般的情况是：当相对湿度低于临界相对湿度，或相对湿度低于65%时，无论是在什么温度，金属几乎不腐蚀。当相对湿度在临界相对湿度以上金属发生锈蚀时，温度每升高10℃，腐蚀速度提高约2倍。尤其需要注意的是：温度的影响主要表现在其有较大的变化时，即当温度下降的很多，引起金属表面凝露则会加速腐蚀。周期地发生凝露，生锈最为严重。

B　氧气的作用

金属在大气中的锈蚀，水分与氧的存在是其主要因素，缺少其中之一因素时金属不会生锈。例如据有关资料报道，在脱气的海水中，由于氧已去掉，铁钉在其中浸泡10年仍保持光泽。

但是在大气中，由于氧占空气体积的1/5，在大气中金属表面的水膜层又是很薄，氧气很容易溶解并渗透到金属表面，这就使得氧的去极化过程进行得相当顺利，氧的存在成为大气腐蚀的主要因素。此外，还会经常看到金属的接触面上，距边缘很近的部位有严重腐蚀的现象，这是因为氧的不均匀充气所引起的，通常就是氧的浓差腐蚀。

C　大气中其他因素的影响

大气腐蚀的主要因素是水分和氧的存在。但是，不能忽视环境中各种污染因素的影响。这里包括海洋附近的盐雾，化工区的 SO_2、H_2S、Cl_2 以及工业烟尘。

乡间大气比较清洁，其大气腐蚀的速度远比工业烟气的腐蚀速度为小，相差甚至可达数十倍。

海水形成的盐雾，工业气氛中的氯气，都会进入大气中，其中形成的氯离子（Cl^-）半径很小，很容易透过金属表面的水膜及钝化膜，排挤钝化膜层的氧离子，成为可溶性的氯化物，引起金属阳极溶解过程的加速。

工业气氛中的 SO_2 使腐蚀加剧，SO_2 在电解质水溶液中的溶解度要比氧的大 1300 倍。当大气中含 $w(SO_2)$ 为 0.015% 时，电解质溶液中 SO_2 的浓度已等于氧的浓度。二氧化硫极易在铁表面氧化而溶于水分中成为硫酸，即发生下列反应：

$$2SO_2 + O_2 = 2SO_3$$

$$SO_3 + H_2O = H_2SO_4$$

从而发生腐蚀反应为 $H_2SO_4 + Fe = FeSO_4 + H_2$，硫酸亚铁（$FeSO_4$）进而在氧的作用下生成硫酸铁（$Fe_2(SO_4)_3$），硫酸铁又水解生成硫酸，不断地促进腐蚀，即发生：

$$4FeSO_4 + O_2 + 2H_2SO_4 = Fe_2(SO_4)_3 + 2H_2O$$

$$Fe_2(SO_4)_3 + 6H_2O = 3H_2SO_4 + 2Fe(OH)_3 \rightarrow Fe_2O_3 \cdot H_2O$$

一个分子的硫酸至少要腐蚀 100 个原子的铁。这表明 SO_2 对金属的大气腐蚀的影响是相当严重的。

大气中的尘埃，落在金属表面上，成为水分进行凝聚的中心，同时还有屏蔽作用，使其下面缺氧而形成阳极，促进了氧的浓差电池腐蚀作用。若是灰尘本身是活性的，即它溶入水膜后，提高了水膜的电导率或水膜的酸度，则更会加速腐蚀。

表 1-2 中列举了金属在不同大气中的腐蚀速度。

表 1-2　腐蚀速度　（μm/a）

地　区	Fe	Zn
工业区	200 ~ 250	5 ~ 8
海洋区	100 ~ 150	3 ~ 5
乡村	50 ~ 60	0.5 ~ 1

1.4.2.2　溶液 pH 值的影响

溶液 pH 值的改变可以改变腐蚀过程的性质，即是氢去极化腐蚀还是氧去极化腐蚀。

pH 值的影响大体可以分为四种类型。第一类金、铂那样的化学性质稳定的金属，其腐蚀速度不随 pH 值而变；第二类像铝、锌那种两性金属，在酸和碱中均会腐蚀，这是因为它们表面上的氧化物在酸或碱中都能溶解，不能形成保护膜，例如在酸中 ZnO 变成锌盐（Zn^{2+}生成），而在碱中 ZnO 变成锌酸盐（ZnO_2^{2-}），它们都会溶解的。第三类如铁、镁在碱性溶液中的腐蚀速度要比在酸性或中性溶液中小，其原因是它们的氢氧化物在碱性溶液中实际上不溶解，在金属表面形成保护膜。不过铁在大于 30% 的碱溶液中，特别在高温下腐蚀最为严重，因为铁生成可溶性的铁酸盐；第四类是镍与镉在中性及碱性溶液中是耐蚀的，而在酸溶液中腐蚀。

上述的规律也有例外情况，例如铁在非氧化性的酸中，降低 pH 值，提高了酸的浓度就会加速腐蚀，然而在氧化性的酸中，提高酸的浓度可使金属钝化，从而降低其腐蚀速度。又如铝在浓硝酸中，也会因钝化而具有耐腐蚀性。

1.4.2.3 溶液成分的影响

（1）缓蚀剂。某些附加于溶液中的物质，甚至加入量还不大时，就使腐蚀速度降低很多，这种物质称为缓蚀剂。反之，增加溶液腐蚀性的物质称为加速剂。

缓蚀剂中最有效的是有机缓蚀剂，它们使酸溶液只溶解氧化物而很少腐蚀金属本体。缓蚀剂的机理有人认为是它吸附在金属的微观阴极上，增加氢的超电压，减小了阴极区的 $H^+ + e = H$ 的反应能力，即减少了氢去极化作用，从而使氢去极化腐蚀减慢。这些有机物质包括有动物胶、糊精、磺化胶、琼胶等。

溶液含有氧化剂或氧时，它们有时是缓蚀剂，有时是加速剂，要依具体条件而定。倘若金属中阳极区域（即被腐蚀的区域）能因氧或氧化剂的存在，生成保护性的氧化膜（溶液中此时不含有破坏保护膜的活性离子）则可以完全停止腐蚀，这就起缓蚀作用。然而，对于氧来说，还有另一面的作用，即在金属的阴极区域，氧是进行氧的去极化作用 $\frac{1}{2}O_2 + H_2O + 2e = 2OH^-$。氧的浓度越高，氧去极化腐蚀过程的速度越大，于是氧又成为加速剂。究竟氧起什么作用，需要依具体条件而定，通常空气中的氧溶入溶液后，大多数是起加速剂作用。对于溶液中含有氧化剂的情况，要看该氧化剂能否使金属生成完整的良好保护膜，这还要考虑氧化剂的性质、浓度、溶液温度以及是否含有破坏保护膜的活性离子。

（2）溶液中存在下述物质时，也可能加速金属的腐蚀。存在能破坏保护膜的离子，如 Cl^-、Br^-、I^-。铁在卤化物溶液中，一般是碘化物的腐蚀速度较慢，氟化物的腐蚀速度较快，卤离子的腐蚀速度顺序为 $I^- < Br^- < Cl^- < F^-$。

溶液中存在能够和金属离子形成络合离子的物质，如氨对铜。由于形成络合离子，于是就降低了溶液中金属离子的浓度，因而降低了该金属的电极电位，促使其失电子被腐蚀。

若溶液中存在可变价的高价阳离子，如 Fe^{3+}，高价离子在阴极区得电子变为低价后，$Fe^{3+} + e \rightarrow Fe^{2+}$，有可能被氧再氧化成高价离子，即 $2Fe^{2+} + \frac{1}{2}O_2 + 2H^+ \rightarrow 2Fe^{3+} + H_2O$，这样可以反复地进行阴极去极化作用，加速阳极区域的腐蚀。

1.4.2.4 盐类溶液浓度的影响

在不存在氧化剂作用的中性盐类溶液中，铁或钢的腐蚀情况，如图 1-11 所示。溶液

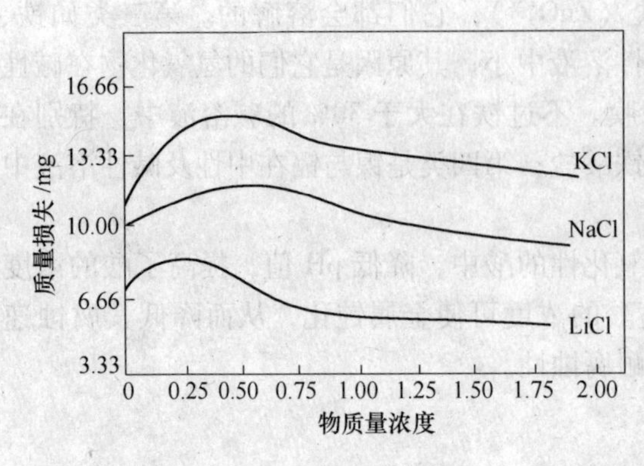

图 1-11 钢的质量损失

中分别含有 NaCl，KCl，LiCl 时，它们的浓度对冷轧低碳钢在 35℃时腐蚀的质量损失的影响（试样面积 17.5cm^2，试验时间 48h）。NaCl，KCl，LiCl 各盐摩尔浓度对钢的质量损失（mg）曲线，如图 1-11 所示。

从曲线分析，腐蚀损失的最大点，在浓度较低的范围内，在此范围腐蚀质量损失随浓度的增加而增高，这一区间现象的产生原因是：其一为溶液在低浓度的范围内电导率随浓度增加而增大，加速原电池腐蚀过程；其二是具有破坏保护膜作用的 Cl^- 浓度增高。随后，随着溶液浓度的增加而腐蚀的质量损失下降。这是因为溶液中所含氧逐渐减少的结果。在盐溶液中，氧的溶解度随盐类浓度的增加而减少，而大多数金属在这些溶液中的腐蚀是氧去极化作用，当溶液中氧的浓度减小时，显然会减少腐蚀的质量损失。

1.4.2.5 腐蚀介质运动速度的影响

腐蚀介质运动速度的影响一般分两种情况：

一种情况是金属置于只含有氧而不含大量活性离子的稀溶液中，例如钢铁在自来水中，首先随着溶液运动速度的增加，腐蚀量显著增加，这是因为溶液运动速度的增加起了搅拌作用，使抵达金属表面上微阴极的氧气量增加，加速氧去极化作用的腐蚀；然而在流速相当大时，则腐蚀速度降低，其原因是氧到达金属的速度很大时，造成强烈的氧化条件，氧起氧化剂作用，引起阳极区的钝化；在流速极大时，强烈的冲击作用，使金属表面的保护膜发生破坏，致使腐蚀量重新增加。这种情况如图 1-12 所示。

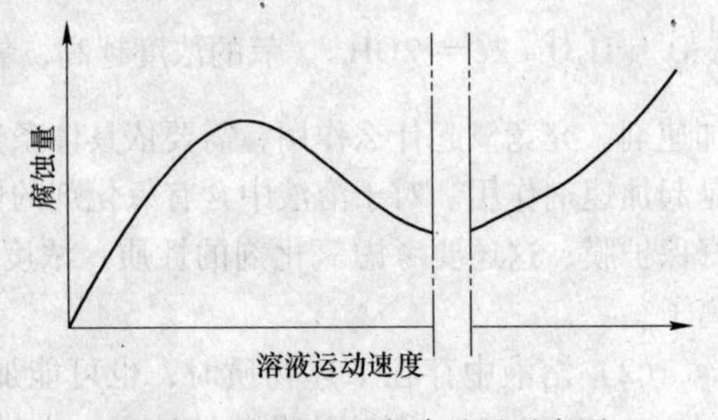

图 1-12 溶液流速与腐蚀量示意图

另外一种情况是溶液中含有大量活性离子时，如钢在常温下于海水中的腐蚀，腐蚀量随溶液流速增加而增大，不存在降低的现象，这是因为活性离子（如 Cl^-）存在，不发生金属钝化现象。

1.5 金属腐蚀速度的表示方法

为了研究金属制品耐蚀性，特别是研究镀过保护层的金属制品的耐蚀性，往往需要做腐蚀试验，以表示出它们的腐蚀程度。因此要有描述腐蚀速度的方法。

金属腐蚀速度的表示方法主要有两种：

一种是每小时内，每平方米上腐蚀的金属质量，以 K 来表示，单位为 $g/(m^2 \cdot h)$。数学表达式为：

$$K = \frac{W}{St}$$

式中　K——以金属质量损失表示的金属腐蚀速度，g/(m² · h)；

W——金属的质量损失，g；

S——金属表面积，m^2；

t——金属腐蚀的时间，h。

另一种以质量损失表示的腐蚀速度方法是以一年时间内被腐蚀金属表面深度（或厚度），记为mm/a。这种方法在生产中多被采用，以K'来表示。K'可由K来换算。换算公式是：

$$K' = \frac{K \times 24 \times 365}{1000\rho} = \frac{8.76K}{\rho}$$

式中　K'——金属腐蚀速度，mm/a；

K——腐蚀速度，$g/(m^2 \cdot h)$；

ρ——金属的密度，g/cm^3。

例如，铁的密度为7.87g/cm^3，若$K = 1g/(m^2 \cdot h)$，则以腐蚀深度表示时K'为多少？

解：
$$K' = \frac{8.76 \times K}{\rho} = \frac{8.76 \times 1}{7.87} = 1.1mm/a$$

以上描述的金属腐蚀速度，是用金属腐蚀后的质量损失来表达的。方法是：腐蚀试验前称试样质量，腐蚀后完全去掉腐蚀产物再称试样质量。于是便以单位时间内单位表面积的试样所损失的质量来表示，即$g/(m^2 \cdot h)$，或换算为mm/a来表示。

清除腐蚀产物可以用机械方法，用刷子将腐蚀产物小心除去，然后用拭布或毛刷将金属擦净，要注意完全去掉腐蚀产物且又不损伤未受腐蚀的金属本体，此外还可以用化学试剂把腐蚀产物去掉。

钢铁的腐蚀产物有FeO、Fe_2O_3、Fe_3O_4、$Fe_2O_3 \cdot H_2O$、$Fe_3O_4 \cdot H_2O$、FeO(OH)，去除这些腐蚀产物的方法有：

(1) 10%酒石酸钾钠或柠檬酸铵+NH_4OH，25~27℃。

(2) 10%H_2SO_4+0.1%As_2O_3(或+0.5%硫脲，或+1%甲醛液)，25℃。

(3) 5%NaOH+Zn(锌粒或锌屑)，80~90℃，30~40min。

(4) 多次浸入熔融的$NaNO_3$中（400℃）。

(5) 阴极浸蚀法：8%KOH水溶液，70℃，电流密度20A/dm^2，8~15min。

锌及镀锌层,其腐蚀产物有$Zn(OH)_2$，$ZnCO_3$，ZnO，$ZnCO_3 \cdot 2ZnO \cdot 3H_2O$，$ZnCO_3 \cdot 3Zn(OH)_2$，去除腐蚀产物的试剂有：

(1) 10%的过硫酸铵溶液。

(2) 醋酸铵$CH_3COO(NH_4)$的饱和溶液。

铜及铜的合金的腐蚀产物有Cu_2O，CuO，$Cu(OH)_2$，$CuSO_4 \cdot 3Cu(OH)_2$，$CuCO_3 \cdot Cu(OH)_2$，$CuCl_2 \cdot 3Cu(OH)_2$。去除试剂有5%硫酸，10~20℃。

铝的腐蚀产物有Al_2O_3，$Al(OH)_3$。去除的试剂有：

(1) 5%HNO_3，10~20℃。

(2) 5%（体积）HNO_3（密度1.4）+1%$K_2Cr_2O_7$，10~20℃，30min~2h。

（3）20%的 H_3PO_4 +8% CrO_3，20℃，15～20min。

应用试剂法，应该做空白试验，以未受腐蚀的同种试样放在试剂中进行规定的同样处理，测定处理前后试样质量的变化，以确定试剂是否对金属本身有所侵蚀，如空白试验的试样质量损失不超过0.1～0.5mg，即认为试剂合用。

由于金属腐蚀多数为电化学腐蚀，这种腐蚀是腐蚀原电池中阳极金属的不断溶解，若能测量腐蚀电流的大小，根据法拉第定律，其腐蚀速度可按下式计算：

$$K = \frac{3600I \cdot A}{F \cdot n \cdot S}$$

式中　K——腐蚀速度，$g/(m^2 \cdot h)$；

S——金属的表面积，m^2；

n——金属溶解为离子的价数；

F——法拉第常数，$F = 96500C$；

I——腐蚀电流，A；

A——金属的相对原子质量，g。

除了上述质量损失表示腐蚀速度外，还可以用质量增加法如腐蚀速度，单位也是 $g/(m^2 \cdot h)$。试样在腐蚀试验前后称重，腐蚀试验后要完全保留腐蚀产物。

此外还可以用金属腐蚀前后力学性质的改变来表示腐蚀程度。如伸长率 $\delta = \frac{\delta_0 - \delta_1}{\delta_0} \times 100\%$，$\delta_0$ 与 δ_1 分别为金属腐蚀前与后的伸长率。这种方法对于不均匀腐蚀，特别是晶间腐蚀在工程上可直观获取数据。

1.6　腐蚀的试验方法

腐蚀试验的对象是金属及其表面镀层。腐蚀试验前，试样表面应当清洁，完全去掉油脂。腐蚀试验的方法主要有大气暴露试验和人工加速腐蚀试验。大气暴露试验可将大气条件分为四类：

（1）工业性大气。存在工业性介质，如 SO_2、H_2S、NH_3、煤灰等污染较严重的大气条件。

（2）海洋性大气。靠海边200m以内的地区，易受盐雾污染的大气条件。

（3）农村大气。基本上没有工业性介质及盐雾污染。

（4）城郊大气。存在轻微的工业性介质污染。

试验室内腐蚀试验方法有如下几种：

（1）在敞口器皿中的试验。分为全浸、部分浸和间歇侵蚀。试样装于玻璃架或用不导电细丝挂起。试验后，应用水充分洗去介质，并使试样干燥。玻璃架形式有两种，如图1-13所示。

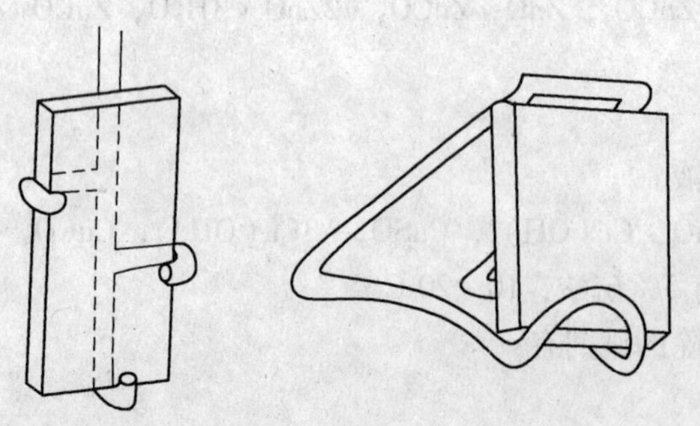

图1-13　玻璃架形式

（2）在液流中试验。

（3）体积法腐蚀试验。分为氢析出量法和氧吸入量法。

（4）电化学法。主要测定极化曲线，即按一定时间同时测定电极电位与腐蚀电流强度。还有的方法是隔一定时间测定金属的电极电位，做电极电位-时间曲线。

（5）盐雾箱试验。目前，比较广泛应用的人工加速腐蚀试验是中性盐雾试验，它造成接近大气腐蚀的条件。常用溶液组分有：3% NaCl 溶液；5% 的 NaCl 溶液。这两种组成的腐蚀作用接近于人造海水，而且组分简单。此外还有人造海水溶液，它的成分是 NaCl 27g/L，$MgCl_2$ 6g/L，$CaCl_2$ 1g/L，KCl 1g/L。实验设备——盐雾箱，盐雾不得直接喷射在试样上，有关结构可参考《电镀手册》等资料。

试验条件：温度 35±2℃，相对湿度大于 95%，盐水溶液 pH 值控制在 6.5～7.2，pH 值过高或过低可用化学纯稀 NaOH 或纯稀 HCl 调整。降雾量控制在 1.25～2.5 $mL/(h \cdot 100cm^{-2})$。雾粒直径为 1～5μm 的占 85% 以上。喷嘴的压力 78453.2～137293.1Pa。试样一般垂直悬挂或与垂直线成 15°～30°角，试样间距不得小于 20mm。试样数量一般为 3 件。

喷雾时间有两种方法：一种是每天连续喷雾 8h，停止 16h，24h 为一周期，停喷期间不加热，关闭盐雾箱，自然冷却；另一种方法是间断喷雾 8h，以每小时内喷雾 15min，停止 45min，然后停止喷雾 16h，24h 为一个周期，停止喷雾时间内不加热，关闭盐雾箱，自然冷却。

试验前对试样要进行洁净处理，如用 1/4 的二甲苯-酒精清除油污，试验后要用流动冷水冲洗试样表面，去除试样表面上沉积的盐雾，干燥后进行外观检查和测试。

习　题

1-1　列举金属腐蚀的例子

1-2　按照腐蚀过程进行的机理，金属的腐蚀可分为哪两大类？

1-3　电化学腐蚀中最为常见和普遍的两种腐蚀是什么？

1-4　产生电化学腐蚀的三个条件是什么？

1-5　钢丝是怎样发生电化学腐蚀的？

1-6　影响金属腐蚀的因素有哪些？

2 金属防护方法

2.1 金属防护的分类

针对金属腐蚀的原理，可以采取不同的金属防护方法。

化学腐蚀中常见的是气体腐蚀，往往采取下面几种防护方法：加入合金元素制成热稳定合金，例如铁基合金中铬与铝是较好的热稳定合金元素；第二种方法是改变气相成分，去掉或减少有害成分，例如热处理时为防止氧化，最好使用保护气体——炉气控制，有的厂用氨的分解来产生保护气体。此外，在金属制品表面上形成保护层以防止气体腐蚀，例如热扩散镀层（渗铝、渗铬、渗硅），又如电镀或热镀。

电化学腐蚀是金属制品处在大气、海洋、天然水等环境中常见的腐蚀。其防护主要有以下措施：

（1）正确选用金属材料以及合理设计金属结构，以减少发生腐蚀的机会。例如在室温的浓硝酸中可用铝、碳钢材料。又如结构设计时，避免产生积水或存留腐蚀介质。

（2）工序间防腐。在金属制品一个加工工序完成之后，在存放的中间期内往往施行工序间防蚀，例如涂油方法；又如浸过 $NaNO_2$、甘油和焙烧过的 Na_2CO_3 组成的溶液来进行存放中间产品。

（3）处理腐蚀介质，以清除其腐蚀性或使其腐蚀性不发挥作用，例如加入缓蚀剂。

（4）电化学腐蚀。这种方法主要是把被保护的金属作为阴极，称为阴极保护。近来又有在一定条件下使金属成为阳极的阳极保护法。

阴极保护法可分为：

（1）保护材料防蚀法。即把比被保护金属具有更低的电极电位的金属材料同被保护的金属相连接，此时保护材料为阳极，在腐蚀介质中，不断地被消耗，从而使被保护金属——阴极不被腐蚀。对于金、铝锌合金等，托马晓夫等推荐用含锌 10% 的铝合金作为保护料。

（2）外加电流阴极保护法。它是把直流电源的负极接在被保护的金属上，使之成为阴极。电源正极接在附加电极——阳极上。电流不是来自阳极金属，而是由外电源供给，与电解过程相同。

（3）阳极性金属的镀层法。即把被保护金属表面镀上电极较低的金属层，这层金属层为阳极，被保护金属为阴极，组成原电池，当镀层受到破坏或有孔隙时，阳极金属层被腐蚀，从而使基体金属受到保护。

关于阳极保护法，其原理是使被保护的金属作为阳极，在一定的介质、一定的温度下它发生阳极钝化，使之由活性状态转为钝态。

（4）保护层防腐法。由于腐蚀是金属与介质接触时发生的，所以用某些物质覆盖在金属表面，使金属制品与外围介质隔开。此法分下面三类：

1）金属保护层法。保护层可分为电镀、热镀、渗镀、化学镀、喷镀、包镀。

2）非金属保护层法。如涂漆、涂塑料、树脂等。

3）非金属膜法。使被保护金属表面发生化学或电化学作用形成非金属膜，如磷酸盐膜、氧化膜、钝化膜。

2.2　钢丝防腐镀层的分类和特点

根据碳素钢丝品种及用途，按照常见使用环境，它们的腐蚀介质是多种多样的。如渔业用钢丝绳常受海水腐蚀，矿用钢丝绳受酸性水溶液及 H_2S 气体腐蚀；起重机械用钢丝绳常受工业大气腐蚀等。

目前钢丝防腐方法常用电镀、热镀方法。保护性镀层有镀锌、镀铝、镀锡、镀铅、镀镉、镀镍、镀铬。还有不以保护作用为主的镀层，如镀紫铜、镀黄铜、镀青铜，它们主要是为了增加钢丝与橡胶的结合力，如钢丝轮胎中的帘线及轮胎边缘的钢丝。另外还有化学镀铜。一些主要防护层的特点如下。

2.2.1　镀锌层

锌的标准电极电位为 -0.76V，铁为 -0.43V。在3%氯化钠溶液中它们的不平衡电位，前者为 -0.83V，后者为 -0.34V（开始）至 -0.50V（最终）。所以在一定条件下锌的电极电位比铁低。因此锌往往做牺牲阳极，从而保护钢基体。锌的熔点为419.4℃，它溶于碱溶液中，也溶于酸溶液中。

2.2.2　铜镀层

铜镀层属于机械性保护层，电极电位比铁较高（$Cu^{2+} + 2e = Cu$ 的 $\varphi^{o}_{Cu^{2+}/Cu} = +0.337V$，在3% NaCl 溶液中的不平衡电位为 +0.02 ~ 0.05V）。它易溶于浓硫酸和硝酸（无论浓、稀 HNO_3），在稀硫酸及盐酸盐中较稳定，在氨的气氛中不稳定。对于紫铜镀层、黄铜以及青铜镀层主要用在增加与橡胶的结合力方面。

2.2.3　锡镀层

锡的电极电位比铁高（$\varphi^{o}_{Sn^{2+}/Sn} = -0.14V$，$\varphi^{o}_{Sn^{4+}/Sn} = 0.05V$）。但在有机酸中锡的电位比铁低，在有机酸介质下，能够保护铁基体。而在大气介质中，一有空隙极易使铁发生腐蚀，不过在锡镀层致密情况下，它有机械保护性能。锡不溶于稀的无机酸，且耐 H_2S 的化学腐蚀。但它溶于苛性钠溶液，溶于热的浓硫酸和盐酸之中。熔点是232℃。

2.2.4　铅镀层

铅镀层可用热镀，电镀方法取得。标准电位 $\varphi^{o}_{Pb^{2+}/Pb} = -0.13V$，$\varphi^{o}_{Pb^{4+}/Pb} = +1.8V$。在 NaCl 3%溶液中不平衡电位为 -0.39 ~ -0.26V。比铁的电位较高，故只能在无小孔隙的情况下做机械性保护。铅熔点为327℃。在碱、硝酸及有机酸中易溶。在盐酸中溶解慢，它不受硫酸、SO_2、H_2S 等介质的化学侵蚀。钢丝镀铅后还耐海水的腐蚀。

2.2.5　铝镀层

镀铝采用热镀法，铝镀层能经受大气和海水腐蚀，在 3% NaCl 溶液中电位为 -0.63V，比铁的电位低，故可以做阳极性金属镀层，以"自我牺牲"来保护基体钢丝。其表面能形成保护性三氧化二铝氧化膜。铝的熔点为657℃、密度小（$2.7g/cm^3$），但它易溶于酸和碱。

2.3　防护新技术、新材料简介

随着对金属腐蚀机理的深入了解，以及科学技术的不断发展，人们已经发现了许多金属防蚀的新工艺和新方法。

2.3.1　正确选用金属材料

金属材料腐蚀程度的大小，与使用它的周围环境，介质状态有很大关系。比如铝，从其化学性质来看是很活泼的，但经过氧化处理后，它表面形成致密的氧化膜（Al_2O_3），除遇到盐酸，稀硫酸或碱性介质以外，对于像 NaCl 等中性盐的电解质溶液中，例如在海洋环境中，它都很好地保护铝不受破坏，进而保护钢丝基体不受腐蚀，即使氧化铝层发生折裂，它也同锌一样，在电化学腐蚀中，铝作为牺牲阳极从而保护钢基体。

又如铅，它在稀盐酸、稀硫酸中能很好地耐化学腐蚀，这在研究铅的化学性质时已经得到了不少知识，在镀层材料上就可以用铅作为钢丝镀层。

在使用金属材料时，要避免电位差别很大的金属材料相互接触，例如铝合金、镁合金、锌合金不应与铜、钢铁材料相接触，因为后者的电极电位较高。如果必须装配在一起，就应该用绝缘材料，如塑料、橡胶把它们隔离开来。

2.3.2　正确地选择防腐蚀方法

为正确选择防腐方法，必须了解各种防腐方法的特点及作用，例如为防止大气腐蚀，可采用镀锌或涂漆、涂油等方法。为防止海水腐蚀，可用铝镀层或铅镀层，在高温下可用渗铝方法，为使部件耐磨可用镀铬方法。

2.3.3　改变环境气氛提高钢丝耐蚀能力

钢丝热处理时，往往造成空气对它的氧化，于是可以用保护气体将它封闭起来进行无氧化热处理，目前有采用分解氨法进行热处理。

光面钢丝拉拔后，不需要进行电镀或热镀时，往往在贮藏待加工时要生锈，这时可以在某种非油性介质中进行处理，这种非油性介质可以采用 $NaNO_2$（10% ~15%），甘油（5%）及焙烧过的苏打（0.3% ~0.5%）配制的溶液，它的原理一般认为是 $NaNO_2$ 为阳性缓蚀剂。

再有使用气相包装膜（如聚氯乙烯膜），膜内充挥发性缓蚀剂，它是亚硝酸二环乙胺（每平方米包装纸内用15 ~20g 亚硝酸二环乙胺），其原理是加强了钢铁的阳极和阴极极化作用。

2.3.4　使用新材料防腐

过去用于耐酸槽的材料多选用耐酸砖，以水玻璃填缝砌制。也有的用石槽（花岗岩或辉绿岩）或木槽。现在新的材料是衬硫化橡胶，衬软聚氯乙烯，衬玻璃钢等，以此做铁板槽的内衬。在生产设备中，有的耐酸泵用高级陶瓷材料以及不锈钢材料制成。

在钢丝表面处理技术方面，适用于硫酸溶液的缓蚀剂有二邻甲苯硫脲，磺化煤焦油等。适用于盐酸溶液的缓蚀剂有六次甲基四胺（乌洛托平），有苯胺和六次甲基四胺的络合物等，用量一般在1～3g/L，有的厂用10g/L。

对钢丝镀锌层往往采用铬酸盐处理使其产生钝化膜；钢丝绳表面涂塑；钢丝表面包扎一层铝或铝合金等新材料。由于新的耐蚀设备的应用，钢丝表面新材料的涂覆，都将使今后金属制品的发展出现更广阔的前景。

习　题

2-1　钢丝表面镀铜，在铜镀层完整时，铜镀层能对钢丝基体起什么保护作用？而当铜镀层开裂时，则能对钢丝基体起电化学保护作用吗，为什么？

2-2　对金属的保护方法有哪三种？

2-3　什么是阳极性镀层？什么是阴极性镀层？

2-4　列举你所知道和了解的金属防腐的具体事例。

3 钢丝镀前的表面处理

3.1 钢丝表面脱脂工艺

钢丝镀前表面往往沾有油污，它来源于拉丝润滑剂等物质。油污的主要成分有硬脂酸及其盐、动物油（如牛油）、矿物油等。这些物质不仅在酸洗时阻碍了酸液与铁锈的充分浸润，而且也会影响镀层质量，出现局部或大部镀不上的质量缺陷。因此在镀前必须进行表面脱脂工艺。

现将各种脱脂工艺分析如下。

3.1.1 碱洗脱脂——化学碱洗工艺

钢丝表面的油污有皂化性油脂，如动、植物油，成分为饱和脂肪酸甘油酯和不饱和脂肪酸甘油酯，它们都可以和碱液发生皂化反应而被除去。另外还有非皂化性油，如矿物油、石蜡等，可以利用活性剂的乳化作用，脱离开钢丝表面，进入碱洗液中。

所谓皂化作用就是下面反应：

$$(C_{17}H_{35}COO)_3C_3H_5 + 3NaOH \longrightarrow \underset{\text{（肥皂成分）}}{3C_{17}H_{35}COONa} + \underset{\text{（甘油）}}{C_3H_5(OH)_3}$$

所谓乳化作用是使用表面活性剂，减少油滴对钢丝的亲和力，同时还降低油、水的表面张力，表面活性剂分子吸附在油滴表面，不使油滴重新聚集，从而使钢丝表面洁净。

3.1.1.1 化学碱洗的用剂及工作温度

A 氢氧化钠（NaOH）

它是强碱，有很强的皂化能力，不过由皂化反应生成的钠皂难以溶解，以及因为它不与矿物油作用，它的润湿性和水洗性较差，乳化作用较差，故 NaOH 不是良好的除油剂。它需要和其他碱性物质及乳化剂配合使用，才能起到好的除油效果。因此 NaOH 通常用量不超过 100g/L。

B 碳酸钠（Na_2CO_3）

它特性是水解呈碱性，容易吸收空气中 CO_2 转化为 $NaHCO_3$。$NaHCO_3$ 水解仍是呈碱性。它们对溶液的 pH 起缓冲作用，它的皂化能力比 NaOH 弱，但是对胶状物质有强烈的润滑作用，常常与 NaOH 配合使用。

C 磷酸三钠（$Na_3PO_4 \cdot 12H_2O$）

它有缓冲作用。PO_4^{3-} 根有一定的乳化作用，水洗性能好，并有利于洗去水玻璃。它与 NaOH、Na_2CO_3 比较其皂化能力小，但对水有软化作用；可与水中 Ca^{2+}、Mg^{2+} 作用生成磷酸钙、磷酸镁。

D 焦磷酸钠（$Na_2P_2O_7 \cdot 10H_2O$）

它有与磷酸三钠相似的除油特性。焦磷酸根能络合许多金属离子，因而使金属表面容易被水洗净。

E 水玻璃（$Na_2SiO_3 \cdot 9H_2O$）

它有较强的乳化能力和一定的皂化能力，与其他乳化剂配合使用，去油效果好，不过水玻璃水洗性差，当水洗不净而残留在表面上时，酸洗后会生成不溶于水的硅胶，影响镀层质量。同时，在热镀锌时严禁使用水玻璃碱洗液，因为硅对锌锅钢板有严重侵蚀作用。

F 表面活性剂

它可促使碱洗液与油作用，生成乳胶体，进一步提高碱洗液的除油效果。它也称为活化剂或乳化剂。这种物质分子中有疏水原子团，为金属表面油污所吸附，同时分子中还有亲水原子团，与碱洗液中水结合，从而提高钢丝在溶液中的浸润性，使之充分地与碱洗液接触。此外，这种表面活性剂还可以降低油、水的界面张力，并降低油滴对金属的表面亲和力，使油滴进入溶液。同时表面活性剂又被吸附在油滴表面而成为乳胶体，起着乳化分散作用，不使它们重新聚集。这样，即使碱洗液被污染的情况，仍保持着对钢丝的清洗去油作用。常见的表面活性剂有乳化剂 OP，其他的有脂肪酸、骨胶、糊精、蛋白质等。

G 温度

提高碱性温度可提高皂化反应速度及其产物的溶解度。同时碱洗温度必须高于油类的滴点（滴点是油开始熔化的温度，如凡士林为54℃）。一般碱洗温度在85℃以上。在较高温度下，降低油脂的黏度，加快溶液对流，使油-水溶液表面张力降低，从而促进乳化作用。通常温度控制在85~90℃。

3.1.1.2 碱洗工艺举例

一般在钢丝表面油污较少的情况下，多采用含 NaOH 100g/L 左右的溶液，温度为85℃。

此外还有配方：

（1）碳酸钠50~80g/L，苛性钠100~120g/L，磷酸三钠8~10g/L，水玻璃3~5g/L。

（2）苛性钠30~50g/L，水玻璃10~15g/L，碳酸钠20~30g/L，磷酸三钠50~70g/L，OP乳化剂50~70g/L，温度80~100℃。

3.1.2 低温烧除油脂工艺

低温烧除油脂可采用350~400℃的熔铅烧除油脂，使钢丝在铅液中通过数秒后，便把油脂加热分解而除去。也可在脱脂炉内烧除油脂，由于钢丝受热会影响其力学性能，故应特别注意烧烤温度。一般钢丝温度加热到200~300℃，炉内温度不得超过400℃，时间约为1min。

有的厂家根据钢丝规格控制炉温，举例如下：不大于 ϕ2.2mm 时为 350~400℃；ϕ2.2~2.8mm 时为400~460℃；大于 ϕ2.8mm 时为450~500℃。

对于有热处理工序的作业线，如用铅淬火热处理，可以不用化学或电化学碱洗，其本身便有烧除油脂的作用。碱洗以及烧烤除油后的钢丝必须经过热水清洗，以便洗净油污分解的残余物质，保证酸洗和镀层的质量。

3.1.3 电解碱洗

在碱性溶液中，把钢丝作为电解槽的阴极或阳极，槽内进行的电化学反应实际上是水的电解。当钢丝作为阳极时，溶液中主要是 OH^- 阴离子在钢丝上放电，即 $4OH^- = 2H_2O + O_2 + 4e$。于是析出大量氧气气泡。当钢丝为阴极时，溶液中主要是 H^+ 阳离子在钢丝上放电，即 $2H^+ + 2e = H_2$。于是析出大量氢气气泡。H^+ 是由水的电离产生的。

无论是哪种情况，产生的小气泡都能在钢丝表面上通过油膜析出来，从而使油膜被气泡鼓动起来，脱离钢丝表面进入溶液，同时对油膜产生强烈的撕裂作用，使之成为小油滴。产生的大量气泡对溶液起机械搅拌作用，因而加速了溶液对油滴的皂化和乳化过程。

3.1.3.1 电解碱洗溶液的主要成分及作用

氢氧化钠（NaOH）是主要的电解液成分，起皂化作用并具有一定的乳化能力，同时它在溶液中具有良好的导电能力。在电解碱洗过程中，往往不必加入强的乳化剂，可以加发泡能力弱的乳化物质，如 Na_3PO_4。因为使用强烈发泡的乳化剂，在液面上混有 H_2 和 O_2 后，遇到火花易出事故。

3.1.3.2 各种电解碱洗方法的介绍

A 阳极除油

把钢丝作为电解池的阳极，此时将发生 OH^- 放电，析出氧气的反应。对应阴极（钢板）发生 H^+ 放电析出氢。H^+ 是由水的电离产生的。

阳极除油的优点是：钢丝无氢脆的危险。溶液倘若混有杂质金属离子，不会因放电反应在钢丝上析出，因为钢丝为阳极，只能发生失电子的氧化反应。若钢丝表面上有锌、锡、铅等金属薄膜，可以发生失电子的电极反应将这些金属溶解掉。

阳极除油的缺点是：由于有氧析出，有可能使钢丝表面钝化。在水的电解作用下，阳极析出的是氧气，与相应阴极比较，在通过相同电量时，阳极上析出的氧气体积较小，同时所形成的气泡大，滞留于钢丝表面的能力小。这样由氧气带出油滴的能力就小。阴极表面（钢丝表面）层溶液中 OH^- 因放电而不断消耗，致使表面层溶液的 pH 值减少，这样，一方面因碱度变小，使得除油能力下降，另一方面由于碱度变小，在温度较高、电流密度较大以及溶液中含 Cl^- 的条件下，长时间作用会造成钢丝表面的斑点腐蚀，这实际上是钢丝表面的铁失电子的结果。

B 阴极除油

它是将钢丝作为阴极，发生 H^+ 放电析氢反应；对应的阳极（一般由不溶性电极制成如铅板，或镀镍钢板），发生析氧反应 OH^- 放电。

阴极除油的优点是：因为钢丝发生的是得电子的还原反应，故不会发生腐蚀钢丝表面的作用。同时也不会发生钢丝表面钝化作用。在水的电解反应中，阴极析氢的体积是相应阳极析氧的体积的两倍，再加上 H_2 气泡小而多，于是可以提高溶液的乳化能力。由于在钢丝表面发生的是 H^+ 放电反应，于是阴极（钢丝）界面液层中 pH 值上升，碱度增大，这对除油非常有利，使得除油速度加快。

阴极除油的缺点：钢丝析氢，易发生氢脆；当溶液中存在锌、锡、铅杂质金属离子时，易在钢丝表面上放电析出，使得钢丝表面粗糙，同时对后面的酸洗，电镀的质量带来不利的影响。目前，根据阴极碱洗的优点，较普遍地采取此法。

C 新的电解碱洗方法

目前有一种阴、阳交替电解除油工艺，钢丝先为阴极后为阳极，最后以阳极结束，工艺制度是：碱液成分 NaOH 50～120g/L，Na_2CO_3 50～80g/L；温度60～80℃；电流密度5000A/m^2（50A/dm^2）；钢丝极性-阴阳极交替；碱洗时间11s；碱槽有效长度2.1m；钢丝规格为ϕ0.9～1.1mm。电极用炭棒。

这种工艺是钢丝无触点通过下的电解碱洗法。它的原理是电化学双向电极现象。通电电极分段放置并分别接电源负极和正极而成为阴极和阳极。钢丝不接电源，它在通过各段极板之间时，分别成为阳极和阴极（即作为各段极板的相对极性电极）。该法工艺制度如下：电解液成分 NaOH 80～100g/L，Na_2CO_3 50g/L；温度40～60℃；电流密度8000～10000A/m^2（80～100A/dm^2）；电压约为8V；钢丝不接电源；接电极的极板材料是钢板；电极与钢丝表面积比为（5～10）：1。

3.1.3.3 一般的电解碱洗工艺制度

电解碱洗液成分 NaOH 10～15g/L，在流水作业线上，因时间较短，往往 NaOH 含量在50g/L以上，Na_2CO_3 20～30g/L，$Na_3PO_4 \cdot 12H_2O$ 50～70g/L，硅酸钠（Na_2SO_3）5～10g/L。

工艺条件：温度70～90℃，电流密度2×10^3A/m^2（20A/dm^2）左右。

3.1.3.4 电解碱洗工艺条件的分析

电流密度：一般取用范围2×10^3～1×10^4A/m^2（20～100A/dm^2），电流密度适当提高，有利于阴极析氢或阳极析氧加剧进行，于是乳化除油速度可以提高，缩短工作时间；对于钢丝作为阴极的工艺，渗氢现象可以减轻；所用的NaOH及乳化剂含量可以减少。但电流密度过高，会产生大量碱雾，污染环境，钢丝外接阳极时，会腐蚀钢丝表面；另外耗电量也会增大。

温度：提高温度可增加溶液的导电性能。同时增大乳化作用，加快去油速度，一般控制在40～60℃。但温度过高，使碱雾增加污染环境。

搅拌：也可能促进乳化作用，提高去油速度。

3.1.3.5 电极材料

阳极除油时，对应阴极极板可用钢板。阴极除油时，对应阳极极板可用铅板或镀镍钢板，它们为不溶性阳极材料，后者的镍镀层在碱液中被钝化成为不溶性电极；也有采用炭棒作为阳极材料。阳、阴极交替，钢丝无触点（不接电源）的工艺中，按电源的阳极材料为镀镍钢板（也有用炭精板），阴极材料为钢板。不锈钢板作为电极将会产生电解液衰老现象，一般不采用它。

3.1.3.6 电解槽材料

电解槽大多为钢板槽，内衬硬质塑料。

无论哪种方法，碱洗后都要经过热水洗和冷水洗，以便清除钢丝表面的肥皂及乳化液。

3.2　酸洗工艺

钢丝在空气中形成的锈，其主要成分是：$Fe(OH)_3$ 和 Fe_2O_3，呈红褐色，钢丝在热处理时，形成氧化铁皮，其主要成分大致是：从钢丝表面起向外共分三层即 FeO、Fe_3O_4、Fe_2O_3。

3.2.1　化学酸洗

可采用硫酸或盐酸酸洗，镀锌生产中大多采用盐酸酸洗法。

盐酸酸洗的优点是：比硫酸除锈速度快，所用时间短，故因此不易发生过酸洗；可以在室温下进行。提高酸洗酸浓度是提高速度的措施之一。盐酸酸洗时产生氢气较少，故氢脆现象较轻；铁的各种氧化物在盐酸中的溶解度大于在硫酸中的溶解度。发生的反应如下：

$$Fe_2O_3 + 6HCl \longrightarrow 2FeCl_3 + 3H_2O$$
$$Fe_3O_4 + 8HCl \longrightarrow 2FeCl_3 + 4H_2O + FeCl_2$$
$$FeO + 2HCl \longrightarrow FeCl_2 + H_2O$$

与 H_2SO_4 比较，由于盐酸法时间短，故钢丝铁基溶解的反应量较小，即在时间短的情况下反应 $Fe + 2HCl \rightarrow FeCl_2 + H_2$ 的反应量较少，因此不会发生钢丝的过酸洗现象，当然生成的氢气也会起着对氧化铁皮的机械剥离作用。盐酸酸洗产生的铁盐（氯化亚铁）的溶解度较大，不会在钢丝表面上发生结晶现象，故钢丝表面比较洁净。同时盐酸中含有适量的铁盐还可以增加盐酸酸洗速度。

3.2.1.1　盐酸酸洗的有关数据

（1）盐酸对氧化铁皮溶解能力大，与 H_2SO_4 进行比较，在18℃时，1g Fe_3O_4 在1h溶解的铁含量，见表3-1。

（2）盐酸酸洗时，对高价铁的氧化物溶解速度较慢，表3-2为铁、+2价及+3价氧化铁在盐酸中的相对溶解度。

表3-1　1g Fe_3O_4 分别在盐酸和硫酸中1h溶解的铁含量　　(g)

酸浓度/%	在 HCl 中	在 H_2SO_4 中
5	0.035	0.035
10	0.29	0.0387
15	1.5	0.0562

表3-2　各种价态的铁在盐酸中的溶解度

盐酸（百分比浓度）	Fe	Fe_2O_3	FeO
1	200	1	4.3
21	8	1	2.1

由于发生 $Fe + 2HCl = FeCl_2 + H_2$ 反应产生的氢使 Fe^{3+} 还原为 Fe^{2+}，同时产生的氢气对氧化铁皮有机械剥离作用，因此可以加快盐酸酸洗速度。

3.2.1.2 酸洗工艺应注意的事项

（1）酸洗后应进行水洗，洗净生成的 Fe^{2+} 盐及残酸。防止 Fe^{2+} 被空气中氧气氧化为难于洗掉的 Fe^{3+}。经过酸洗、水洗后的钢丝，其表面以铁盐形式带入锌锅的铁量为 $0.5 \sim 1.0g/m^2$。

（2）当旧酸中盐超过规定值后，应更换新酸。配液时新酸含量为50%。旧酸沉淀后再用量也为50%。取用一部分旧酸目的是保持适量的铁盐，因为盐酸中含有小于16%的铁盐可以增加酸洗液的活性（这点与硫酸法不同），而且还节约用酸。

3.2.1.3 化学酸洗工艺制度

化学酸洗各类工艺制度，见表3-3。

表3-3 各类工艺制度

镀层方法	钢丝直径/mm	HCl	$FeCl_2$	温度	浸入长度/m	时间/s
电镀	0.9 ~ 1.1	180 ~ 220g/L	<200g/L	室温	5.5	30
电镀	0.8 ~ 1.2	150 ~ 200g/L		室温	约4	34 ~ 51
热镀	0.6 ~ 4.0	>12%	<15%	室温	约4	8 ~ 31
热镀	0.9 ~ 4.0	180 ~ 220g/L	≤200g/L	室温	约3	9 ~ 36
热镀	0.75 ~ 3.5	12% ~ 19%	<120g/L	室温	6.5/8	13.4 ~ 64 16.4 ~ 70

注：$FeCl_2$ 的最佳含量是小于100g/L。

以不同的镀层方法及不同规格的钢丝线径选取表3-3各类工艺制度。

3.2.2 电解酸洗

电解酸洗通常使用硫酸溶液。特点主要有：

（1）去铁锈能力强、速度较快。

（2）与化学酸洗相比，电解酸洗的溶液中含 $FeSO_4$ 量允许提高，对酸洗速度影响较小，在化学酸洗时，若 $FeSO_4$ 增加，酸洗速度要降低，同时为防止 $FeSO_4$ 结晶，尚应提高温度。

（3）电解酸洗的耗酸量较少。

（4）电解酸洗的电耗量大，遇厚的致密的氧化铁皮时，效果较差。

3.2.2.1 阳极酸洗原理及工艺

A 原理

以钢丝外接电源的正极作为阳极，通过两个主要途径除去氧化铁皮。一是作为阳极的钢丝铁基体失电子溶解除去表面氧化铁皮，二是在钢丝上发生 $Fe + H_2SO_4 \rightarrow FeSO_4 + H_2\uparrow$ 的化学反应，这样析出的氢气对氧化铁皮进行机械剥离作用。

B　特点

可通过适当提高电流密度来加快酸洗速度，但电流密度不宜过高，过高的电流密度不但不能使酸洗速度明显提高，反而使电耗增大。酸洗时间不可过长，否则钢丝会发生过腐蚀。因为作为阳极的钢丝不发析氢的电极反应，所以此方法可避免氢脆。

C　工艺举例

H_2SO_4 100～150g/L，电流密度（3×10^2）～（1×10^3）A/m^2（3～10A/dm^2），温度40～60℃，阴极为铁或铅板，阳极为钢丝。

3.2.2.2　阴极酸洗工艺

A　原理

阴极酸洗以硫酸为电解液。钢丝外接电源的负极作为阴极。阳极为铅板。通电后，在钢丝表面发生 $2H^+ + 2e \rightarrow H_2$ 的电极反应，于是靠氢气的机械剥离作用来去掉氧化铁皮。

B　特点

由于钢丝接阴极，因此可避免钢丝铁基体发生过腐蚀。阴极强烈析氢，一方面剥离氧化铁皮，另一方面氢可使高价铁还原为低价铁，易于被酸溶解去除。一般来说氧化亚铁易溶解在酸液中。但是，强烈的析氢电极反应易发生氢脆现象，特别是溶液中含砷、硫、磷元素时，氢脆更为严重。另外，由于钢丝为阴极，会使金属杂质离子得电子析出沉积在钢丝表面上。

C　工艺举例

硫酸100～150g/L，电流密度 3×10^2～$1\times10^3 A/m^2$（3～10A/dm^2），阳极用铅板，钢丝为阴极。

一般高碳钢丝不适于用阴极酸洗。

另外，钢丝经过酸洗，表面常有黑色残渣，高碳钢酸洗后残渣是 Fe_3C，它不溶于 H_2SO_4 和盐酸中。除去的方法是酸洗后加一个砂水池，进行擦拭。

3.2.2.3　阴阳极交替酸洗法

该法是比较成功的实用酸洗方法。

A　原理

把酸洗槽分几段，互相以塑料板隔开，每一个隔板中间开槽以便通过钢丝，每段分别放置接在电源上的铅板做电极，各段电解槽极区为+，-，+间隔放置，而钢丝不接电源，根据双向电极现象，钢丝对应极性分别为-，+，-，形成阴阳极交替，发生电极反应，钢丝为阴极时析氢，机械剥离氧化铁皮，钢丝为阳极时靠钢丝表面的铁基体失电子溶解及发生 OH^- 放电析氧来溶解锈皮和剥离锈皮。其中 OH^- 来源于水的电离。本法原理如图3-1所示。

B　特点

（1）钢丝不接电源，且阴阳极交替。

（2）电流密度大可强化酸洗效果，且酸耗较低。

（3）可以电解酸洗不锈钢丝。

（4）加乳化剂还可以除油。

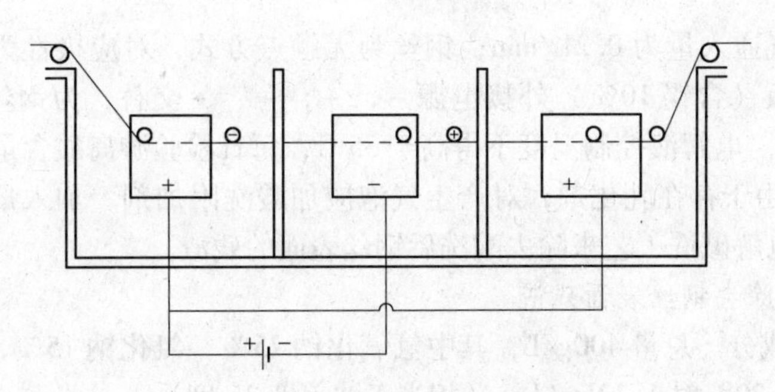

图 3-1 阴阳极交替酸洗示意图

C 工艺举例

电极为含锡10%的铅板，与钢丝面积比为（10～40）：1。对于钢丝为冷拉状态时采用的工艺制度为：H_2SO_4 150～250g/L，平平加（乳化剂即102均染剂）0.1%，温度小于40℃，电流密度10～15A/dm^2，时间10～30s，电解槽极区为+，－，+，钢丝对应极为－，+，－。

在钢丝经过热处理时，工艺制度为：硫酸含量250～350g/L，平平加0.1%，温度小于40℃，电流密度（2～5）×10^3A/m^3（20～50A/dm^2），时间20～80s，电解槽极区为+，－，+，－，+，钢丝对应极为－，+，－，+，－。

3.2.2.4 除油除锈一步法

这是一种新的工艺，适用于钢丝表面油污及铁锈不太严重的状态。

A 原理

选用合适的酸，如硫酸和乳化剂配成混合液，锈在酸中溶解，油被乳化去除，乳化剂之乳化能力要强且在酸中稳定。

B 工艺举例

本法为化学法，也可以用电化学法加速工艺过程。工艺制度见表3-4。

表 3-4 除油除锈一步法

序号	H_2SO_4 含量 /g·L^{-1}	平平加（102均染剂）/g·L^{-1}	十二烷基硫酸钠 ($C_{12}H_{25}OSO_3Na$)/g·L^{-1}	温度/℃
1	120～160	2.5～5	—	50～60
2	100～150	15～20	0.03～0.05	60～70

3.2.2.5 新的钢丝表面处理工艺

A 一步法电解酸洗

（1）电解液组成。浓 H_2SO_4（1.84密度）0.2L/L，酸洗附加剂4mL/L，（其成分是28%乳化剂，72%防泡剂）。密度相当于波美度26度（20℃、1.22kg/dm^2）。

（2）工作制度。温度20～35℃（不得超过35℃）；电流密度（8×10^3）～（1×10^4）A/m^3（80～100A/dm^2），两极电压为8V；电解液用2.9×10^4Pa（0.3kgf/cm^2）无油压缩空气搅

拌，每升溶液空气通入量为0.2L/min；钢丝为无触点方式，对应极性为+，-，-，+交替；电极为铅板（含锡10%）外接电源-，+，+，-交替，为钢丝表面积的6～40倍；时间10～28s。电解液控制温度不得高于35℃，每日检验游离酸含量和铁含量（铁不得高于80g/L）。由于存在乳化剂，对产生气泡应加酸洗附加剂，加入量为2mg/L。本工艺之后，以下述电解碱洗工艺来除去酸洗后钢丝表面的残渣。

B　电解碱洗除去钢丝表面残渣

（1）电解液成分。总量400g/L，其中氢氧化钠75%，氯化钠15%，水玻璃9%，重铬酸钾1%。密度20℃时1.32kg/dm^3（相当于波美度35度）。

（2）工艺制度。温度45～50℃，电流密度$(8\times10^3)\sim(1\times10^4)$ A/m^2（80～100A/dm^2）。两极电压约为8V，搅拌方式同一步法电解酸洗，电极为钢丝无触点，相应极性为阴阳极交替。接电源电极为钢板，阴阳极交替接电，极板面积为钢丝表面积的10～20倍。电解时间3～7.5s。控制电解液中NaOH含量为300g/L，若其降到200g/L时应适当添加$K_2Cr_2O_7$含量应为3～4g/L。电解液每两周更新一次。

C　中性盐电解去锈工艺

本工艺打破了传统的酸洗方法，从而解决了环境污染问题。

（1）基本原理。电解液采用某些中性盐，该盐无毒、不挥发、不水解，同时在接电源电解时，该盐不发生分解，溶液的pH值约为7，该盐导电能力较强。例如Na_2SO_4。

接电方法：电极为不溶性阳极——石墨，及阴极——铁板，它们分别置于互不相连的槽子内，即中间有绝缘隔板，其极性分别为阴阳极交替接电源。

钢丝不接电，在极板中间通过，根据双性电极现象，在电流由阳极极板流向阴极极板时，有部分电流从钢丝上“借道”形成“借道电流”，根据电学原理，钢丝流入电流区域发生阴极反应，流出电流区域发生阳极反应。其中钢丝及极板为电流的第一类电流导体，电解液为第二类导体。

（2）示意图如图3-2所示。

（3）各槽反应。实际上发生的是水的电解。

1）阳极槽。石墨阳极析氧反应

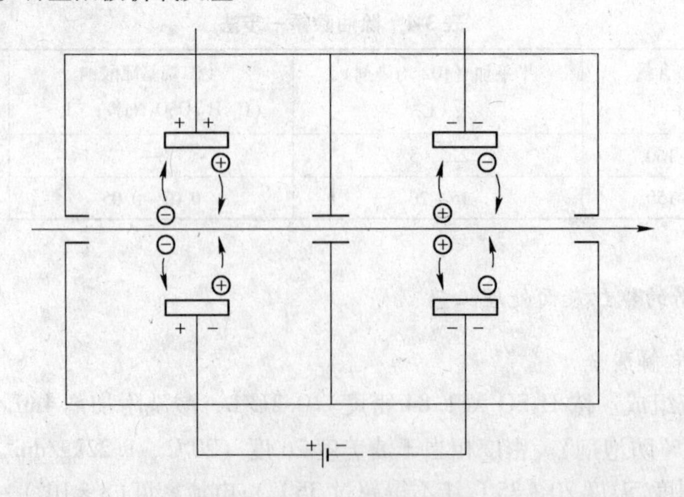

图3-2　中性盐电解法示意图

$$4OH^- - 4e = 2H_2O + O_2$$

对应钢丝发生 $Fe_2O_3 \cdot 3H_2O + 2e = 2FeO \cdot H_2O + 2OH^-$ 以及 $FeO \cdot H_2O + 2e = Fe + 2OH^-$，高价铁还原为低价铁以及铁的反应。同时钢丝发生 $2H^+ + 2e = H_2$，氢气使低价氧化铁发生机械剥离。此时钢丝为相应阴极。

2）阴极槽。阴极铁板发生反应

$$2H^+ + 2e = H_2 \uparrow$$

相应钢丝为阳极，发生铁溶解反应即发生 $Fe - 2e = Fe^{2+}$；然后 $Fe^{2+} + 2OH^- = Fe(OH)_2$，进而与溶液中氧发生作用生成 $Fe(OH)_3$ 沉积下来。

习　题

3-1　钢丝镀前脱脂方法有哪些？

3-2　常用的化学除油法的原理是什么？

3-3　碱性化学除油的主要成分有哪些？

3-4　化学碱洗主要依靠________和________分别去除________和________。电解碱洗的本质是________。阳极法电解碱洗时把钢丝与外电源的________相连接，钢丝上的反应为________。

3-5　比较阳极电解法与阳极电解法除油的特点。

3-6　化学除锈的工作原理是什么？

3-7　化学酸洗时常用盐酸而不用硫酸，为什么？

3-8　比较阳极电解法与阳极电解法除锈的特点。

3-9　试讨论对碱洗液和酸洗液环保处理。

4 钢丝热镀锌

4.1 镀锌方法概述

镀锌的方法主要有电镀法和热镀法。此外，国外还有真空法镀锌，它的工艺过程是：在密闭的真空室内，其压强为10^{-4}mmHg（133.322×10^{-4}Pa），把锌加热到400℃沸腾形成锌蒸气，锌蒸气飞溅到通过的钢丝上凝结成一层锌。

经常使用的电镀锌工艺流程是：放线→碱洗→热水洗→冷水洗→酸洗→冷水洗→电镀锌→冷水洗→干燥→收线。

热镀锌法的主要工艺流程是：放线→碱洗→热水洗→盐酸洗→冷水洗→涂助镀剂（涂熔剂）→热镀锌→收线。

钢丝热镀锌与电镀锌方法的优劣比较：

（1）锌层质量。电镀法可得到均匀的纯锌层，其中的金属夹杂物含量很少，当钢丝表面清洗干净时，锌层附着牢固，弹性好且抗弯曲性能强，同时可通过调整工艺参数来控制锌层厚度。电镀时对钢丝表面处理的要求较严格。热镀锌法由于产生某些脆性的铁—锌合金层，因此钢丝受弯曲时，镀层易开裂或脱落，同时锌层厚度不均，且锌层厚度不易控制。

（2）对钢丝力学性能的影响。电镀法对钢丝力学性能影响较小。而热镀法影响较大。冷拉钢丝的含碳量越高，加工变形程度越大，在热镀时力学性能受影响愈显著，表现在抗张强度下降［约$(9.8\times10^{7})\sim(2\times10^{8})$ Pa，10～20kgf/mm^2］。弯曲和扭转值下降（当总缩面率大于80%时，含碳量较高的钢丝，弯曲值下降约20%，扭转值约下降10%～20%），但是钢丝伸长率有所提高。

（3）耗锌量。电镀法耗锌量就是锌在钢丝上的沉积量，其他损耗小。而热镀法中大量锌消耗在锌液表面氧化以及因为锌液对锌锅、线辊、钢丝的腐蚀而造成的锌渣上。同时热镀锌层的不均匀性也会使锌耗增加。电镀法比热镀法可节约锌20%～50%。

（4）产品范围。电镀法产品范围较广泛，对直径粗的或细的，锌层厚的或薄的，强度低的或高的均能生产。热镀法由于速度较快以及受锌锅加热的影响等原因，生产0.5mm以下的细钢丝和高强度钢丝较为困难。

（5）操作条件。电镀法操作条件较好，一般溶液温度不大于60℃。但工艺流程长，工艺较复杂，表面处理一定要很洁净，故操作技术要求高。热镀法操作条件较差，一般在高温下工作，仅锌锅温度一项就可看出，一般为450～460℃。但是热镀法的操作方法比电镀法简单。

（6）经济效益。电镀法工艺复杂流程较长，故车间单位面积产量低，并且所需设备复杂，基建投资较高。同时电耗大。故电镀法的成本高。热镀法工艺较简单，设备也较简单，并且速度快，同时处理的钢丝根数较多，因而一个机组的产量，成本比较低，据估计与电镀法比，成本约低30%。

除上述分析之外，电镀锌法从理论上可获得任何厚度的锌层，有资料记载，实用的最高上锌量可达到1200g/m^{2}左右，普通较厚的可达750g/m^{2}左右，中规格钢丝上锌量为500g/m^2。但是热镀斜升引出法最高的上锌量在300g/m^{2}左右，中规格正常上锌量为100g/m^2；垂直引出法最高上锌量也不过在500g/m^{2}左右，中规格正常上锌量也不过在300g/m^{2}左右。无论电镀还是热镀，在具有相同的上锌量和均匀的锌镀层时，它们的耐大气腐蚀性能基本相同，使用寿命都随锌层厚度增加而延长。

4.2 热镀锌的地位

4.2.1 生产热镀锌钢丝技术条件分析

与电镀锌比较，热镀锌工艺简单，操作方便，工业生产的历史较长，早在20世纪30年代我国就有了这种工业，改革开放后，它的发展速度很快，由原来低碳钢丝热镀锌逐步发展到中、高碳钢丝热镀锌，并在产量和质量方面达到较高的水平。生产成本较低。这些都促进了热镀锌工业的发展。

4.2.2 镀锌层的防腐蚀效果分析

电化学腐蚀是在电解质溶液存在条件下，两种具有不同电极电位的金属接触，组成原电池所造成的。以标准电位为例，当锌与铁组成原电池后，便会产生0.32V电位差。于是镀锌的钢丝，在锌层某一点受到破坏而露铁时，钢丝本身也不会生锈。锌镀层出现一点点露铁的地方，最容易积存水分，空气中SO_2或CO_2等酸性气体溶于水后形成电解质溶液，锌和铁组成的原电池，它使得小孔附近的锌发生阳极反应，即失电子而成为Zn^{2+}溶解，而钢丝本身不发生溶解，这就是锌的“牺牲阳极”作用。

钢丝的镀锌层越厚，其防腐性能越高，所以，用于架空通讯线的镀锌钢丝，海洋用镀锌的钢丝绳，含硫高的矿井用钢丝绳，它们的锌层厚度均匀性都要求硫酸铜试验四次以上（每分钟一次）不露铁。要求钢丝上锌量为200~260g/m^2。钢丝制品如果用于腐蚀情况比较弱的环境，则所需上锌量即锌层厚度就较小，例如一般包扎用的低碳镀锌钢丝。

镀锌层确实能形成某种能抗腐蚀的保护膜，这种保护膜通常为氧化锌或碱式碳酸锌。直接产生的氧化锌薄膜在空气中有良好的保护作用。而在水中由氢氧化锌转化来的氧化锌膜由于孔隙多不能起保护作用。不过在含有足够量二氧化碳的水中，锌层产生的碱式碳酸锌薄膜可以有良好的保护作用。

锌在都市大气中的腐蚀量为2~7μm/a。在工业大气中的腐蚀比都市大气中严重，它的腐蚀量为3~20μm/a。在海洋大气中的腐蚀程度与都市大气中是相似的，为1~7μm/a。

据资料记载，在暴露条件下，镀锌层保护作用时间与锌层总量之间的关系见表4-1。

同样资料也记载由镀锌钢丝制成的钢丝绳比单根钢丝的使用寿命要长，学者对这种情况的解释是位于钢丝绳外侧部分的钢丝腐蚀较快，而当镀锌层被穿透时，内部未被腐蚀的锌层对外部进行了保护；又如钢丝弯折使锌层开裂直达钢基，在电解质溶液存在条件下，锌为阳极，钢丝作为阴极，组成腐蚀原电池，钢丝被保护。上面所说的保护就是所谓阴极

表 4-1　锌层总量与总保护时间的关系

锌层质量 /g · m^{-2}	平均保护时间（以约 50% 的暴露表面生锈）/年		
	农村大气	工业大气	海洋大气
80	4 ~ 5	1 ~ 2	3 ~ 4
120	6 ~ 8	2 ~ 3	5 ~ 6
200	9 ~ 12	4 ~ 6	7 ~ 9
330	20 ~ 25	6 ~ 8	12 ~ 16
430	30 ~ 35	8 ~ 10	20 ~ 25
660	约 40	12 ~ 15	28 ~ 32

保护法中钢丝镀上阳极性金属层的那种措施。

在基体金属进行热镀或电镀时，当锌镀层重量相等时，大致具有相同的抗腐蚀能力。这样看来，使用热镀的方法更加合算一些。

镀锌钢丝在大气中腐蚀速度为不加保护层的 1/10 至 1/20。工业气氛中若含大量 SO_2，在潮湿环境下形成亚硫酸，会溶解锌，从而加速腐蚀。

影响镀锌钢丝抗大气腐蚀的因素有：

（1）钢丝线径。细钢丝的失重较粗钢丝要快，且强度损失也较快。

（2）锌纯度。锌中含有铜、锡、锑、铋等，无论是单个还是多种元素同时存在，都会加快锌在酸中的溶解速度。其他元素，如镉、铅等则无影响。

（3）镀锌方式。通过不同地区的大气暴露试验，热镀与电镀两种方法，锌层的腐蚀速度基本相似，热镀 4. 2μm/a，电镀 3. 5μm/a。

在水中耐蚀性，主要取决于水的 pH 值和温度。锌层在常温下，当 pH = 6 ~ 12 时在水溶液中耐蚀性最好，在酸性介质中以及碱性介质中（pH 到 12. 5 以上时），发生锌的腐蚀，如 pH > 12. 5 将发生下述反应：

$$Zn + OH^- + H_2O = HZnO_2^- + H_2\uparrow$$

水温在 60℃以下时腐蚀速度急剧增加，不过当水温降到 50℃以下时，其耐蚀性又显著提高。在 60℃或 60℃以上水中，当通入大量气体时，锌与铁的电极极性向相反方向变换，锌的电位比铁高，锌不再作为阳极，而铁将作为阳极先溶解牺牲，钢基发生孔蚀。

在土壤中进行腐蚀时，锌层受到土壤中水分、溶解氧及盐类的浓度、pH 等因素的影响。

在室内腐蚀，锌层保护层在室内与大气暴露的腐蚀速度相比，无论任何条件，室内腐蚀损失都较小，有锌保护层的钢丝在室内与在室外相比，室内寿命可延长 5 倍以上。不过在高温高湿条件下，锌层表面易生成“白锈”，它是由 $2ZnCO_3 \cdot 3Zn(OH)_2$，ZnO，$Zn(OH)_2$ 等或它们的混合物构成的。防止“白锈”的一般方法是钢丝镀锌后进行铬酸盐的钝化处理。

4.3　镀锌质量与钢丝表面的准备处理

钢丝镀前一定要进行表面处理，使钢丝表面达到一定的清洁程度，进入锌锅之前，还需要经过助镀剂处理。镀层质量的好坏与光面钢丝的表面准备处理有很大关系。

表面准备工序中，脱脂以及除锈的方法也适用于电镀生产。

钢丝表面准备处理主要有脱脂（除油），酸洗去锈，水洗以及熔剂处理，另外低碳钢丝镀锌前的退火处理等。低碳钢丝进行退火，是再结晶过程，用以消除拉拔后产生的加工硬化现象，使产品质地柔软，强度低而延伸性能高，便于弯曲，另外使之具有低电阻系数。

低碳钢丝退火已经具有了脱脂处理的作用。它自退火炉中出来后，自然冷却到300～500℃，再进入热水槽清洗，使钢丝表面部分氧化铁皮在水中爆裂脱落，这同时减轻了酸洗的负担；退火同时起脱脂作用，这是把油脂进行加热烧除的方法，此外还有化学脱脂，电化学脱脂方法。

钢丝表面油污常常是在拉拔时粘上的，如皂粉等润滑剂。润滑剂常常含有矿物油，动物油等等。钢丝镀前存放不当会产生锈斑，它和油脂等有机杂质粘在一起，包在钢丝表面，如洗不净将严重影响镀层质量。

中、高碳及低碳钢丝经碱洗脱脂处理后，再经水洗清除残留在钢丝表面上的碱洗脱脂液，以利于下一步酸洗。酸洗是为了清除钢丝表面铁锈等杂质污物，并可活化表面。酸洗后再进行水洗，目的是洗去残酸，以及洗去酸后的不溶物（它称为“黑灰”，主要是Fe_3O_4和Fe_3C等）。在进入锌锅前还应进行涂助镀剂处理，目的是防止钢丝进入锌锅前再次被氧化以及起助镀作用。涂助镀剂处理也称为熔剂处理。

在镀锌中常见的质量缺陷是“黑点”和“露铁”，黑点是指没有镀上锌的空白小点，露铁是指大面积没有镀上锌。成批钢丝出现上述镀层质量缺陷，往往是由于钢丝进行脱脂、酸洗，涂助镀剂等表面处理情况不好造成的。

4.3.1 低碳钢丝退火对镀层质量的影响

在退火时，由于炉温过高，造成钢丝表面氧化铁皮增厚，从而引起镀前酸洗不净，成批钢丝镀不上锌，产生大量麻点或黑条。解决方法是要严格的控制炉温，避免波动过大以及炉温分布不均。

在连续式退火作业中，出现炉温过高时，可采用钢丝不经水洗直接进入酸池的措施来补救，以提高酸洗温度增大酸洗能力，但这样做往往产生过多酸雾，增加环境的酸气氛污染。

4.3.2 脱脂对镀层质量的影响

在加热烧除油污时（一股在300～400℃），往往因温度过低未能烧尽油污，成批出现“黑点”或“露铁”，此时可采用融熔铅液脱脂。采用碱洗液脱脂，在浓度过低以及溶液成分发生变化时，也会出现上述缺陷。

4.3.3 助镀剂处理对镀层质量的影响

当助镀剂的浓度偏低，或助镀剂溶液温度过低时，就会造成镀层质量的缺陷，出现“黑点”或“露铁”。此外，助镀剂槽内不清洁，含有过多的沉淀物，或含铁量偏高，也会出现上述缺陷。

在助镀剂浓度偏低时，补救措施是把固体助镀剂撒在锌锅的钢丝入口处的锌液面上，随后向助镀剂池内加入助镀剂达到工艺要求的浓度。

要及时清除助镀剂池内的沉淀物，控制溶液的浓度和含铁量。当溶液浓度过高时，由钢丝带入锌锅的助镀剂就会过多，积聚在锌锅的钢丝入口处，形成黑色的硬块，它们倘若附着在钢丝表面上，也会在镀后使钢丝镀层产生“黑点”。

4.3.4　钢丝拉拔后残留的涂层和润滑剂膜的影响

一般来说，硼砂、磷化膜或水玻璃等涂层不宜做镀锌钢丝拉拔用的润滑涂层。钙皂也不适宜做润滑剂，因为在镀前水洗时，钙皂难于清洗掉。

中、高碳钢丝，常在磷化处理后进行拉拔，由于磷化膜在镀前处理时难以清除干净，所以镀锌用钢丝往往采取轻微磷化处理。

以下说明钢丝采用烧烤除油方法时应注意的几个问题。

(1) 经烧烤除油后的钢丝，力学性能应无显著变化。因此炉温应控制在500℃下，钢丝温度应低于400℃。过高的温度将影响其力学性能，过低的温度将达不到除油效果。对于含碳量在0.55%～0.60%的钢丝，采用较大的总减面率（$Q=82\%$），以提高其极限强度，那么在线温为400℃时烧烤除油，实践证明不会影响其强度等力学性能。在润滑剂膜与钢丝结合牢固，用碱洗难以清除的情况下，采用烧烤法最为适宜。

(2) 对于低碳钢丝退火后镀锌以及中、高碳钢丝需要铅淬火进行索氏体化处理后镀锌的情况，热处理过程就是烧烤除油工序，免去了碱洗脱脂工序。

凡是采用烧烤除油的钢丝，必须在酸洗前先经过热水洗，以便使烧烤产生的氧化铁爆裂以致脱落，减轻后道酸洗去锈工序的负担。

4.4　热镀锌工艺原理

钢丝经表面处理后进入锌锅，停留在锌液中的时间为数秒至20s，此时，钢丝与锌液发生复杂的物理—化学过程，从而形成锌镀层。

4.4.1　锌的性质

锌是浅蓝色金属，六角晶体，熔点为419.4℃，沸点为907℃；它的化学性质主要是与酸和碱都反应。它溶于碱中，生成锌酸盐和氢气，反应为 $Zn+2NaOH=Na_2ZnO_2+H_2\uparrow$；它溶于酸中，生成锌盐和氢气，反应为 $Zn+2H^+=Zn^{2+}+H_2\uparrow$。

锌在含 CO_2 的空气中易发生下面的反应：

$$4Zn+2O_2+3H_2O+CO_2 = ZnCO_3\cdot 3Zn(OH)_2$$

产物是碱式碳酸锌。

锌的标准电极电位是 $-0.762V$，所以与铁比较，锌往往做阳极。

锌的力学性能是：强度极限为 1.47×10^8Pa（$15kgf/mm^2$），伸长率为20%。断面收缩率为70%，硬度为HB=30。

4.4.2　在热镀时锌和铁的作用

铁和锌的作用主要是扩散和界面反应，并形成合金层，这些合金是由几种金属间化合物组成的。它们是 Fe_5Zn_{21}、$FeZn_7$、$FeZn_{13}$ 等。越靠近钢丝，合金中含铁量越多。

影响铁与锌相互作用的因素有锌液温度，浸锌时间，钢丝的化学成分与金相组织，锌的化学成分。当钢丝表面处理不洁净时，将影响二者的扩散作用，不能形成锌-铁合金，即使黏附上纯锌也是很不牢固的。

4.4.3 钢丝侵入锌液后的作用过程

钢丝进入锌液，由于其表面温度较低，故立即凝结一层锌壳，随后钢丝温度升到锌的熔点，钢丝表面上的锌壳完全熔化，原先附着在钢丝上的助镀剂层也随之脱落，锌液在钢丝表面上浸润，锌液与钢丝基体间进行扩散作用和界面反应，锌-铁合金层开始形成。

4.4.4 钢丝出锌后的作用过程

自锌锅中出来之后，铁-锌合金层继续长大，一直延续到钢丝冷却至200℃左右才终止。与此同时，锌锅中带来的锌液在锌-铁合金表面上润湿、黏附、流散，锌液随温度下降而凝固，结晶形成固态锌，此时温度已降至120℃左右，锌表面开始在空气中生成氧化物薄膜，直到冷却至室温，全过程完成。

4.4.5 锌层组织构造

以不加铝的镀层进行讨论，通过锌铁合金状态的分析，在450℃时从钢丝基体开始出现如下各个相层：

（1）α-固溶体。它是锌溶解在铁中形成的固溶体，在450℃时，其含锌量约10%。而在室温时其含锌量约为5%。是Zn在α-Fe中固溶体，晶格常数 $a=2.862\sim2.9143$Å（1Å=0.1nm）的体心立方晶格。

因为它接近基体铁，称为黏附层。在室温时，有细小散布的Γ相化合物析出，由于时效硬化作用，使α相硬度增加，其显微硬度HD约为150（显微硬度HD指在25g负荷下用金刚石菱角形锥测定而来的数据）。下一层组织在450℃时应是Γ相。若是镀锌温度在630℃以上时，从状态图上看出，可以形成α+Γ相共析体。

（2）Γ相。在450℃时，与α相相邻的是Γ相。Γ相为金属化合物 Fe_5Zn_{21} 为基础的中间金属相。它是含有铁20.5%~28%（质量），晶格常数 $a=8.9560\sim8.9997$Å的体心立方晶格，每个晶胞内含52个原子。它介于钢基与明显合金层之间，称为中间层。此相层硬度最高，HD=515。此相也最脆。

（3）δ_1 相。在450℃时，δ_1 相与Γ相直接相连接。

在状态图上可以看出，镀锌温度高于668℃时，可以形成Γ和 δ_1 的包晶混合物。δ_1 相是以 $FeZn_7$ 为基础的中间金属相，含Fe 7.0%~11.5%（质量分数）。每一个六方晶格中有550±8个原子，密度为7.25±0.05g/cm³，晶格常数 $a=12.86$Å，$c=57.60$Å。δ_1 相硬度高HD=454。但它的塑性相当好。δ_1 相晶格为双角锥形六面体。该 δ_1 相区域较宽，分两部分，紧靠外层（漂走层ξ相）的那部分常呈劈裂状，像是一些栅栏排列组成的称为栅栏层。靠内层的另一部分呈不劈裂状。好像与钢基直接连接，故称为连接层。

（4）ξ相。再靠外的结构为ξ相。ξ相是以 $FeZn_{13}$ 为基础的中间金属相，含有更多的锌。其中含铁量为6.0%~6.2%（质量分数）。是单斜晶体，含原子个数28个，晶格常数 $a=13.65$Å，$b=7.61$Å，$c=5.06$Å，$\beta=128°44'$。密度为7.8g/cm³。ξ相显微硬度为HD=270。由于它是单斜晶体，所以ξ相很脆。每个晶胞由两个 $FeZn_{13}$ 分子组成。由于

ξ 相能从它生成的地方脱落下来进入锌液中，故又称 ξ 相层为漂走层。

（5）ξ + η 共晶混合物。其硬度由 ξ 相向 η 相降低。

（6）η 相。最外层为 η 相。η 相是几乎是由纯锌组成的固溶体，含量仅 w(Fe) 为 0.003%。系六方晶系紧密排列的晶格，晶格常数 $a = 2.6600\text{Å}$，$c = 4.9379\text{Å}$，$\frac{c}{a} = 1.8563$。每个晶胞含有两个原子。显微硬度 HD = 37。

总之，镀层由六个单独的结构组分组成，最脆相层为 Γ 相和 ξ 相，它们是中间层，热镀时应力求限制 Γ 相与 ξ 相的成长。

在镀锌时，即使浸镀时间为最短的 6s，也是上面所述的六个相层。当浸镀时间短的情况下，δ_1 相会来不及形成柱状结构。

在不加合金元素的锌液中，镀层厚度约为 0.1mm，其中 Γ、δ_1、ξ 相占镀层厚度的$\frac{1}{3}$到$\frac{1}{2}$，η 相占$\frac{2}{3}$到$\frac{1}{2}$。各相的结晶结构见表 4-2。

表 4-2　铁-锌系中相的结晶结构数据

相、分子式	Fe		晶格结构	显微硬度（HD）	特性
	原子分数/%	质量分数/%			
α 相固溶体（Zn 在 α-Fe 中固溶体）		80 ~ 100	体心立方	150	
γ 相固溶体（Zn 在 γ-Fe 中固溶体）		55 ~ 100	面心立方		
Γ 相（主要是 Fe_5Zn_{21}）	23.2 ~ 31.3	20.5 ~ 28	体心立方	>515	脆性
δ_1 相（$FeZn_7$）	8.1 ~ 13.2	7 ~ 11.5	六方	454	塑性
δ 相（$FeZn_7$）	8.1 ~ 11.5	7 ~ 10			
ξ 相（$FeZn_{13}$）	7.2 ~ 7.4	6.0 ~ 6.2	单斜	270	脆性
η 相（Fe 在 Zn 中的固溶体）		0.003	六方紧密排列	37	塑性

421 ~ 454℃ 为最佳镀锌温度。

镀锌层结构组分硬度变化曲线，如图 4-1 所示。铁-锌系状态图，如图 4-2 所示。

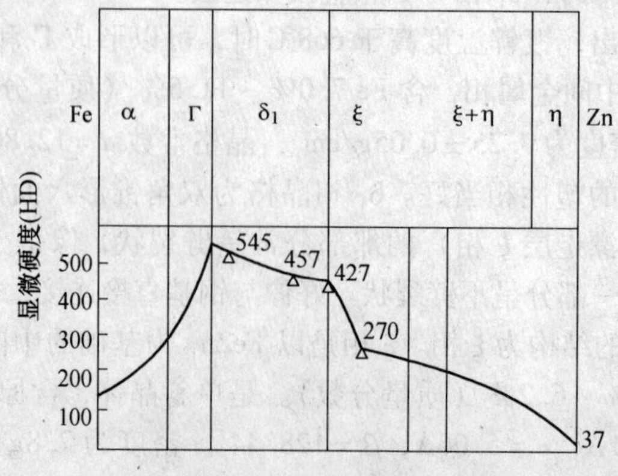

图 4-1　镀锌层结构组分的显微示意图

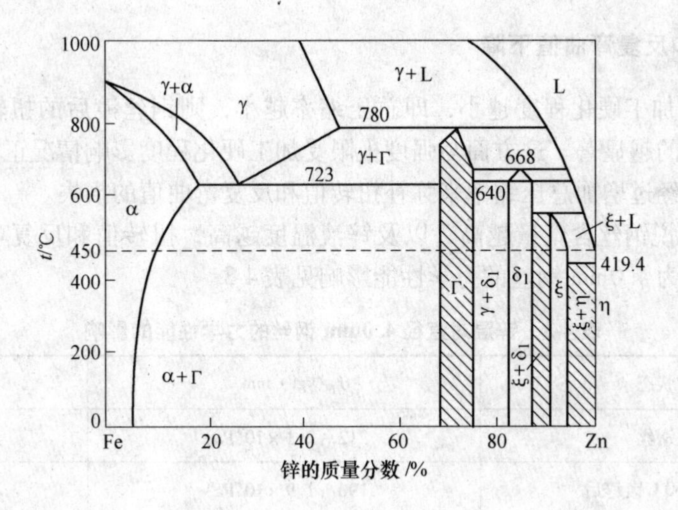

图4-2　铁-锌系状态图

4.5　热镀锌工艺条件对钢丝力学性能的影响

钢丝热镀锌时，浸入450℃左右锌液中，并经过一定的时间，这相当于接近再结晶退火和超过钢的回复温度而进行一次热处理过程。

由于中、高碳镀锌钢丝不仅要求一定的抗蚀性能，还要求有较高的强度和韧性，为此这类钢丝在热镀前要进行索氏体化热处理，并随后进行冷加工时，为了弥补热镀后力学性能的损失，往往使其总压缩率要高于普通光面钢丝的总压缩率。

热镀对钢丝力学性能的影响分别叙述如下。

4.5.1　抗拉强度下降伸长率提高

未经退火的冷拔光面钢丝镀锌时，其镀锌温度接近再结晶温度和超过钢的回复温度，使钢丝冷加工硬化有一定的回复，所以抗拉强度会有所下降。对于强烈加工硬化的碳素钢丝来说，强度极限的降低在某些情况下可达到20%。即强度下降值随总压缩率增大而增加。总压缩率在50%以下时，镀锌后对强度影响不大。

伸长率上升的情况是冷变形程度越大，总压缩越大，热镀后延伸率的增加值也就越多。锌温对伸长率的影响如图4-3所示。伸长率随锌液温度升高而增大，到一定程度则保持恒定。

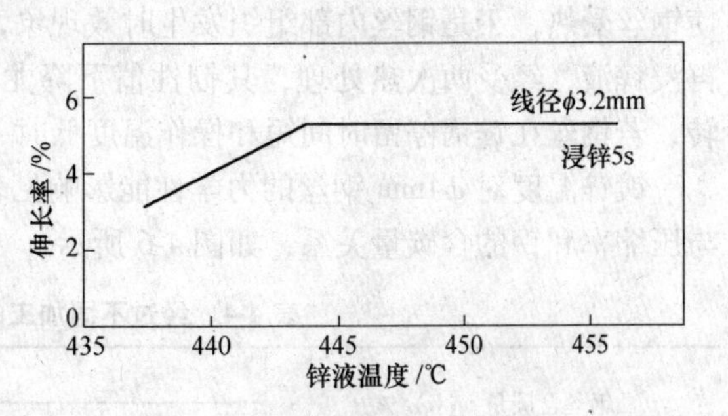

图4-3　锌液温度与伸长率的关系
（试样标距取250mm）

对镀锌有退火工序，并在退火后于空气中进行迅速冷却的钢丝，在加热到镀锌温度时会引起时效现象，它与溶解于α-Fe中的碳化物相和氮化物相的再分配有关。它们在α-Fe中的溶解量是温度的增函数。

4.5.2　扭转值和反复弯曲值下降

（1）镀锌前加工硬化程度越小，即总压缩率越小，则钢丝镀后的扭转值和反复弯曲值——韧性下降的越显著。这方面与强度极限受加工硬化程度影响情况正相反。因此，对高碳钢丝又必须经过增加总压缩率来弥补扭转值和反复弯曲值的损失。

（2）一般来说钢丝含碳量越高，以及锌液温度越高，扭转值和反复弯曲值下降得越多。锌温对直径为4.0mm钢丝的力学性能影响见表4-3。

表4-3　锌温对直径4.0mm钢丝的力学性能的影响

表面状态	σ_b/kgf · mm^{-2}	扭转值
光面钢丝	212（2.1×10^9Pa）	160
在450～460℃镀锌后	190（1.9×10^9Pa）	112
在470～490℃镀锌后	182（1.8×10^9Pa）	118

有关锌温与扭转次数的关系如图4-4所示。线速与扭转次数减少率的关系如图4-5所示。

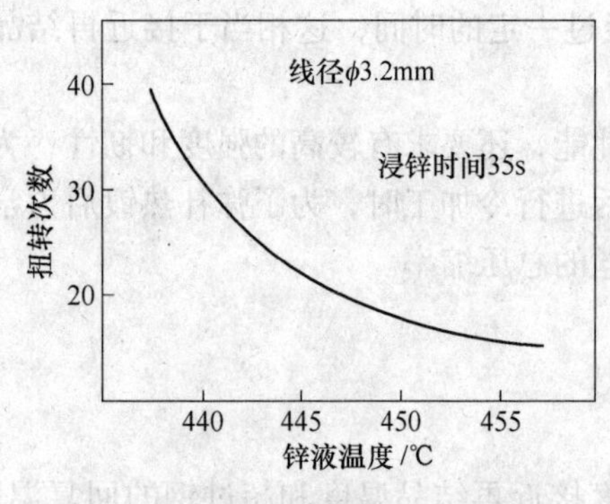

图4-4　锌温与扭转次数的关系

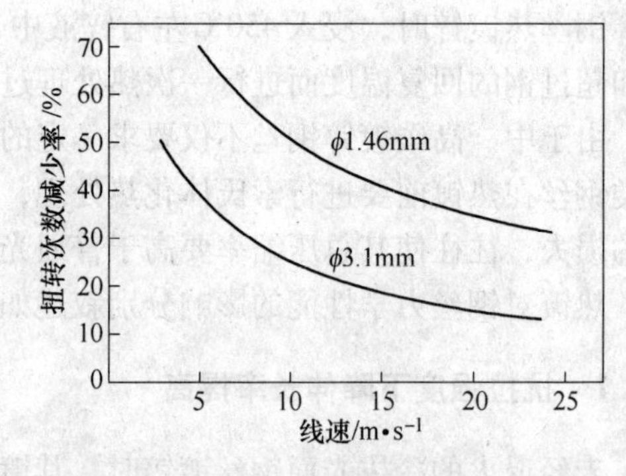

图4-5　线速与扭转次数减少率的关系

（3）影响扭转及弯曲值下降的因素。在热镀锌时，由于经过一定温度（以最佳温度为例，中高碳钢丝为465～468℃，低碳钢丝最佳锌镀温度为450～460℃）和一定时间，使钢丝受热，于是钢丝内部组织发生时效现象，从而降低了韧性。特别对烧除油脂的钢丝再浸锌液，经受两次热处理，其韧性值下降尤为明显。实验表明镀锌并不影响弯曲和扭转，若钢丝在锌锅停留时间短和操作温度低时，弯曲和扭转值下降的也就小。

镀锌温度对ϕ4mm钢丝的力学性能影响见表4-4。成品钢丝热镀锌其力学性能的降低与压缩率和钢的含碳量关系，如图4-6所示。

表4-4　经过不同加工的钢丝的疲劳强度

钢丝含碳量 w(C)/%	疲劳强度极限/kgf · mm^{-2}	
	未热镀锌	热镀锌
0.8	50（4.9×10^8Pa）	46（4.5×10^8Pa）
0.7	49（4.8×10^8Pa）	47（4.6×10^8Pa）

续表4-4

钢丝含碳量 w(C)/%	疲劳强度极限/kgf·mm^{-2}	
	未热镀锌	热镀锌
0.62	51（5.0×10^8 Pa）	45（4.4×10^8 Pa）
0.49	50（4.9×10^8 Pa）	41（4×10^8 Pa）

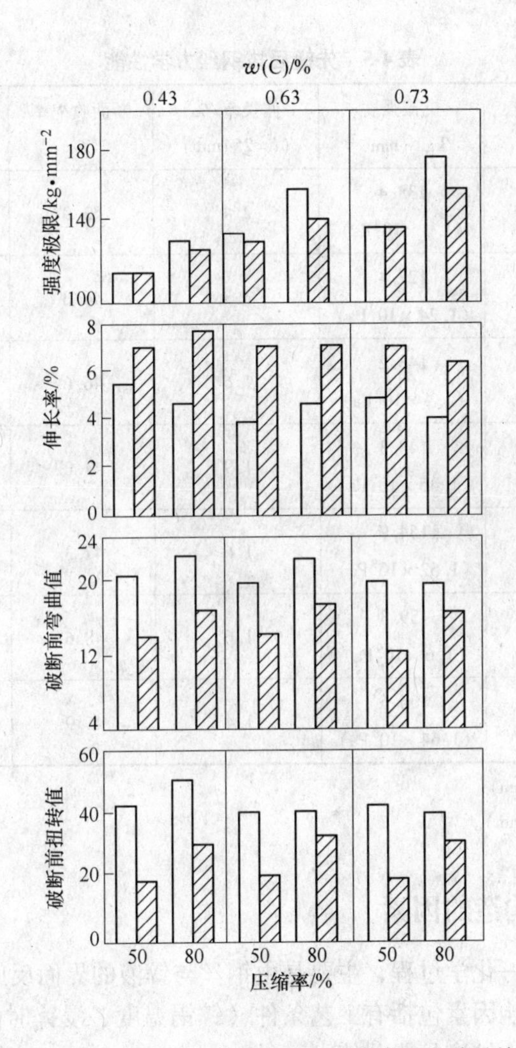

图4-6　成品钢丝热镀锌力学性能与压缩率及含碳量关系图

4.5.3　弯曲疲劳强度在热镀锌后有所下降

这是因为热镀锌时，在钢丝表面产生脆而硬的铁-锌合金壳，在交变负荷下，便会很快地发生裂口，使其疲劳强度下降。不同加工情况对疲劳强度的影响见表4-4。但是镀锌钢丝捻制成绳后，由于锌层的防蚀效果及润滑作用，常使其耐疲劳性能较光面钢丝绳有所提高。

4.5.4 热镀锌后对酸洗造成的脆性有所消除

先拔后镀出现上述种种影响，若采取先镀后拔工艺时，可获得近于光面钢丝的力学性能和光滑的表面。一般拉拔数道后进行镀锌，镀锌后再拉拔 1 ~ 3 道为成品，例如含碳量 0.60% 的钢丝 ϕ4.28mm，其热镀锌后，取 20% 的部分压缩率进行拉拔，力学性能变化见表 4-5。

表 4-5 先镀后拔钢丝力学性能

工艺 \ 项目	线径 /mm	抗拉强度 /kgf·mm^{-2}	伸长率/% (l=254mm)	断面收缩率 /%	扭转次数 (100d)	镀层厚度 /mm
镀前	4.28	138.4 (1.4×10^9Pa)	2.4	53.9	38	—
镀后	4.39	127.4 (1.24×10^9Pa)	3.3	46.0	11	0.055
第一道拉拔	3.92	143.2 (1.4×10^9Pa)	1.6	46.6	22	0.045
第二道拉拔	3.52	148.3 (1.45×10^9Pa)	1.9	47.8	28	0.041
第三道拉拔	3.12	154.9 (1.52×10^9Pa)	1.6	47.3	37	0.038
第四道拉拔	2.81	159.3 (1.6×10^9Pa)	1.6	48.6	41	0.033
第五道拉拔	2.51	166.6 (1.64×10^9Pa)	1.4	45.9	38	0.030

注：1. l 为钢丝的长度（mm）；
2. d 为钢丝的直径（mm）。

4.6 影响锌层组织构造的因素

钢丝热镀锌的物理—化学过程，主要是由钢丝与锌液的界面反应和 Fe-Zn 的扩散作用来完成的，对锌层的影响因素包括有工艺条件（锌锅温度、浸锌时间等），钢丝的化学成分，组织结构以及锌锅中锌液的成分等。

4.6.1 锌锅温度

为了得到合适的锌-铁合金层及纯锌层，最佳锌液温度以 450℃ 为好。锌的熔点是 419.4℃，在钢丝浸入的锌液部位，往往锌受到冷却，因而实际上要锌液温度保持在 430 ~ 460℃ 范围内。镀锌时，控制温度的目的之一是加强合金层中 δ_1 相和 η 相，而减少脆性相 ξ 相层的厚度，这样便可获得塑性的，不脱落的镀层。升高锌锅温度会强烈地增加 ξ 相厚度，锌温温度达到 480℃ 时，塑性好的 δ_1 层消失了，而脆性层 ξ 相增加了，同时由于锌温过高，外层 η 相也近于消失，也就是说在钢丝引出锌锅时，由于锌液温度过高，η

相流失了。ξ 相对镀层塑性是有害的。

此外，随着锌锅温度的升高，锌锅及传送辊的铁在锌液中的溶解度也增加，这同时增加了锌渣，影响镀锌质量，降低锌锅的寿命。

随锌锅温度升高，Γ 相形成速度也增长，但在 500℃时，Γ 相几乎消失，而 $\delta_1+\xi$ 相增长最快，500℃以上 Γ 相重新出现，$\delta_1+\xi$ 增长量又变小，同时铁在锌中的溶解度也大大增加。镀锌温度与 Γ 相和 $\delta_1+\xi$ 相成长速度的关系，如图 4-7 所示。

4.6.2 浸锌时间的影响

从图 4-8 分析，在 450℃时，如图 4-8 中所注成分的钢丝，各相成长情况与浸锌时间的关系为：浸锌时间越长，则上锌量越多，这主要是合金层厚度增加的结果。

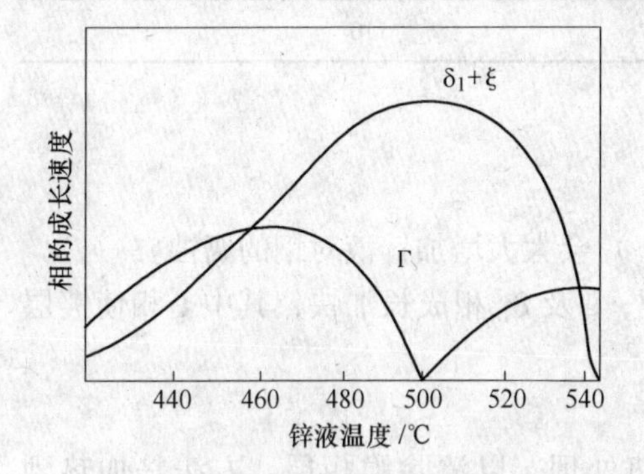

图 4-7 镀锌温度对 Γ 相、$\delta_1+\xi$ 相成长速度影响

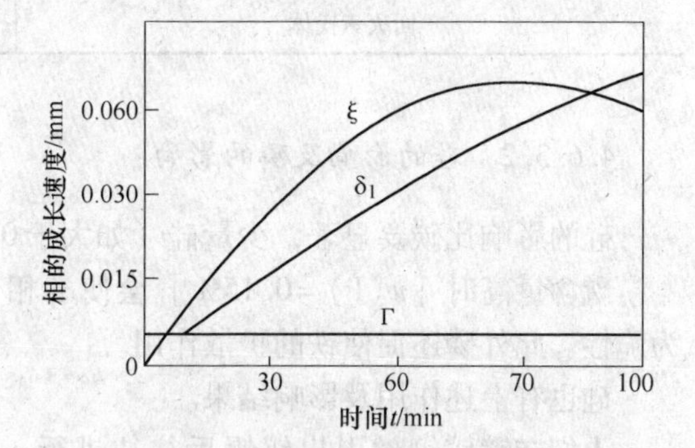

图 4-8 浸锌时间与相成长速度关系
温度为 450℃，钢丝的化学成分为
$w(C)=0.08\%$；$w(Mn)=0.4\%$；$w(Si)=0.006\%$；
$w(S)=0.038\%$；$w(P)=0.021\%$；$w(Cu)=0.02\%$

其中，Γ、δ、ξ 相特征是：

(1) 对 $w(C)$ 为 0.08% 的钢丝，于 450℃时不到一分钟即可形成 Γ 相。并且不再增长，Γ 相之正常厚度为 0.004mm（4μm）。

(2) ξ 相初期成长速度快于 δ_1 相，这说明即使浸锌时间很短也会产生 ξ 相脆性层。因此应尽量缩短浸锌时间以减少 ξ 相，改善镀层的柔软性。

(3) 浸锌在 90min 以上时，δ_1 相的成长比 ξ 相要快。

在正常浸锌时间范围（几十秒）内，铁锌合金厚度的影响是有限的。

4.6.3 钢丝化学成分的影响

硅、磷、碳的含量增高可使镀层塑性变坏。

4.6.3.1 碳的影响

一般地说含碳量越高，锌液对钢基的作用越强。同时，碳以何种形式存在对锌层结构影响更重要。碳多以 Fe_3C 形式存在，Fe_3C 越细小且弥散度越高，越均匀，铁—锌反应就越慢。表 4-6 说明含碳为 0.78% 的高碳钢，钢内组织不同，镀锌时铁损失量也不同。

从表 4-6 可看出，钢为回火索氏体时镀锌的铁损失量最少。

较高的含碳量也会促进 δ_1 相及 ξ 相层的成长，其中 ξ 相使镀锌层脆性增加，不过碳的影响较 Si 的影响减弱一半。

表 4-6　碳的质量分数为 0.78%的钢内不同组织的铁损失量

钢组织结构	铁损失量/g·(m^2·h)$^{-1}$
粒状珠光体	680
层状珠光体	740
索氏体	130
屈氏体	192 及 186
马氏体	118
回火索氏体	110

4.6.3.2　硅的影响及磷的影响

硅的影响比碳要显著，少量硅（如大于 0.2%）会大大增加锌液对钢的腐蚀。

磷含量高时［w(P) = 0.15%］会使 η 相变薄，ξ 及 δ_1 相成长加快，其中 ξ 相使镀层为脆性。此外磷还促使铁的扩散作用。

硅也有上述作用及影响结果。

人们在镀锌钢丝引出锌锅后往往进行一次热处理，以清除脆相层。方法是加热到 490～570℃，保温 10～20s，由于 Fe 的扩散作用，促进脆性 ξ 相消失而为 δ_1 代替。这种方法优点是使镀层厚度加大，因此镀锌钢丝的使用寿命长，缺点是镀层表面灰暗无光泽。

4.6.4　锌液成分的影响

4.6.4.1　锡的影响

w(Sn) 为 0.5% 以下会使镀锌层形成大的花纹且光亮。w(Sn) 为 0.5% 时会使中间金属相较在纯锌中镀锌时厚度增加。锡能增加锌液的黏度，会使 η 相略有增加。锡总的结果会降低镀层的塑性。

4.6.4.2　锑的影响

为增加锌层花纹往往在锌锅中加入锑。锑含量在 0.3% 以下，也会使铁在锌液中溶解度增大。锑会使中间金属相厚度及 η 相厚度略有增加，会使镀锌层塑性降低。

4.6.4.3　铅的影响

为保护锅底，常常在锌锅底部保持 10cm 厚的铅液。于是使锌液中可含 1%～1.5% 铅。锌层中纯锌部位含有铅，但 Fe-Zn 合金中几乎无铅存在。

4.6.4.4　铁的影响

锌液中铁含量不高。铁主要来源于锌-铁反应中的漂走层，其密度较大，沉于锌液下层。铁对锌-铁反应无影响，但对纯锌层质量有影响，镀层中纯 Zn 层夹杂 Fe-Zn 合金，会使其挠性变坏。锌液中含铁不得超过 0.05%，应定时（10 天至 15 天）捞锌渣一次。

4.6.4.5　铝的影响

铝的熔点 660.37℃，极易被氧化。加入铝质量分数在 0.05% 以下会使中间金属相厚度略有减少，η 相厚度略减，锌的镀层表面光亮。加入铝质量分数在 0.15% ~0.20%，中间金属相厚度减少很快，不过 η 相略减，表面光亮，但镀层塑性增加较多。当锌液中含少量铝时，使钢基与锌液反应变慢，减少 Fe-Zn 合金层厚度。加铝也会降低助镀剂的作用，因为当钢丝表面黏附的助镀剂与含铝之锌液接触后，生成 $AlCl_3$、$AlCl_3$ 沸点为 182.78℃，在锌液温度（440 ~450℃）下，$AlCl_3$ 以气态散失，助镀剂失去效果，故不易镀上锌，产生“黑点”。同时为避免 Al 对 Zn-Fe 合金生长的抑制作用，再加上钢丝浸锌时间短，故往往生产中不加铝。

4.6.5　钢丝规格、外观等的影响

4.6.5.1　钢丝规格

对于线径粗的钢丝，为了在锌锅中促进它的锌-铁作用，故应加长浸锌时间。但是钢丝的线径越大，其体积也越大，所以其热容量大。而相应的钢丝表面积比体积小，所以在引出锌锅后，钢丝的散热就慢，这样使钢丝保持较长时间高温状态，促进了铁-锌反应和扩散作用，消耗了纯锌层，增加了合金层。

4.6.5.2　钢丝外观

当钢丝由于酸洗时不均匀的侵蚀，造成表面凹凸不平。镀锌后，凹下部位栅状层生长致密，外层有较多纯锌层。凸出部位，栅状层疏松，导致漂走层开裂，并使纯锌层减薄。钢丝表面若有铁鳞存在或油污存在，会阻碍铁-锌作用，造成局部无合金层，因此镀不上锌。

4.7　影响锌层厚度的因素

锌层厚度通常指合金层和纯锌层二者之和。

4.7.1　影响合金层厚度的因素

合金层主要有三个基本相层 ξ、δ_1 和 Γ。其中 Γ 相很薄（数个微米），故合金层厚度主要由 ξ 和 δ_1 相来决定。

当圆形碳素钢丝，内部为索氏体组织且冷拉光滑状态时，则合金层厚度取决于下面因素：

（1）锌液温度越高，浸锌时间越长，合金层越厚。

（2）钢中含碳和硅量越高，合金层越厚。

（3）钢丝直径越大，要求浸锌时间越长。同时粗钢丝体积大，其热容量也大，于是促使合金层增厚。

4.7.2 影响纯锌层厚度的因素

纯锌层来源于钢丝引出时钢丝与锌液的黏附力。因此决定因素有以下几方面：

（1）镀锌速度。速度越快、上锌量越大，增加的厚度主要是纯锌层。引出钢丝的速度快，而黏附的锌液又能及时冷凝，使它来不及因自重而流下，就能增加锌层中纯锌层厚度。

生产中，对粗钢丝采取引出后快速冷却的方法，即风冷或水冷，使因消耗纯锌层的Zn-Fe 合金作用过程终止、以保证纯锌层的厚度和光泽度。

（2）揩擦方式。垂直引出时，在钢丝离开锌液面的地方覆盖 8cm 厚的木炭层，可得到较厚纯锌层。当斜向引出时，采用“石棉弹簧”抹拭，可得较薄的纯锌层。

（3）铁-锌合金层的组织结构。合金层较厚，并以栅状层和漂走层状态存在时，有利于带出较多的锌液，加厚纯锌层。

（4）增大锌液黏度也会使纯锌层加厚，这又取决于锌液的温度及成分。温度的黏度大，以及锌液中含 ZnO 和细小 ξ 相晶粒，锌液中含锡、含铁都会增加锌液黏度，从而增厚锌层。

有实验表明，在 450℃，锌锅 $w(\mathrm{Fe})$ 为 0.06% 时，浸锌 30s，所得锌层厚度约 $330\mathrm{g/m^2}$，若含 $w(\mathrm{Fe})$ 为 0.25% 时，锌层厚度约为 $400\mathrm{g/m^2}$，这与黏度增加有很大关系。

4.8 热镀锌工艺分析

4.8.1 热镀锌对钢丝的要求

热镀锌钢丝的质量，包括钢丝的力学性能和镀锌层质量两大方面。不同品种、用途、规格的镀锌钢丝都要进行以下几方面检验：尺寸公差、外观质量，力学性能和锌层试验（它包括锌层的均匀性，锌层的厚度以及与钢基的结合牢度等）。因此，为保证镀锌钢丝的质量，就应从原料即盘条开始，在热处理、酸洗，拉拔后对钢丝进行严格控制，避免各种缺陷，保证光面钢丝达到技术要求。

（1）钢丝尺寸、直径公差。例如中碳合绳钢丝，镀前线径为 ϕ44.8mm，允许公差为 −0.02mm。又如钢芯铝绞线用镀锌钢丝，直径为 ϕ1.0mm，直径公差是镀前为 +0mm 和 −0.04mm。

（2）保证钢丝化学成分符合标准规定。不仅化学成分符合标准规定，而且保证通条均匀性，以及不允许出现严重偏析。

例如中碳合绳用钢丝，原料是优质碳素结构钢，65 号钢成分要求如下：

$w(\mathrm{C})=0.62\%\sim0.70\%$，$w(\mathrm{Si})=0.17\%\sim0.37\%$，$w(\mathrm{Mn})=0.50\%\sim0.80\%$，有害元素 $w(\mathrm{P})<0.035\%$，$w(\mathrm{S})<0.03\%$ 等。

因此，主要在盘条上严格控制钢丝的化学成分和金相组织的均匀性。若盘条的偏析严重，对低碳钢丝来说，粗规格的钢丝，镀锌后会出现“黑点”，“露铁”的镀锌缺陷。

（3）钢丝通条力学性能要好。这与钢丝成分的通条均匀性一致，以及与热处理后钢丝组织结构均匀一致有很大关系。

（4）镀前钢丝表面质量合乎要求。表面不得挂铅，不得有裂纹、折叠、斑疤、酸洗不净或过酸洗、沾有油污，以及有脱碳层存在等。钢丝出现挂铅，或氧化铁鳞过厚，这都是由于热处理不当造成的，它们在经过酸洗后，造成酸洗不净，结果会出现大批“黑点”或条纹状“露铁”。钢丝表面结疤，如氧化斑疤，这也是酸洗不净造成的。残余的氧化铁、锈条和锈点在拉拔中嵌入钢丝内部，就会造成镀不上锌的缺陷。

另外发生“过酸洗”，致使钢丝表面凹凸不平，镀锌时就会造成锌层不均，凹处锌层较厚，凸处锌层疏松较薄；钢丝局部脱碳，造成组织疏松会产生“黑点”和“露铁”；对于盘条出现折叠、带刺等缺陷，会造成拉拔后钢丝出现裂纹等缺陷，镀锌时也会出现“露铁”等，尤其影响直径较大的镀锌钢丝质量。

沾有油污等杂质时，即使经碱洗、酸洗也清除不干净；此外，钢丝磷化处理的磷化膜过厚，以及使用清洗不净的润滑剂（如钙皂）等，也会影响镀层质量。

（5）光面钢丝要平整度要好。钢丝内部不能有乱线或“8”字线，这对镀锌后钢丝的平整度有较大影响。

总之，热镀锌的钢丝要从原料（盘条）开始，经过热处理、酸洗、拉拔多道工序，光面钢丝的质量将对镀锌后的质量产生很大影响，必须使钢丝符合上述各项技术要求，才能生产出符合标准的产品来。

4.8.2 助镀剂的作用及工艺

（1）助镀剂的作用。钢丝经前面几道清洗处理后，在钢丝表面上还可能因为酸洗后带有残余铁盐等污物，在进入锌锅前还可能与空气进行氧化反应，生成薄的氧化膜，另外锌液表面在高温下与空气作用生成 ZnO。因此，为了使钢丝在锌锅内正常地进行界面反应和扩散作用，尚需经过一次涂助镀剂处理，也称之为涂熔剂处理。

熔剂的主要作用有四方面：

1）清除钢丝表面上残留的铁盐及未脱落的氧化铁等残留物。

2）溶解钢丝表面上新生成的薄氧化铁膜。

3）清除锌液在钢丝入口处存在的氧化锌。

4）降低锌液的表面张力，使钢丝被锌液所浸润，有利于钢丝与锌液的作用。

（2）助镀剂的成分和性能。常用于热镀锌的助镀剂成分有 NH_4Cl 和 $ZnCl_2$。NH_4Cl 具有挥发性，它在348℃升华。$ZnCl_2$ 在262℃熔化，732℃沸腾。配制助镀剂时要求其中含 NH_3 约为7%，相当于含 $w(NH_4Cl)$ 为22%，配成水溶液使用，一般控制密度在1.02～1.04之间。当助镀剂中含 NH_3 量少于3%相当于 NH_4Cl 少于9%时，性能就差了。计算方法是：$NH_3/NH_4Cl=17/53.5$。

常用的成分配比及工艺条件如下：

1）$ZnCl_2/NH_4Cl=1/3\sim4$。

2）$ZnCl_2/NH_4Cl=4/6$ 或 3/7。最低温度80℃，一般控制在85℃左右。

3）比较好的配方和工艺举例：NH_4Cl 为100～150g/L，$ZnCl_2$ 为30～40g/L。含 HCl 量6g/L，含 $FeCl_2$ 小于12g/L。温度85℃。

此外用作助镀剂的有无机盐类，如 $CaCl_2$，$MgCl_2$，硼砂等。无机酸有盐酸、硼酸、氢氟酸、磷酸等。有机物有橄榄酸、棕榈酸、苯胺、乙酸氨等。它们都能发生分解，生成活性物质，清净钢丝表面。

（3）助镀剂作用的反应机理：

1）助镀剂与锌液接触时，受热分解放出一定量的 HCl，即 $NH_4Cl \rightarrow NH_3 + HCl$。

生成的 HCl 可与钢丝残余的氧化铁或进入锌锅前生成的薄氧化铁膜作用，使它们溶解即发生下面反应：

$$2HCl + FeO = FeCl_2 + H_2O$$

$$6HCl + Fe_2O_3 = 2FeCl_3 + 3H_2O$$

另外生成的 HCl 对锌锅入口处的 ZnO 也起溶解作用，即发生 $ZnO + 2HCl = ZnCl_2 + H_2O$ 反应。

2）助镀剂能放出挥发性气体，如 NH_3、H_2，即发生如下反应：

$$Zn + 2NH_4Cl = Zn(NH_3)_2Cl_2 + H_2\uparrow$$

$$Zn(NH_3)_2Cl_2 = ZnNH_3Cl_2 + NH_3\uparrow$$

这些气体可以驱散熔锌表面的污物。

3）酸洗后生成的铁盐 $FeCl_3$、$FeCl_2$ 与锌作用，还原为铁，进而与锌液作用生成锌渣，沉于锌液下层，如

$$FeCl_2 + 14Zn = ZnCl_2 + FeZn_{13}\text{（锌渣）}$$

$$FeCl_2 + Zn = ZnCl_2 + Fe$$

$$Fe + 2NH_4Cl + 14Zn = ZnCl_2 + H_2\uparrow + 2NH_3\uparrow + FeZn_{13}\text{（锌渣）}$$

4）助镀剂与锌液面上 ZnO 作用：$ZnO + 2NH_4Cl = ZnCl_2 + 2NH_3 + H_2O(g)$，生成的 $ZnCl_2$，浮在表面成为锌灰的一部分。生成的 NH_3，$H_2O(g)$ 有驱散锌液表面污物的作用。

5）助镀剂与氧化铁的作用：

①与氧化铁 FeO 作用：

$$FeO + 2NH_4Cl = FeNH_3Cl_2 + NH_3 + H_2O$$

$$FeO + ZnCl_2 = ZnCl_2 \cdot FeO$$

②助镀剂与 Fe_3O_4 作用。由铁盐（$FeCl_2$，$FeCl_3$）与锌置换出来的 Fe 在 NH_4Cl 及 $ZnCl_2$ 的作用下，与 Fe_3O_4 发生反应：

$$Fe_3O_4 + 4ZnCl_2 + Fe = 4(ZnCl_2 \cdot FeO)$$

$$Fe_3O_4 + 8NH_4Cl + Fe = 4FeNH_3Cl_2 + 4NH_3\uparrow + 4H_2O$$

③助镀剂与 Fe_2O_3 作用：

$$Fe_2O_3 + 3ZnCl_2 + Fe = 3(ZnCl_2 \cdot FeO)$$

$$Fe_2O_3 + 6NH_4Cl + Fe = 3FeNH_3Cl_2 + 3NH_3\uparrow + 3H_2O$$

6）上述产物与锌液作用生成锌渣：

①$ZnCl_2 \cdot FeO + Zn = ZnCl_2 \cdot ZnO + Fe$；

②$FeNH_3Cl_2 + Zn \rightarrow ZnNH_3Cl_2 + Fe$（$ZnNH_3Cl_2$ 即 $ZnCl_2 \cdot NH_3$）；

③进而发生 $Fe + 13Zn = FeZn_{13}$ 反应，生成锌渣（$FeZn_{13}$）。

（4）操作注意事项。由前面反应可以得知产生锌渣主要是 $FeZn_{13}$，必须定时清理，一般每周捞一次锌渣。

（5）助镀剂的成分对铁的溶解度的影响。要使反应加速进行，就得考虑助镀剂对铁的溶解能力，这种能力随 NH_4Cl 含量增高而增大。

例如数据如下：

1）Fe_2O_3 在不同成分的助镀剂中的溶解度，见表4-7。

2）助镀剂中 NH_4Cl 含量对铁在助镀剂中溶解度的影响，见表4-8。

表4-7 在不同成分的助镀剂中 Fe_2O_3 溶解度

时间/min	进入下述成分助镀剂中铁的百分比/%		
	在 $ZnCl_2+2NH_4Cl$ 中	在 $ZnCl_2$ 中	在 $ZnBr_2$ 中
5	89.8		
15	88.7	2.3	
45	95.3		
90	98.2	1.4	5.0
220		3.2	

表4-8 不同 NH_4Cl 含量对铁的溶解度的影响

助镀剂中 NH_4Cl 含量（质量分数）/%	助镀剂作用时间 t/min	铁的质量损失 L/g·m^{-2}	比率 $\frac{L}{\sqrt{t}}$
$ZnCl_2+0\%NH_4Cl$	15	26.4	7
$ZnCl_2+5\%NH_4Cl$	15	114	29
	30	186	34
	45	177	26.5
$ZnCl_2+10\%NH_4Cl$	15	591	150
	30	670	150
	45	641	150
$ZnCl_2+16.6\%NH_4Cl$	7.5	1126	375
	15	1365	375

4.8.3 锌锅工艺及热镀锌操作技术

4.8.3.1 锌锅工艺

锌锅工艺主要分析锌锅本身的工艺，以及工艺中各种因素对钢丝热镀锌所产生的影响。

A 锌锅钢板的主要化学成分的影响

（1）含碳量。含碳量越高，锌液与钢基的作用越强。有关资料表明，锌液温度为500℃，钢基铁的损失量，在含 w(C) 为0.1%～0.4%时变化不大，但 w(C)＞0.4%后，铁损失量随含碳量增高而增大；若锌液温较低为460℃，钢基铁的腐蚀速度变慢，但也是从含 w(C) 为0.4%开始，随含碳量增高而增大。对同一含碳量，钢基为不同组织，锌-铁反应引起铁的损失也不同，损失量最少的是回火索氏体。

（2）硅含量的影响。硅比碳对铁-锌反应影响还要大，当含硅量达到0.8%时，锌对铁的侵蚀程度将大幅度升高，为不含硅的14～24倍，含硅量对钢及铁损失量的影响如图4-9所示。因此用含硅量高的钢板制作锌锅，其铁损失量也较高。

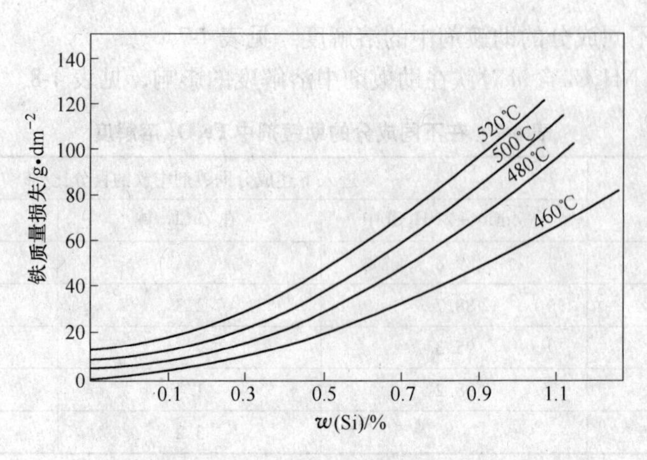

图 4-9 硅含量对铁损失量的影响

制作锌锅用的钢材一般用 08F 钢。锌锅用钢板,最佳成分含量如下:元素含量是 w(C) 为 0.05% ~0.11%, w(Si)≤0.03%, 其他元素含量是 w(P)≤0.035%, w(S)≤0.035%, w(Mn) 为 0.25% ~0.50%, w(Cu) ≤0.20%, w(Cr) ≤0.10%。

(3) 钢中其他元素的影响。硫磷一般在含量多的偏析区域, 锌对钢板有较强的腐蚀作用。含锰量低, 影响不大, 但含 Mn 量高的钢, 会改变锌对钢基最高侵蚀速度的临界温度, 例如 w(Mn) 为 0.4%, 钢的临界温度为 490℃, w(Mn) 为 1.4% 的钢临界温度降到 450℃。含铬量少, 会增加锌对钢的侵蚀速度, 但含 Cr 量很高时, 如达到 4% ~9% 时, 反而会降低锌对铁基的侵蚀速度。

B 锌液成分

一般采用 1 号或 2 号锌锭为锌液原料。最好采用电解锌, 用蒸馏锌也可以。而重熔锌是用锌渣回炉精炼, 含杂质多, 不可采用。锌锭成分见表 4-9。

表 4-9 锌锭成分

品号	代号	化学成分/%					
		锌 (不小于)	铅 (不大于)	铁 (不大于)	镉 (不大于)	铜 (不大于)	杂质总量
1	2-1	99.99	0.005	0.003	0.002	0.001	0.01
2	2-2	99.96	0.015	0.010	0.010	0.001	0.04
3	2-3	99.90	0.05	0.02	0.020	0.002	0.10

在电镀锌时采用纯度更高的特号锌。锌液中, 从锌锭中来的各元素成分, 见上表。当不外加其他元素时, 一般都对钢丝镀锌的质量影响不大。

在热镀锌工艺中, 外加铅是为了保护锅底, 垂直引出法中往往加入 100mm 厚的铅。斜升引出法可多加些铅, 相当于锌液量的一半。铅熔点低 (327.5℃), 密度大 (11.3g/cm^3), 熔化后沉于锅底部, 在铅层保护下, 锌锅底部加热时, 减少锌液对锅的侵蚀。锌液中含铅约 2%, 上面锌液中含铅约 1% ~1.5%, 可提高锌液的流动性。铅对铁无作用, 铁-锌合金层中无铅存在。仅纯锌层中含铅。由于锌渣处于锌液和铅液之间, 加入大量铅后, 锌渣在铅液之上, 钢丝通过锌渣部位时, 会使镀层表面粗糙, 易开裂, 降低弯曲试验性能。

锌液中的铁对镀锌有一定影响。铁来自钢丝酸洗后其表面带入的铁盐和未冲掉的氧化铁皮，锌液与钢丝，以及锌液与锌锅钢板作用形成的铁-锌合金（锌渣），再有就是锌液对压辊等铁制件的侵蚀。要求锌液中含铁量不应超过0.2%，锌液中含铁对铁-锌反应无影响，但对纯锌层质量有影响，其中夹有Fe-Zn合金时，会使锌层挠性变坏，易脱落。

其他元素如Al、Cu、Sn等如果不是外加的，因锌锭本身含量甚少，一般影响很小。

C 锌渣成因及减少锌渣的方法

形成锌渣的主要反应是：

$$ZnCl_2 \cdot FeO + Zn = ZnCl_2 \cdot ZnO + Fe$$

$$Fe(NH_3)\ Cl_2 + Zn = ZnNH_3Cl_2 + Fe$$

然后

$$Fe + 13Zn \longrightarrow FeZn_{13}$$

锌液中形成Zn-Fe合金即锌渣的来源，正如前述，包括有钢丝表面引入的铁盐，钢丝表面溶入锌液的铁，锌锅铁板溶入锌液中的铁，金属锌块中含有的微量铁等四方面。

溶解进入锌液中的铁量取决于钢丝成分（即含C、Si的量），钢丝总表面积，锌液温度，浸锌时间等四方面。铁开始在锌液内溶解的温度是415.1℃，所以在锌液中，钢丝一进入锌液，马上就发生溶解。把426℃锌液中溶解铁的速度定为一，当锌液升到481.7℃时，铁溶解速度即增到15倍，锌液温度若达703.7℃，铁溶解可提高到25倍。在481.7℃时，锌渣结构属斜方体系，481.7℃上时锌渣结构属六角形体系。锌液温度偏高，锌渣浮动，致使镀锌层粗糙。锌液温度与锌渣量的关系见表4-10。

表4-10 锌温与锌渣的关系

锌液温度/℃	420	440	460	480	493	526
被溶解铁量/$g \cdot cm^{-2}$	20	22	24	28	75	20

浸锌时间过长也是造成锌渣较多的原因。锌渣中含Fe量约为6%，即每溶解6kg铁，便有94kg锌与之结合，可见耗锌量是相当惊人的。

锌渣的成分及特征：

(1) 锌渣的熔点在450℃以上，比纯锌高。

(2) 其中含锌量约94%～97%，含铁3%～6%。

(3) 密度比锌大比铅小。

(4) 结晶为灰白色，比锌脆。

减少锌渣的方法：

(1) 锌锅中压辊应选择含硅量少的低碳钢材，并且要转动，减少钢丝对压辊的磨损。一般7天换一根。

(2) 酸洗及助镀剂槽用耐酸材料砌制或用硫化橡胶作衬里，以减少含铁量。

(3) 各水槽尽量洗净钢丝。

(4) 选用含硅量较少的低碳钢板或耐热陶瓷锌锅（上加热法）。

(5) 及时清理锌渣，因为锌渣越多，锌锅温度就会越高，则产生的锌渣也越多。

(6) 斜向引出法最好不用铁丝弓子，应该用陶瓷孔模或石棉绳缠的铁丝。

(7) 准确掌握锌温，保持在460℃以下，生产量大的可控制在460±5℃，生产量小的采用455℃。

（8）铁制工具不能掉入锌锅内。

（9）选择最佳浸锌时间。

（10）选取合适锌锅的容量，以保持锌温稳定。

（11）垂直引出法，各扶线轴不可抖动并尽量减少钢丝与锅内压线轴的磨损，控制锌液内含铁量。

D　锌锅容量

（1）锅内的容锌量。垂直法每天容量相当 1 ~ 1.2 天产量。斜升法镀低碳钢丝的锌容量为 0.8 ~ 1 天产量。

（2）锌锅高度。一般范围为 400 ~ 780mm。

垂直引出法：一般镀钢丝为 ϕ2.4 ~ 4.0mm 时，锌锅高度为 700 ~ 800mm。镀 ϕ0.7 ~ 1.5mm 钢丝时，高度为 600 ~ 700mm。镀 ϕ0.6mm 以下的钢丝，高度为 500mm。

斜升引出法：锌锅高度选 500 ~ 600mm。

（3）锌锅尺寸。锌锅长度关系到浸锌有效长度和浸锌时间。并且要使钢丝尽量减少曲度。宽度从生产钢丝根数来考虑。

参考数据：镀低碳钢丝时锌锅长 2.5 ~ 3.0m，宽 1 ~ 1.4m。

镀架空通讯钢丝时锌锅长 3 ~ 4m，宽 1.6 ~ 1.8m。

E　锌锅温度分布

钢丝刚刚进入锌锅、要吸收锌锅内大量热量，这将由锌锅受热部位来补充，同时钢丝离开锌锅，也要带走热量，当然同样需要由锌锅受热部位来补充。当用小容量锌锅时，必定需要提高锌液温度来保持热平衡，因此就要使锌锅受热部位的温度提高，造成了局部过热，锌锅的过热区中，锌对铁的侵蚀速度增加，产生大量锌渣，同时极易在过热部位穿孔，造成漏锌事故。

锌液受热分布图如图 4-10 所示。a、a' 受热最高，约为 500℃。b 点次之，约为 480℃，钢丝从 b 点引进和引出锌锅。c 点温度只有 460 ~ 470℃。底部加热式锌锅，火焰从底部通向烟道。大多数锅下部有铅液保护，故在锅侧 D 处极易漏锌。a 处是压线轴头部位，在高温下它们极易受锌侵蚀。

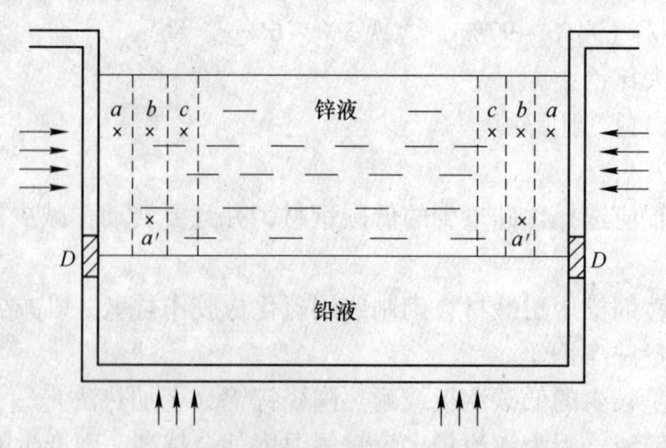

图 4-10　锌液受热分布图

F　锌锅温度控制

中、高碳钢丝，锌温应控制在 460 ~ 470℃。低碳钢丝应控制锌温为 445 ~ 460℃。在

450℃时所得镀层中 δ_1 相层最厚，结合力最牢，塑性最好，最耐缠绕试验而不脱落。在480℃时 δ_1 已消失，代之为 ξ 相层，即脆相层，极易脱落。为控制温度，热电偶应插在 c 点附近在铅液上部 50～60mm 处。

G 镀锌温度及浸锌时间

镀锌速度对纯锌层厚度起决定作用，速度越快，由纯锌层厚度增加取得的上锌量就越大。浸锌时间决定合金层厚度，时间越长，合金层越厚。一般随钢丝直径不同，控制在几秒到几十秒范围。

H 钢丝出锌锅后的擦拭（刮锌）方式与冷却

垂直引出法，对要求镀层较厚的中、高碳钢适用。它的刮锌方式是在锌液表面，钢丝出口处覆盖一层 50～100mm 的木炭粒。

木炭粒的要求：固定炭粒占 70%，灰分小于 3%，挥发物小于 20%，水分小于 4%，粒度为 2～3mm，使用前用动物油（如牛油）或机油等矿物油浸透，烘烤到 100℃以上，严禁用冷炭粒。

钢丝引出后的冷却：为防止钢丝余热使锌层内继续发生 Fe-Zn 合金反应，使纯锌部分因 Fe-Zn 扩散作用而减薄，加厚合金层，以致使钢丝镀锌层呈灰暗色。往往应在距炭粒封闭层上方 30～40mm 处加水冷装置，阻止合金层继续成长，一般每根钢丝用一个小喷水嘴冷却，并通过水流量来控制冷却速度。

斜升引出法的刮锌方式一般采用陶瓷孔模或石棉绳缠的铁丝弓子。

4.8.3.2 锌锅操作技术

（1）锌液温度。镀低碳钢丝锌液温度应控制偏低些，约 445～460℃。中、高碳钢丝应偏高些，约 460～470℃。

锌温过高会造成如下结果：

1）锌层中合金层增厚，其中生成脆性 ξ 相（$FeZn_{13}$）；

2）锌液中从漂走层来的 ξ 结晶也会增多，影响纯锌层质量；

3）增加锌灰，主要是锌液表面氧化生成的 ZnO。

锌液温度过低，流动性差、使纯锌层厚薄不均和表面粗糙。温度控制要准确，热电偶插在后部钢丝入口的 $\frac{1}{3}$ 处，深度在 Pb 液面以上 50～60mm。

（2）减少锌灰。锌灰主要成分是 ZnO，占耗锌总量的 10%～16%。应该用炭来封闭或用硼砂处理过的活性炭覆盖锌液面。锌灰每班清除一次。

（3）清除氯化铵渣。它是由钢丝带入的助镀剂成分，聚集成黑色硬块。每两班应清除一次。

（4）清除锌渣及减少锌渣：

1）应及时清除锌渣，每周或 10 天捞一次，捞渣时应降低锌温（如降到 430℃），并沉淀 2～3h。

2）锌渣比铅液重，锌渣表面应在压线辊下部约 100～150mm，使钢丝与锌渣面距离保持在 100～150mm；如图 4-11 所示，a 为压线辊，铅液高度 100～150mm，压线辊高度 250～300mm。

3）钢丝间距大于10mm，以防互相绞动。

4）垂直引出架一般用 ϕ65 ~ 70mm 圆钢做扶线轴，并装有轴承，要求灵活转动，钢丝不得发生抖动。

5）锌锅及压线辊的材质一定用含硅量少的低碳钢。斜升式应使用陶瓷模或石棉弓子。

6）严格控制锌温。

7）尽量减少钢丝表面带入的铁盐。

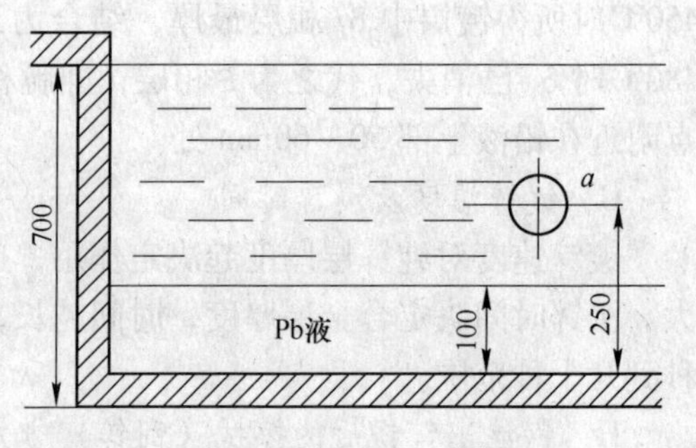

图 4-11　铅液及压线辊

（5）控制镀锌速度。镀锌速度过慢，将增加钢丝浸锌时间，使合金层加厚，绕性变坏，同时又会使纯锌层变薄。速度过快，虽使纯锌层变厚，但因浸锌时间短，会影响合金层的生成。

例如：ϕ4.0mm 钢丝，理想的锌温为 460 ± 5℃，浸锌时间 14 ~ 15s 较为合适。

（6）加锌块。为补充锌的消耗，应定期加锌块。锌块应预热 4h 左右，以防影响锌液温度，为此不能在进线和出线部位加锌块。

（7）钢丝引出锌锅方式和抹拭方法：

1）垂直法及其抹拭方法。本法适用于厚镀层的中、高碳钢丝以及先镀后拔的钢丝。如常用于架空通讯线，钢芯铝绞线，镀锌钢丝绳用钢丝等。其优点为：镀层均匀，较厚，防腐性能较好。上锌量可达 300g/m^2 以上。

其生产方式如图 4-12 所示。钢丝进入锌锅，通过压线辊 4 成 90°向上引出，经扶线轴 5、天轴 6 牵引到收线机卷筒上。

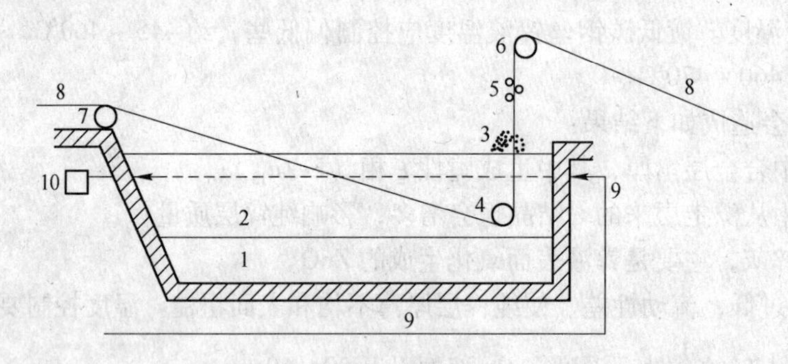

图 4-12　垂直引出示意图

1—熔铅；2—锌液；3—碳粒；4—压线辊；5—扶线轴；6—天轴；
7—托线轴；8—钢丝；9—火焰走向；10—烟道

锌锅由 32mm 低碳钢板（08F）焊接。压线辊材质与锌锅相同，直径为 180 ~ 200mm，因易磨损，在镀 ϕ2.0 ~ 3.0mm 钢丝时通常一周换一根，轴应转动自如。垂直架要求不抖动，材料是 220 ~ 250mm 工字钢，到地面高度为 4700 ~ 5000mm，用于安装天轴及扶线轴等。锌锅内底部有约 100mm 厚的铅液，锌液比锅沿低 30 ~ 50mm。压线辊压入深度为 250 ~ 300mm。热电偶插入深度应与压线轴水平位置相同（铅液面上 50 ~ 60mm 处）。

钢丝的抹拭方法是在钢丝引出的锌液面上用 50 ~ 100mm 厚的浸油木炭层封闭，其中形成刮锌模孔，木炭层不得结块，应经常更换，有的厂家对木炭层采用处理方法是：油成分为黄油与机油按体积比是（30～40）比（70～60），炭渣与油重量比为10比（3～4）。同时烘烤到100℃以上方可使用。还有的用木炭与工业凡士林按2/1调制，先将木炭渣烘烤至150℃再与油调拌均匀。

此外还有的厂家采用明火封闭，目的是增加锌层流动性，使表面光滑。方式是火焰封闭烧嘴在木炭层上100mm处直接喷烧在钢丝上，钢丝表面温度达400～480℃。

为了提高冷却速度，防止铁锌合金进一步扩散，保证表面光滑程度和缠绕性能，往往在距锌液面300～500mm处安装冷水或喷水装置。每根钢丝用一只喷水嘴来进行冷却。

2）引出方式为斜升式及其抹锌方式。斜升式的特点是，锌层较薄且不均匀，常用于低碳钢丝镀锌，上锌量大部分在200g/m^{2}以下，耐蚀性能差。其生产方式如图4-13所示。

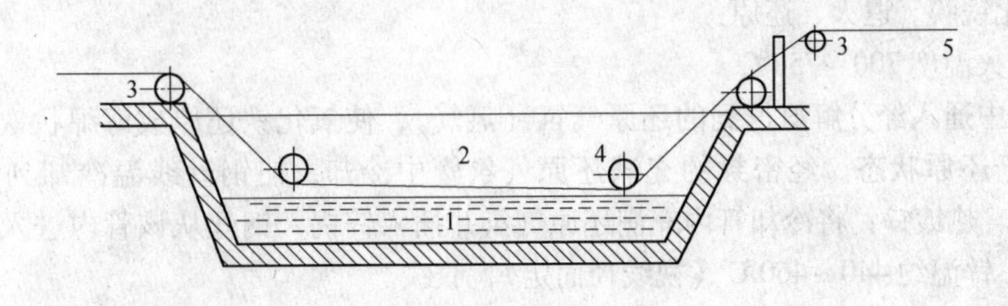

图4-13 斜升式示意图
1—熔铅；2—锌液；3—导线辊；4—压线辊；5—钢丝

钢丝与锌液呈35°角斜向引出。采出陶瓷孔模或石棉弓子抹锌，它装设在钢丝离开锌液面150～300mm处。锅底部铅液厚为垂直法的1.1～1.5倍。

4.8.4 热镀锌工艺流程简介

4.8.4.1 热处理-镀锌作业线

对于中、高碳钢丝，可以把拉拔前热处理与热镀锌联合组成作业线。然后进入下道工序，即采用先镀后拔工艺，这种方法可以改善钢丝的机械性能，提高镀锌层的均匀性和耐腐蚀性能，具体工艺过程有如下改进。

（1）由燃煤热处理炉改为电接触加热（卡电）——铅浴进行等温热处理，即进行Patenting处理。把钢丝加热到奥氏体温度并使之均匀，再在铅浴中进行等温处理，使奥氏体分解成均匀细小的渗碳体、铁素体混合组织。镀锌后经过适当的冷拉即可获得高强度和良好的塑性与韧性。

（2）采用垂直引出法镀锌，先镀后拔工艺。当采用先拔后镀和斜向引出法时，由于以模具抹锌，于是钢丝的锌层重量小且不均匀，耐蚀性差。

改为垂直引出法镀锌，既能增加上锌量，又解决了锌层不均匀和厚度不够的问题。

（3）镀锌前处理，由于化学酸洗改为电解酸洗，保证了热处理后的光面钢丝表面清洁度，以利于镀锌质量。

由于电接触加热，铅浴等温处理，电解酸洗，热镀锌联合作业，不但改善镀锌钢丝的质量，而且还可以缩短作业区的工作面积，减少作业线的长度。

4.8.4.2　森吉米尔（Sendzimir）工艺

（1）特点：

1）应用于低碳钢丝镀锌工艺；

2）钢丝退火后不用酸洗和涂熔剂；

3）镀锌层均匀，提高锌层绕性，表面光泽度好。

（2）工艺流程：

放线→电解除油→水洗→氧化炉氧化→退火及还原→镀锌→收线

（3）各工序简介。首先应用电解碱洗除去油污。随后在氧化炉氧化，使钢丝表面生成薄的氧化铁膜。退火、还原：

1）退火温度700～750℃。

2）炉中通入经分解氨得到的还原气氛（氢气），使氧化铁还原成海绵状铁，此种海绵状铁处于还原状态。经密封的充满还原气氛管中冷却，使钢丝线温冷却到高于锌温50～150℃。热镀锌：将冷却管内充满还原气氛并插入锌锅，钢丝从该管内进入锌锅，进行热镀锌，锌温约440～460℃（视线径而定），收线。

（4）分解氨工作原理：

1）氨的分解。液态氨可以在触媒作用下于650～750℃分解，得到混合气体，成分是75% H_2、25% N_2。反应式为 $2NH_3 \xrightarrow[\text{触媒}]{730℃} N_2 + 3H_2$，$q = 91630kJ/mol$（$q = +21900kcal/mol$）（吸热反应）。

液氨经分解管，在高温下分解，该分解管材料为含 $w(Ni)$ 为75%的GH30高温合金，其中镍是氨分解的触媒。分解的气体从分解炉经导管冷却。分解的气体经硅胶和分子筛，再进入密封的钢管导入退火炉（对钢丝表面氧化铁起还原作用）。退火炉的钢丝入口处点火耗尽多余的氢气。

2）退火炉中的还原机理

$$FeO + H_2 = Fe + H_2O$$

$$Fe_2O_3 + 3H_2 = 2Fe + 3H_2O$$

$$Fe_3O_4 + 4H_2 = 3Fe + 4H_2O$$

生成海绵状铁。再经下道热镀锌工序时，进行镀锌。

4.8.4.3　中频感应退火——热镀锌连续作业线

这种工艺的主要特点是低碳钢丝退火处理采用中频感应加热的方法。由于感应圈外套密封管，钢丝经加热后，经密封管直接导入锌锅，无空气进入管内，钢丝不会被氧化。同时钢丝表面污物在感应圈内加热时也被烧尽。

中频感应加热设备为8～100千瓦的中频可控硅发生器，感应圈用方形铜管弯制成椭圆形，内通水冷却，加热温度约900℃，如图4-14所示。

4.8.4.4　真空法镀锌

有资料介绍这种方法的特点如下：

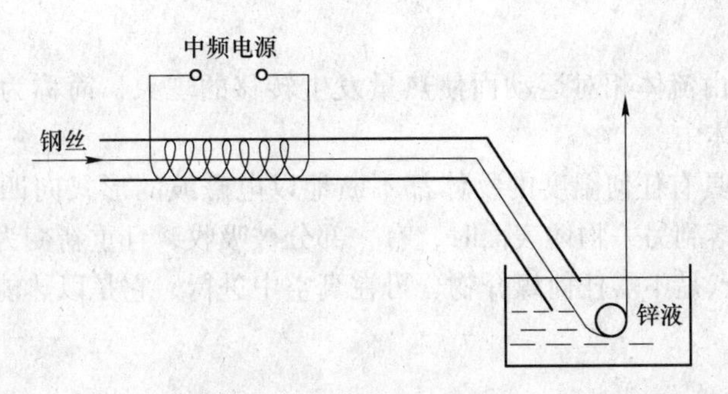

图 4-14 中频感应加热

(1) 采用喷砂、高压水洗法除去钢丝表面的铁锈，取消酸洗。

(2) 钢丝在密封的真空室前、后采用空气（也可以由氮气）擦拭和密封，其中空气密封代替刮锌模。

(3) 镀锌是在真空室内进行，真空室内锌被加热到400℃沸腾形成锌蒸汽，在钢丝通过时，锌蒸气在钢丝表面形成锌层。

真空室内真空度为 10^{-4}mmHg（1mmHg = 133.322Pa）。锌层耐腐蚀性能很高，如图4-15 所示。

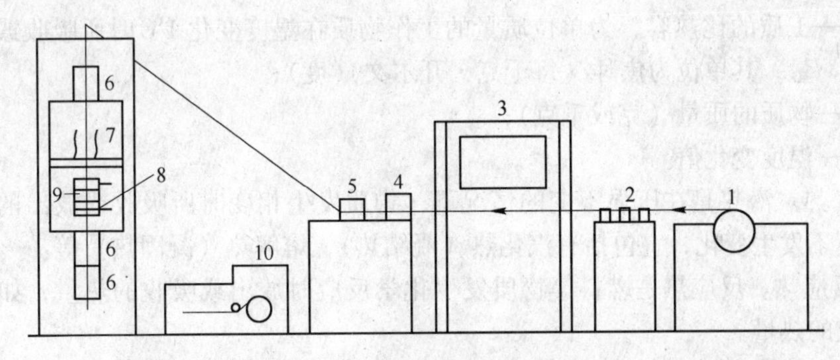

图 4-15 真空镀锌示意图

1—放线架；2—平整辊；3—喷砂；4—水洗；5—空气擦拭；6—空气密封；
7—灼热放电；8—预热感应线圈；9—蒸发器和护罩；10—收线机

4.9 镀锌锅热工的基本分析

4.9.1 传热的基本方式及温度测量

4.9.1.1 传热的基本方式

把高温物体和低温物体放在一起，高温物体的热量流向低温物体，高温物体的温度逐渐降低，低温物体的温度逐渐升高，这种现象称为热传递。

热传递的方式即传热方式有三种：

(1) 热传导。简称导热，是相互接触的物体间所发生的热传递。主要发生在固体中。对于液体和气体，除了发生导热外，还伴有其他传热方式。导热的特点是物体相互接触时发生的热传递。

（2）热对流。由流体相对运动而使热量发生转移的现象，简称为热对流。热对流主要发生在液体和气体中。

（3）热辐射。具有任何温度的物体都不断地以电磁波的形式向四周发射能量，这就是热辐射。当辐射落到另一物体表面时，有一部分被吸收，且重新变为热能，从而实现了热传递。辐射的特点是不需任何媒介物，可在真空中进行，它是以热能即辐射能形式来实现热传递的。

4.9.1.2　热量单位及有关参数

热量的单位可以采用与功相同的单位，例如千克·米，焦耳（牛顿·米），但常用单位是焦耳（或卡）。

热量单位换算关系是：1 卡（cal）= 4.184 焦耳（J）。

在计算热平衡时，常常要计算下述几个参考数值。

（1）显热。显热是在压强不变的情况，体系发生温度变化时所吸收或放出的热量，使用公式为：

$$Q = cm \cdot \Delta t \tag{4-1}$$

式中　Q——热量；

c——工质的比热容，为单位质量的工作物质在温度变化 1℃ 时所吸收或放出的热量，其单位为焦耳/(每千克·开尔文)(度)；

m——物质的质量（克或千克）；

Δt——温度变化值。

（2）潜热。潜热是在压强不变的情况下，物质发生相变时所吸收或放出的热量。在相变中温度不发生变化，它包括有汽化热（凝结热），熔解热（凝固热）等。

（3）反应热。反应热是燃料等物质发生化学反应时放出或吸收的热量，如燃料燃烧时放热反应的热量。

（4）高（位）发热量。单位质量的燃料完全燃烧，并且燃烧生成物中的水蒸气（包含燃料中水分生成的水蒸气和燃料中氢燃烧时生成的水蒸气）凝结成水时所放出的热量，此值是反应过程中温度不变的条件下测量而得的。单位为千焦/千克（kJ/kg）或千卡/千克 kcal/kg。

（5）低（位）发热量。一般又称为燃料发热量，是单位质量的燃料完全燃烧，燃烧生成物中的水蒸气仍以气态存在时所放出的热量。

4.9.1.3　传热的几个基本定律

首先介绍两个定义。

（1）热流 Φ——单位时间传递的热量。单位是焦/小时或千卡/小时。Φ 是表达传热快慢程度的物理量。

（2）热流密度 q——单位时间通过单位面积传递的热量。单位是焦/(米^2·小时)(J/(m^2·h))或千卡/(米^2·小时)(kcal/(m^2·h))。当用于加热时又称加热强度。

几个基本定律介绍如下：

(1) 傅里叶定律。在热传导(导热)时,热流 Φ 与面积 A 和温差 Δt 成正比,与导热方向上的长度 L 成反比,并且与材料性质有关。它是用于导热的定律。对平板材料可表达为:

$$\Phi=\lambda\frac{\Delta tA}{L}\quad 或\quad q=\frac{\Phi}{A}=\frac{\lambda}{L}\Delta t \tag{4-2}$$

λ 是热导率(又称导热系数),它与材料性质和温度有关,金属的 λ 较大,液体次之,气体较小。其单位为瓦特每米开尔文或焦耳/(米·小时·度)[千卡/(米·时·度)]。常用材料和物质的热导率见表4-11。

表4-11 常用材料和物质的热导率

材料或物质	λ/kcal·(m·h·℃)$^{-1}$
钢	163(20℃时)
红砖	1.7(0.4)
石棉纤维	0.398(50℃时)
水	2.43(80℃时)
空气	0.096(20℃时)
水垢	2.09~8.37
烟灰	0.21~8.37

注:括号中数字的单位为千卡/(米·小时·度)。

(2) 对流放热——牛顿公式。流体和固体壁面之间的热传递,主要靠对流。在对流放热时,单位时间放出的热量 Φ 和温差 Δt 及壁面面积 A 成正比,即:

$$\Phi=\alpha\Delta tA \tag{4-3}$$

式中 Δt——流体与壁面的温度;

A——换热面积,m^2;

α——放热系数,如空气自然对流时 α 为 12.6~25.1kJ/(m^2·h·t);

Φ——单位时间放出的热量,kJ/h。

$$q=\alpha\Delta t$$

式中 q——单位面积、单位时间放出的热量,kJ/(m^2·h)。

(3) 热辐射——斯蒂芬-玻耳兹曼定律。物体在单位时间内,通过单位面积向外辐射的能量 E 和绝对温度的四次方成正比,按下式计算:

$$E=C\left(\frac{T}{100}\right)^4 \tag{4-4}$$

式中 C——辐射系数,单位为kJ/(m^2·h·K^4);

E——辐射的能量,单位为kJ/(m^2·h)。

两个不同温度物体之间的辐射热流 Φ,即单位时间辐射传递的热量,遵守下述规律:

$$\Phi=C_0\varepsilon A_{辐}\left[\left(\frac{T_{热}}{100}\right)^4-\left(\frac{T_{冷}}{100}\right)^4\right] \tag{4-5}$$

式中 C_0——是绝对黑体的辐射系数,其值最大,C_0 为20.50kJ/(m^2·h·K^4);

ε——黑度,是指物体接近黑体的程度,即同一波段上物体(灰体)与黑体辐射能比值；

$A_{辐}$——辐射换热面积，m^2；

$T_{冷}$——低温物体的绝对温度；

$T_{热}$——高温物体的绝对温度；

Φ——热流，kJ/h。

绝对黑体是指能全部吸收外来电磁辐射而毫无反射和透射的理想物体，它对任何波长的电磁波的吸收率为 1，反射和透射系数为零。灰体的辐射系数为 C，等于同温度下黑体的辐射系数 C_0 乘以灰体的黑度 ε 即 $C = C_0\varepsilon$。

（4）传热基本规律。对于导热、对流、辐射可能同时存在的传递热量，遵守的基本定律如下：

$$q = k\Delta t \tag{4-6}$$

式中　k——传热系数，它与导热、对流和辐射三者有关，$kJ/(m^2 \cdot h \cdot t)$；

Δt——温度差；

q——热流密度，$kJ/(m^2 \cdot h)$。

$$\Phi = k\Delta t A \tag{4-7}$$

式中　A——换热面积，m^2；

Φ——热流量，kJ/h。

4.9.1.4　测量温度方法

A　热电偶测量温度

它的原理是两种不同金属连成一个闭合线路，如果两个联结点温度不同，线路就有电流流过，即在线路中有一个与冷热有关的电势存在，称为温差电势，能够产生温差电势的一对导体称为热电偶。

几种常见的组成热电偶的导体有：

康铜——w(Cu) 为 60%，w(Ni) 为 40%；

镍铬合金——w(Ni) 为 90%，w(Cr) 为 10%；

镍铝合金——w(Al) 为 2%，w(Si) 为 1%，w(Mn) 为 3%，w(Ni) 为 94%；

铂铑合金——w(Rh) 为 10%，w(Pt) 为 90%。

各类热电偶的适用范围见表 4-12。

表 4-12　各类热电偶的适用范围

类　型	使用温度范围/℃	短时间经受的温度/℃
铜-康铜	0 ~ 350	600
铁-康铜	-200 ~ 750	1000
镍铬合金-铝镍合金	-200 ~ 1200	1350
铂-铂铑合金	0 ~ 1450	1700

上述各种热电偶，在不同温度下的热电势数值见表 4-13。

表 4-13 各类热电偶在不同温度下的热电势

热端温度/℃	当冷端温度为 0℃时热电偶的热电势/mV			
	铂-铂铑	铬镍-铝镍	铁-康铜	铜-康铜
0	0	0	0	0
100	0.64	4.10	5.40	4.28
200	1.42	8.13	10.99	9.29
300	2.31	12.21	16.56	14.86
400	3.24	16.39	22.07	20.87
500	4.21	20.64	27.58	
600	5.22	24.90	33.27	
700	6.25	29.14	39.30	
800	7.32	33.31	45.72	
900	8.43	37.36	52.29	
1000	9.57	41.31	58.22	

热电偶的使用方法是，把相应的两种不同金属焊接起来，其热端的两金属线用玻璃丝或玻璃管，或磁管隔离开，此端放于待测的高温物体中。为了保护热电偶，它的外面套上石英管等，冷端的两金属线用绝缘漆隔离，冷端应保持稳定的低温。

温差电势用毫伏计测定，经校正后以温度标示出来。热电偶连接方式如图 4-16 所示。

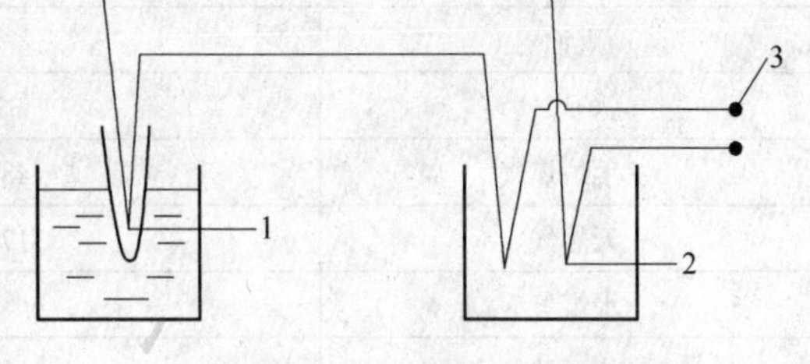

图 4-16 热电偶的连接方式

1—热端；2—冷端；3—接毫伏计

B 其他测温方法

粗略测定温度可用光学高温温度计。

新型测温计有下面两种类型：

(1) 电子温度计（ELECTRONIC THERMOMETER）。可以和铂 100 型热阻元件，以及镍铬-镍，铜-康铜，铂铑-铂热电偶结合使用。电子温度计内有可再充电的镍镉电池，由大电子显示器（LED）读数。

该系列有 TT 与探测元件铂 100 型热阻元件（DIN43760）配合，适用范围 -200 ~ +750℃；有 TT4010 与探测元件镍铬-镍(K)型热电偶配合，适用范围 -50 ~ +1200℃等。

(2) SIKA 数字式温度计（Digital Thermometer）。如选用合适的型号与探测元件 NiCr-Ni(K)DIN43 · 710 配合，适用范围是 -40 ~ +1200℃。

上述两种系列的温度计携带方便，数字显示较为准确，适用范围较为广泛。

4.9.2 燃料、钢丝的热参数

4.9.2.1 燃料的热参数

A 发热量 q

1kg 燃料完全燃烧时放出的热量称为燃料的发热量。单位用 10^6J/kg。燃料中水分在燃烧后以汽态存在时的发热量，称低位发热量。若以液态存在时，称为高位发热量。

m 千克燃料完全燃烧放出的热量为：

$$Q = qm$$

式中 Q——热量，J；

m——固体燃料的质量，kg，气体燃料的体积，m^3；

q——1kg 固体燃料完全燃烧放出的热量，kJ/kg 或 $1m^3$ 气体燃料完全燃烧时放出的热量，kJ/m^3。

固体、液体、气体燃料的发热量见表 4-14。

表 4-14 各种燃料发热量

燃料名称	发热量 $q/kJ \cdot kg^{-1}$（kcal/kg）
冶金焦炭	28451（6800）
无烟煤	26359（6300）
大同煤	30167（7210）
开滦煤	24631（5887）
烟煤	23012（5500）
标准煤	29288（7000）
重油	33472～41840（8000～10000）
高炉煤气	3347～4184kJ/m^3（800～1000kcal/m^3）
发生炉煤气	4812～6485kJ/m^3（1150～1550kcal/m^3）
天然气	31798～37655kJ/m^3（7600～9000kcal/m^3）
水煤气	10711kJ/m^3（2560kcal/m^3）
液化石油气	94893kJ/m^3（22680kcal/m^3）
石油裂化气	52300kJ/m^3（12500kcal/m^3）
焦炉煤气	15481～16736kJ/m^3（3700～4000kcal/m^3）
高焦炉混合煤气	5858kJ/m^3（1400kcal/m^3）
城市煤气	20920kJ/m^3（5000kcal/m^3）

B 几种煤的成分

例如，山西阳泉 1 号的无烟煤，含碳 $w(C)=65.7\%$，含氢 $w(H)=2.7\%$，含硫 $w(S)=0.35\%$，含氧 $w(O)=2.8\%$，含氮 $w(N)=1.05\%$，灰分 $w(A)=19.22\%$，水分 $w(W)=8.18\%$，低位发热量为 24610kJ/kg。

又如山东肥城的烟煤，含碳 $w(C)=58\%$，含氢 $w(H)=3.7\%$，含硫 $w(S)=1.2\%$，含氧 $w(O)=5\%$，含氮 $w(N)=1.1\%$，灰分 $w(A)=20\%$，水分 $w(W)=11\%$，低位发热量 22800kJ/kg。

C 重油的特性指标及成分

重油的特性指标：

(1) 黏度。采用恩氏黏度计测量以 E°表示（以某温度下 200 毫升油样从恩氏黏度计流出的时间与 20℃时 200 毫升蒸馏水流出的时间比值来表示 E°）。牌号 100 或 200 等就是指它们在50℃时的黏度分别为100E°或200E°。升温可降低黏度，但一般重油加热温度不应超过110℃，否则产生“残炭”，堵塞雾化器。为保证雾化，要求进入喷嘴的油的黏度不大于3 ~4E°。

(2) 闪电。重油蒸气与空气混合在标准条件下接触火焰，发生短促闪光的最低温度。

(3) 燃点。以外来火焰点燃，燃烧持续5秒钟以上的最低温度。

(4) 硫杂质。高硫 >2%，中硫 >0.5% ~2%，低硫 <0.5%。

重油成分见表4-15。

表4-15 重油成分

种类	成分（质量分数）/%							Q/kJ · kg^{-1}
	C	H	S	O	N	灰分	水分	
200号	83.976	12.23	1.00	0.568	0.2	0.026	2	41840
100号	82.5	12.5	1.5	1.91	0.49	0.05	1.05	40585

D 气体燃料

气体燃料包括有天然气，人工煤气（有液化石油气，高炉煤气，发生炉煤气）。它们的煤气成分见表4-16。

表4-16 煤气成分 （质量分数/%）

煤气种类	煤气平均成分										
	甲烷	烷烃				H_2	CO	CO_2	H_2S	N_2	O_2
		乙烷	丙烷	丁烷	其他						
油田煤气	83.18		3.25	2.19	6.74			0.83		3.84	
高炉煤气						2	27	11		60	
发生炉煤气	1.8				0.4	8.4	30.4	2.2		56.4	0.2

天然气发热量高。人工煤气除液化石油气有较高的发热量外，其他属低发热量燃料。

E 燃料燃烧的有关计算

(1) 燃料所需空气量。根据每千克燃料所含的各种可燃元素在完全燃烧时所需的氧气总和，便知理论氧气量，再依据空气中含氧量为21%（体积比），就可求出所需的理论干燥空气量 $V_{空}^{0}$。

计算方法如下：

以 C^y，H^y，O^y，S^y 分别表示燃料实用质量中的碳，氢，氧，硫的质量百分数，根据物理化学热化学理论推导得知：

1千克燃料中，碳完全燃烧时耗氧量为 $1.8670C^y m^3$。

1千克燃料中，氢完全燃烧时耗氧量为 $5.60H^y m^3$。

1千克燃料中，硫完全燃烧时耗氧量为 $0.70S^y m^3$。

1千克燃料中本身若含氧的质量分数为 O^y，则燃烧时相当于自己供氧量为 $0.70O^y m^3$。其中0.7是指每千克氧气所占的体积$\left(\frac{22.4}{32}=0.7\right)$。

以燃料中氢燃烧为例进行讨论，推导耗氧量等数值。$H_2 + \frac{1}{2}O_2 = H_2O(g)$，每摩尔 H_2 燃烧放热 240999J，标准状况下 22.4m^3 的 H_2 耗氧量为$\frac{11.2}{2} = 5.6m^3$。生成水蒸气量为$\frac{22.4}{2} = 11.2m^3$，每千克 H_2 产热量为$\frac{240999}{2} = 120500kJ/kg$。

根据每千克燃料各可燃元素的耗氧量及本身含氧量，可知它所需理论氧气量为：

$$1.867C^y + 5.6H^y + 0.7S^y - 0.7O^y(m^3)$$

又根据空气中含氧体积比为21%，于是理论需干空气量（m^3/kg）：

$$\begin{aligned} V^0_{空} &= (1.867C^y + 5.6H^y + 0.7S^y - 0.7O^y)/0.21 \\ &= 8.89C^y + 26.67H^y + 3.33S^y - 3.33O^y \end{aligned} \tag{4-8}$$

每千克燃料实际所需空气量为 $V_{实}$，则$\frac{V_{实}}{V^0_{空}} = K$，$K$ 称为过量空气系数。$V_{实} = KV^0_{空}$。

如果一个工业炉每小时燃用 m 千克燃料，则每小时给风量 $mV_{实}$，这个给风量 $mV_{实}$ 就等于 $mK(8.89 \times C^y + 26.67 \times H^y + 3.33 \times S^y - 3.33 \times O^y)$ m^3。过量空气系数 K 见表 4-17。

表 4-17　过量空气系数 K

燃料种类	燃烧方法	过量空气系数 K
固体燃料	人工加煤	1.2～1.4
	机械加煤	1.2～1.3
	粉煤燃烧	1.15～1.25
液体燃料	低压喷嘴	1.10～1.15
	高压喷嘴	1.20～1.25
气体燃料	无焰燃烧	1.03～1.05
	有焰燃烧	1.05～1.20

（2）烟气量。每千克煤完全燃烧生成的实际烟气量为：

$$V_{烟} = (1.0161 \cdot K - 0.21)V^0_{空} + 1.24W^y + 0.8N^y + 1.867C^y + 11.2H^y + 0.7S^y \tag{4-9}$$

式中　$V_{烟}$——实际烟气量每千克（煤），m^3；

W^y——每千克煤中含水的质量分数；

N^y——每千克煤中含氮的质量分数。

上述公式的推导如下（以每千克煤计算）：

1）烟气中 CO_2 由煤中碳燃烧而来，若每千克煤中含碳为 C^y（质量分数），则生成的 CO_2 量为 $C^y\left(\frac{22.4}{12}\right) = 1.867C^y m^3$。

2）烟气中 SO_2，由煤中硫燃烧而来，每千克煤若含硫为 S^y，则生成 SO_2 量为 $S^y\left(\frac{22.4}{32}\right) = 0.7S^y m^3$。

3）在空气没有过量即 $K=1$ 时，若通入理论（干）空气量 $V^0_{空}$，每千克煤燃烧后，带入烟气中各物质量分别为：

SO_2 和 CO_2 总量：$1.867C^y + 0.7S^y$（m^3）。

N_2 量为 $0.8N^y + 0.79V^0_{空}$（m^3）。其中空气中含氮体积比是79%，则理论（干）空气量中含氮的体积为 $0.79V^0_{空}$；而（$0.8N^y$）中的0.8是每千克氮气所占的体积 $\frac{22.4}{28}=0.8$，每千克煤中含氮的质量分数为 N^y，于是每千克煤燃烧后，放出氮气体积为 $0.8N^y$。

水蒸气含量 $V^0_{H_2O} = 1.24W^y + 11.2H^y + 0.0161V^0_{空}$。其中包括有煤中夹带的水蒸气量 $\left(\frac{22.4}{18}\right)\cdot W^y = 1.24W^y$。以及每千克燃料所含的氢（质量分数 H^y）经过燃烧后生成水蒸气量为 $11.2H^y$，（反应表达式为：$H_2 + \frac{1}{2}O_2 = H_2O$，1千克氢气燃烧后生成 $11.2m^3$ 水蒸气）还有从理论（干）空气通入时夹带的水蒸气容积为 $0.0161V^0_{空}$（若每千克空气带入10g水蒸气），折合体积为 $\frac{10g}{18g/mol}\times 22.4L/mol = 12.4L = 0.0124m^3$，每千克空气折合体积为 $\frac{1kg}{29kg/mol}\times 22.4m^3/mol = 0.77m^3$，于是每 $1m^3$ 空气夹带水蒸气量为 $0.0161m^3$。

于是在 $K=1$ 时，通入理论（干）空气量 $V^0_{空}$。每千克煤燃烧后，在烟气中得到的水蒸气量为 $V^0_{H_2O} = 1.24W^y + 11.2H^y + 0.0161V^0_{空}$。因此在 $K=1$ 时，理论的烟气量为：

$$V^0_{烟} = 1.867C^y + 0.7S^y + 0.8N^y + 0.79V^0_{空} + 1.24W^y + 11.2H^y + 0.0161V^0_{空} \quad (4\text{-}10)$$

倘若烧重油，还要加上随同重油喷入的水蒸气容积，其值为 $1.24\times W_{雾}$，$W_{雾}$ 是雾化油时所用的水蒸气消耗率。

4）当 $K\neq 1$ 时，有过量空气通入后，每千克燃料燃烧后，烟气总容量为：空气过量的那部分带入的氮气量为 $0.79(K-1)V^0_{空}$，带入的不消耗氧气量为 $0.21(K-1)V^0_{空}$。带入的水蒸气量为 $0.0161(K-1)V^0_{空}$。

综合3）和4）中的计算，得出在 $K\neq 1$ 时，通入过量空气时（$V_{实}$），每千克煤燃烧后，排出的实际烟气量应为：

$$V_{烟} = V^0_{烟} + [0.79(K-1)V^0_{空} + 0.21(K-1)V^0_{空} + 0.0161(K-1)V^0_{空}]$$

于是推导出实际烟气量

$$V_{烟} = (1.0161K - 0.21)V^0_{空} + 1.24W^y + 0.8N^y + 1.867C^y + 11.2H^y + 0.7S^y \quad (4\text{-}11)$$

式中 $V^0_{空}$——理论（干）空气量；

K——空气过量系数，C^y，H^y，O^y，S^y；

W^y，N^y，C^y，H^y，S^y——分别为每千克煤中所含水分，氮、碳、氢、硫的质量分数；

$V_{烟}$——在0℃，1大气压下得到的标准状况的烟气体积。一般烟道排除的烟气温度为200～300℃。在温度为 t℃，此时烟气体积将是 $V_{烟}t = \frac{273+t}{273}\times V_{烟}$，$m^3/kg$。

（3）气体燃料的有关计算。正如表4-16中所列气体燃料成分，其组成的各种纯气体，以体积百分数表示。按照每标立方米燃料气体中各种纯可燃气体的体积分数组成，以及它们各自进行燃烧化学反应的数据进行计算，可得燃料的发热量，理论空气量和烟气量，这几个有关燃料的热参数分别是每标立方米燃料中各成分对应量的总和。

以发生炉煤气为例，它的成分是甲烷 1.8%（体积比），$w(H_2)$ 为 8.4%，$w(CO)$ 为30.4%，$w(CO_2)$ 为 2.2%，$w(N_2)$ 为 56.4%，$w(O_2)$ 为 0.2%，低位发热量为 5657kJ/m³。根据表 4-18 各纯气体燃烧反应的相应数据可进行如下计算。

1）低位发热量：

$$35773\times0.018+10753\times0.084+12636\times0.304=5388\text{kJ/m}^3$$

或者计算为：$\underset{(甲烷)}{8550\times0.018}+\underset{(H_2)}{2570\times0.084}+\underset{(CO)}{3020\times0.304}=1288\ (\text{kcal/m}^3)$

2）理论空气量：

$$\underset{(甲烷)}{9.52\times0.018}+\underset{(H_2)}{2.38\times0.084}+\underset{(CO)}{2.38\times0.304}=1.095\text{m}^3/\text{m}^3\ 燃料$$

3）烟气量：

$$\underset{(甲烷)}{10.52\times0.018}+\underset{(H_2)}{2.88\times0.084}+\underset{(CO)}{2.88\times0.304}+\underset{(CO_2)}{1\times0.022}+\underset{(N_2)}{1\times0.564}=1.893\text{m}^3/\text{m}^3\ (燃料)$$

上述计算值皆为理论值，实际值应偏高。

H_2 燃烧时，每立方米 H_2 可产生热量为 10753kJ（或 2570kcal），需耗氧气为 0.5m³，根据空气中含氧的体积比为21%，则所用理论空气量为 0.5/0.21 = 2.38m³。在 2.38m³ 的空气中，带入烟气里的 N_2 量为 2.38 × 79% = 1.88m³，由于 H_2 燃烧后带入烟气中的水蒸气量为 1m³，所以烟气量合计为 2.88m³。

纯净气体的燃烧反应见表 4-18。

表 4-18　一些纯净气体的燃烧反应

纯气体燃烧反应方程式		每标立方米纯气体						
		发热量 /kJ	耗氧量 /m³	理论空气量/m³	烟气量/m³			
					CO_2	H_2O	N_2	合计
H_2	$2H_2+O_2\rightarrow2H_2O$	10753	0.5	2.38		1	1.88	2.88
CO	$2CO+O_2\rightarrow2CO_2$	12636	0.5	2.38	1		1.88	2.88
CH_4	$CH_4+2O_2\rightarrow CO_2+2H_2O$	35773	2	9.52	1	2	7.52	10.52
C_2H_6	$2C_2H_6+7O_2\rightarrow4CO_2+6H_2O$	64308	3.5	16.60	2	3	13.16	18.16
C_2H_4	$C_2H_4+3O_2\rightarrow2CO_2+2H_2O$	59915	3	14.28	2	2	11.28	15.28
C_2H_2	$2C_2H_2+5O_2\rightarrow4CO_2+2H_2O$	56902	2.5	11.9	2	1	9.4	12.4
CO_2					1			1
N_2							1	1

（4）燃烧温度：

1）燃料的理论燃烧温度。通入理论空气量（标准状况下），燃料完全燃烧产生之热量全部被烟气吸收而无热损失，烟气达到的温度称为理论燃烧温度。

燃料低位发热量等于烟气吸热量，烟气吸热量又等于 $c_{烟}V^0_{烟}t_0$，其中 $q_{低}$ 指燃料低位发热量，$c_{烟}$ 指烟气的平均定压比热，$V^0_{烟}$是指空气没有过量时（即 $K=1$）的理论烟气量，t_0 是理论燃烧温度。从 $q_{低}=c_{烟}V^0_{烟}t_0$，知道在 $q_{低}$ 不变的情况下，烟气量越大，则 t_0 越低。

2）燃烧室温度 t 与下列因素有关。燃料的燃烧效率 η；燃料和空气的预热情况，预热温度越高，炉温越高；过量空气系数 K 越大，烟气量随之增加，并致使炉温偏低；燃烧室的散热情况，散热量越大，则炉温越低。

炉温 t 等于 t_0 乘以炉温系数。如连续加热炉取炉温系数为 0.7～0.8。

理论燃烧温度（℃）举例：

天然气 2016℃，焦炉煤气 2038℃，热发生炉煤气 1710℃，冷发生炉煤气 1610℃，水煤气 2260℃，烟煤 2182℃，重油 2104℃。

4.9.2.2　电阻炉有关计算

A　电热材料

电热材料常见的下面几种，主要性能见表 4-19。

表 4-19　电热材料的性能

材料名称	密度/$g \cdot cm^{-3}$	电阻率/$\Omega \cdot mm^2 \cdot m^{-1}$	熔点/℃	最高工作温度/℃
1Cr13Al4	7.4	1.26 ±0.08	1450	1100
0Cr25Al5	7.1	1.4 ±0.10	1500	1300
0Cr13Al6Mo2	7.2	1.4 ±0.10	1500	1300
0Cr27Al7Mo2	7.1	1.5 ±0.10	1520	1400
Cr20Ni80	8.4	1.09 ±0.05	1400	1150
Cr15Ni60	8.2	1.12 ±0.05	1390	1050
碳化硅元件	3.12～3.18	1		1500
二硅化钼元件	5.5	0.25	约 2000	1700

间接式加热电阻炉，用发热元件产生热量，加热功率由热平衡法估算。

要提高炉体的绝热性能，一般要具有三层炉衬，有耐火层，中间层和绝热层，以保证炉壁温升不超过 60～90℃。

B　电加热功率计算

$$P = \frac{Q}{860 \times 0.81} \tag{4-12}$$

式中　P——功率，kW；

Q——锌锅加热所需总热量（即单位时间所需传递的热量，也称热流），单位为 kJ/h；

860——热功当量，kcal/(W·h)；

0.81——电压降常数。

C　电加热器计算

即进行有关电热丝的计算：

(1) 相功率（kW）：

$$P_x = \frac{P}{3}$$

(2) 相电流（A）：

$$I_x = \frac{P_x \times 10^3}{V}$$

式中，V 为相电压，星形时 $V = 220\text{V}$，三角形时 $V = 380\text{V}$。

（3）电热丝直径（mm）：

$$d = \sqrt{\frac{0.045\rho_t I_x^2}{W}} \tag{4-13}$$

式中　ρ_t——工作温度 t 时的电阻率，$\rho_t = \rho_{20}(1 + at)$；

ρ_{20}——20℃时电阻率；

a——温度系数，对铁铬铝（0Cr17Al5）电热丝可取 $a = 6 \times 10^{-5}$，$\rho_{20} = 1.3$，对镍铬（Cr15Ni60）电热丝可取 $a = 14 \times 10^{-5}$，$\rho_{20} = 1.1$（电阻率，单位为 $\Omega \cdot \text{mm}^2/\text{m}$）；

W——电热丝的表面负荷，当电热丝温度≤600℃时，对 0Cr17Al5 取 $W = 2.6 \sim 3.2\text{W/cm}^2$，对 Cr15Ni60 取 $W = 2.5\text{W/cm}^2$。

（4）相电阻（Ω）：

$$R_x = \frac{V^2}{P_x \times 10^3} \tag{4-14}$$

（5）各相电热丝长度（m）：

$$L_x = \frac{R_x S}{\rho_t} \tag{4-15}$$

式中　S——电热丝的截面积，mm^2；

P_x——相功率，kW；

R_x——相电阻，Ω。

（6）螺旋圈平均直径：

$$D = (6 \sim 8)d$$

式中　D——螺旋圈平均直径，mm；

d——电热丝直径，mm。

（7）螺旋节距：

$$T = (2 \sim 5)d$$

式中　T——电热螺旋的节距，mm。

（8）螺旋圈数：

$$n = \frac{L}{\pi D} \tag{4-16}$$

式中　n——电热螺旋的圈数。

4.9.2.3　锌锅不加热部分热损失

若环境设为 25℃，平面墙表面温度为 150℃时，锌锅不加热部分热损失按 7531 ~ 8033kJ/($\text{m}^2 \cdot \text{h}$)[1800 ~ 1900kcal/($\text{m}^2 \cdot \text{h}$)]考虑，为 130℃时按 4602kJ/($\text{m}^2 \cdot \text{h}$)[1100kcal/($\text{m}^2 \cdot \text{h}$)]考虑，为 200℃时按 13138kJ/($\text{m}^2 \cdot \text{h}$)[3140kcal/($\text{m}^2 \cdot \text{h}$)]考虑。

4.9.2.4 锌、钢丝有关参数

(1) 固态锌。密度7.14g/cm^3；比热容0.383J/(g·K)[约0.094kcal/(kg·t)]。

(2) 钢丝。平均密度7.8g/cm^3；平均比热容0.640J/(g·K)[约0.11～0.15cal/(g·t)]。其他物质比热容(固态)，如铝为0.877J/(g·K)[约0.21cal/(g·t)]，铅为0.126J/(g·K)[约0.031cal/(g·t)]。

4.9.3 镀锌炉热平衡介绍

镀锌炉加热所需总的热量 $Q_{总}$ 应等于炉子及锌锅散失的热量加上工作物质所需的热量。由 $Q_{总}$ 来确定热流 Φ 及热流密度 q，并可以在理论上估算燃料的用量或电阻炉的功率。

分析如下：

(1) 每小时被镀钢丝所需的热量——热流 Φ_1（单位为kJ/h）。

$$\Phi_1 = Hc\Delta t \tag{4-17}$$

式中 H——钢丝每小时产量kg/h，[钢丝的比热容 c 取0.640kJ/(kg·K)]；

Δt——钢丝进入锌锅后升高的温度，℃。

(2) 镀锌钢丝每小时蒸发表面附着的水分所需热量 Φ_2（单位为kJ/h）。

$$\Phi_2 = HQ_k \tag{4-18}$$

式中 Q_k——一般取每千克钢丝表面附着的水分蒸发需要热量为2.092～4.184kJ/kg。

(3) 每小时加入冷锌所需热量 Φ_3，单位为kJ/h。

$$\Phi_3 = HW_T C_{Zn}\Delta t_1 \quad 或 \quad \Phi_3 = W_{Zn \cdot h} c_{Zn}\Delta t_1 \tag{4-19}$$

式中 W_T——每吨钢丝的耗锌量，kg/t（钢丝）；

C_{Zn}——锌的比热，其值为0.383kJ/(kg·K)；

$W_{Zn \cdot h}$——每小时加锌量，kg/h；

Δt_1——锌锅温度与室温（或烘烤后锌块温度）之差。

(4) 每小时锌锅表面锌液的热量损失 Φ_4（kJ/h）：

$$\Phi_4 = Sq_T \tag{4-20}$$

式中 S——锌液表面积，m^2；

q_T——450℃每平方米、每小时锌液表面散热量，一般取62760kJ/(h·m^2)。

(5) 锌锅不加热部位的热量损失 Φ_5（单位是kJ/h）：

$$\Phi_5 = q_y S_y \tag{4-21}$$

一般指炉体墙为不加热部位，q_y 在不加热表面温度为150℃一般取4602kJ/(h·m^2)。

(6) 锌锅加热所需总的热流 $\Phi_{总}$（即镀锌炉每小时加热的总热量 $\Phi_{总}$）：

$$\Phi_{总} = \Phi_1 + \Phi_2 + \Phi_3 + \Phi_4 + \Phi_5$$

该 $\Phi_{总}$ 可以用于估算某种燃料的热参数及锌锅设计参数。

每小时、每平方米进行加热时的热量，称为加热强度 F_Q [kJ/(h·m^2)]。

$$F_Q = \frac{\Phi_{总}}{全部加热部位的面积 S_Q} \tag{4-22}$$

式中 S_Q——加热部位面积，m^2。

Φ_1 至 Φ_5 为耗热量，它们的总和就是锌锅所需的单位时间内的加热量。上面的有关计算皆为理论估算，实际还应考虑设备的热效率（包括燃料不能完全燃烧的燃烧率）。

【例 4-1】 某厂热镀锌。锌锅尺寸为 3100mm × 1880mm × 760mm（长 × 宽 × 高）。锌锅容积为 4. 4m^3，其中熔锌最为 28. 86t。加热面积 7. 59m^2，不加热表面积为 4. 88m^2。每小时产量 H 为 1300kg/h。每小时加锌量 30kg/h。取钢丝比热容 c 为 0. 640kJ/(kg · K)。锌锅锌量与每小时产量比为 22. 2 $\left(\text{即}\dfrac{28.86\times10^3}{1300}\right)$。

解：（1）$\phi_1 = 1300 \times 0.640 \times 450 = 374400\text{kJ/h}$。

计算中取钢丝进入锌锅后升高的温度 $\Delta t = 450℃$。

（2）$\phi_2 = 1300 \times 4.184 = 5439\text{kJ/h}$。

Q_k 取每千克钢丝蒸发其表面上水分需热量为 1kcal 或 4. 184kJ。

（3）ϕ_3（每小时加入冷锌所需热量）：

$$\phi_3 = 30 \times 0.383 \times 450 = 5170\text{kJ/h}$$

计算中取锌锅与烘烤后锌块的温度之差 $\Delta t_1 = 450℃$。

（4）ϕ_4（每小时锌液表面热损失）：

$$\phi_4 = Sq_T$$

其中锌液表面积 $S = 5.828\text{m}^2$（即 $3.1 \times 1.88\text{m}^2$）。

q_T 取 62760kJ/(h · m^2)（即 450℃时锌锅表面散热每平方米，每小时的散热量）。

则 $\phi_4 = 365765\text{kJ/h}$。

（5）$\phi_5 = q_y S_y$，锌锅不加热部分表面积为 $S_y = 4.88\text{m}^2$。若为平面墙，温度为 130℃，取 $q_y = 4602\text{kJ/(h} \cdot \text{m}^2)$。于是 $\phi_5 = 22458\text{kJ/h}$。这样锌锅每小时加热应需的热量 $\phi_{总}$ 为：

$$\phi_{总} = 374400 + 5439 + 5170 + 365765 + 22458 = 773232\text{kJ/h}。$$

（6）加热强度 $F_Q = \dfrac{\phi_{总}}{\text{全部加热部位的面积 } S_Q} = \dfrac{773232}{7.59} = 101875\text{kJ/(m}^2 \cdot \text{h)}$。

【例 4-2】 某厂镀锌有关参数：锌锅尺寸为 2620mm × 1650mm × 850mm，锌锅容积 3. 68m^3，内熔锌盖 24. 9t，加热面积为 8. 46m^2，不加热面积为 5. 11m^2，镀锌钢丝每小时产量为 1700kg，每小时加锌量 40kg，锌锅锌量与每小时产量比为 14. 7 $\left(\text{即}\dfrac{24.9\times10^3}{1700}\right)$，不加热部分表面积为 5. 11$m^2$。

解： 计算中取 $\Delta t = 450℃$，$\Delta t_1 = 450℃$。

$$\phi_1 = HC\Delta t = 1700 \times 0.640 \times 450 = 489600\text{kJ/h}$$

$$\phi_2 = HQ_k = 1700 \times 4.184 = 7113\text{kJ/h}$$

$$\phi_3 = W_{Zn \cdot h} c_{Zn} \Delta t_1 = 40 \times 0.383 \times 450 = 6894\text{kJ/h}$$

$$\phi_4 = Sq_T = (2.62 \times 1.65) \times 62760 = 271311\text{kJ/h}$$

$$\phi_5 = q_y S_y = 4602 \times 5.11 = 23516\text{kJ/h}$$

$$\phi_{总} = 489600 + 7113 + 6894 + 271311 + 23516 = 798434\text{kJ/h}$$

$$F_Q = \frac{798434}{8.46} = 94378\text{kJ/(h} \cdot \text{m}^2)$$

有关燃料消耗量的问题，往往采用概略计算。一般来说，产量大的，燃料消耗量就多，对于每吨钢丝镀锌产品，钢丝规格大的相对消耗燃料量就小。

为估计方便，引入每吨产品燃料消耗的概略指标 q，把全厂热镀锌钢丝的平均直径 $d_{平}$ 定为1.0mm，某种燃料消耗的指标 q 如下表示：

（1）使用油为燃料。每吨钢丝产品需要热量 $0.92 \sim 1.23 \times 10^6$kJ/t。相当于每吨产品使用原油23～31kg/t（原油的发热量33472～41840kJ/kg）。

（2）使用天然气为燃料（或石油伴生气），其发热量为33472～41840kJ/m^3。每吨产品应耗热量为 $1.13 \sim 1.51 \times 10^6$kJ/t。相当于吨产品消耗燃料为33.8～45$m^3$/t产品。

使用发生炉煤气或高焦炉混合煤气，其发热量为5439～16736kJ/m^3。每吨产品应耗热量为 $1.38 \sim 1.84 \times 10^6$kJ/t，每吨产品需燃料约300$m^3$/t。

（3）使用煤为燃料时，每吨产品需热量为 $2.05 \sim 2.76 \times 10^6$kJ/t，相当于每吨产品耗煤量为70～95kg/t产品。（烟的发热量取大于23012kJ/kg）。

若该厂产品的钢丝直径平均值大于或小于1.0mm时，设为 $d'_{平}$，则每吨产品的燃料消耗指标 q' 将以 $q' = \frac{q}{q'_{平}}$ 来计算。

设镀锌钢丝年产量为 G(t/a)，则镀锌炉的燃料年消耗量 $Q = q' \times G$。

4.9.4 镀锌炉概述

镀锌炉的形式有侧边加热与上边加热以及工频感应循环加热等形式。

锌锅采用含碳量小于0.1%碳钢焊成，一般用08F钢制成，厚度大于30mm。

4.9.4.1 侧边加热锌锅的镀锌炉

这种镀锌炉火焰或电热经锌锅两侧传递热量到锌液。常用燃料有烟煤、煤气、传热方式主要为辐射。

（1）以煤为燃料的侧边式。炉火焰由燃烧室经炉两侧火道到炉端，反下进入炉底部火道，最后到靠近燃烧室的底侧集中进入烟道。用燃烧室火焰强弱及烟道闸板来调节锌温。

（2）以煤气加热的侧边式。设炉侧一端的2个高压喷射式烧嘴（规格型号 $\phi42$ 或 $\phi56$），它们与壁面成45°角放置，火焰从燃烧室通过炉两侧火道到炉另一端，反下进入炉底火道，回到燃烧室底下的烟道。从控制烧嘴来调锌温。

4.9.4.2 上部加热的镀锌炉

此种形式的传递热量方式是对流，辐射复合传热，它的特点是：

（1）利用上部加热来提高热效率。

（2）同时延长锌锅的使用寿命。

（3）减少了铁锌合金的生成量，从而也降低了锌耗。

锌锅用陶瓷或耐火材料制作。燃料可以用煤气，天然气或油。

4.9.4.3 工频感应电加热的镀锌炉

此形式是液态锌循环式炉，传递热量方式是传导。它也包括液态锌的对流传热。

锌锅用高温耐火材料砌成，一般周边装有6个熔沟，熔沟上装有感应线圈，通过工频（50Hz）电流，据电磁感应原理，熔沟内锌液产生感应电流而被加热。此种炉子仅适用于液态锌加热。

4.10 热镀锌生产定额及材料消耗

4.10.1 热镀锌钢丝产量的计算

一般收线机的卷筒直径为600mm时，可生产ϕ1.6～4.0mm的镀锌钢丝，锌锅有效长度为2～3m。ϕ400mm卷筒可生产ϕ0.9～2.0mm镀锌钢丝，锌锅有效长度为1～2m。ϕ300mm卷筒可生产小于ϕ0.8mm镀锌钢丝。

（1）热镀锌速度。热镀锌速度公式为：

$$v = 24 - 27\lg d \tag{4-23}$$

式中 v——镀锌速度，m/min；

d——钢丝公称直径，mm。

例如：钢丝直径为0.5mm，0.8mm的镀锌速度分别为32m/min及26.6m/min。钢丝直径为ϕ1.3mm，镀锌速度为20.9m/min。

镀锌速度（m/min）与卷筒转速ϕ（r/min）的关系：卷筒直径设为D（mm），则：

$$v = \pi D\phi \times 10^{-3}$$

（2）理论生产定额：

$$H = \frac{1}{4}\pi d^2 v\rho \times 60 \times 10^{-3} \tag{4-24}$$

式中 d——直径，mm；

v——镀锌速度，线速度，m/min；

ρ——镀锌钢丝平均密度，7.8g/dm^3；

H——每根钢丝运行每小时产量，kg/(h·根)。

每根钢丝每小时产量H的简化公式：

$$H = 0.37vd^2 \tag{4-25}$$

（3）每班（8h）一根钢丝运行理论生产量：

$$\text{班产量} = 8H = 8 \times 0.37vd^2 = 2.96vd^2 \tag{4-26}$$

（4）作业率Z：

1）每月捞渣，占用16～24h，约为全部工时的3%。

2）换酸液及更换产品，占用每月工时的2%。

3）其他占用时间，取1%，于是表达为：

$$Z = 100\% - (3\% + 2\% + 1\%) = 94\%$$

（5）同时镀n根钢丝的产量：

1）实际班产量

$$B = 8nZH = 2.78bvd^2 \tag{4-27}$$

式中 n——钢丝根数；

Z——作业率，取94%；

v——钢丝线速度，m/min；

d——钢丝直径，mm；

B——班产量，kg/班。

2）一年有1000班连续生产，同时镀 n 根钢丝的实际年产量

$$N = 2.96 \times vd^2 nZ \times 1000$$

当 $Z = 94\%$ 时：
$$N = 2.78nvd^2\ (\mathrm{t/a}) \tag{4-28}$$

【例4-3】 镀锌钢丝直径 $d = 1.3\mathrm{mm}$，镀锌速度 $v = 20.9\mathrm{m/min}$，同时镀24根，作业率取 $Z = 94\%$，求一根钢丝的理论小时产量 H 及24根钢丝同时热镀的实际年产量。

解： $H = 0.37vd^2 = 0.37 \times 20.9 \times 1.3^2 = 13.06\mathrm{kg/(h \cdot 根)}$。

当 $Z = 94\%$ 及 $n = 24$ 根时，实际年产量为 $2.78nvd^2 = 2357\mathrm{t/a}$。

【例4-4】 钢丝直径 $d = 0.5\mathrm{mm}$，$v = 32\mathrm{m/min}$。若作业率 $Z = 94\%$，问同时镀30根钢丝，实际年产量为多少？

解： 年产量 $= 2.78nvd^2 = 2.78 \times 30 \times 32 \times 0.5^2 = 667\mathrm{t/a}$。

4.10.2 原材料消耗指标

为提供生产计划，对原材料的消耗要进行基本核算。为提高经济效益，计算成本提供依据，也需对原材料消耗有所了解。

消耗指标主要通过对生产实际进行考核而得。下面以生产一吨镀锌钢丝产品所需要的物料消耗，提出有关指数，仅供参考。

（1）耗锌量。锌量基本上有四方面的消耗：

1）用于镀合格钢丝的有效耗锌量，约占全部耗锌量的45%，一般来说在一定镀层厚度下，有效消耗量与线径成反比，这是因为相同产品产量的钢丝，表面积随直径变细而增加，同时镀锌层越均匀，有效耗锌量就越少。

2）生成固体Fe-Zn合金，即锌渣，锌渣中锌含量有90%~95%左右，故生成锌渣的锌耗占全部耗锌量的30%。

3）生成锌灰，即锌因为氧化而生成的产物，锌灰中含锌约70%~75%。故锌灰的锌耗量占全部耗锌量的20%。

4）镀锌钢丝质量不合格，乱线等废品的耗锌量约占5%。

实践证明：使用锌锭为1号~2号含锌量不小于99.96%的原料，锌锭用量综合指标是每吨产品耗锌70kg。

同样型号的锌锭，镀的钢丝直径为 $\phi 4.0 \sim 6.0\mathrm{mm}$，每吨产品耗锌45kg；镀 $\phi 3.1 \sim 3.9\mathrm{mm}$ 钢丝，每吨产品耗锌55kg；镀 $\phi 2.0 \sim 3.0\mathrm{mm}$ 钢丝，每吨产品耗锌70kg；镀 $\phi 1.5 \sim 1.9\mathrm{mm}$ 钢丝，每吨产品耗锌80kg；镀 $\phi 1.0 \sim 1.4\mathrm{mm}$ 钢丝，每吨产品耗锌100kg。

（2）耗用钢丝量。对含炭量为60号~65号钢，每吨产品耗用钢丝960kg。

（3）耗盐酸量。1~2级含 $w(\mathrm{HCl}) \geq 31\%$ 的盐酸，每吨产品耗盐酸20kg。

（4）铅锭。1号~4号，含 $w(\mathrm{Pb}) \geq 99.95\%$ 的铅锭，每吨产品耗铅1kg。

（5）木炭。粒度小于3毫米，每吨产品耗木炭4kg。

（6）凡士林油。滴点54℃。每吨产品耗1.2kg凡士林油。

（7）NH_4Cl。纯度大于99%。每吨产品耗1kgNH_4Cl。

（8）$ZnCl_2$。1～3级，含$w(ZnCl_2)$为96%～98%，每吨产品耗$ZnCl_2$量为1.5kg。（助镀剂池的配比不同时耗$ZnCl_2$量不同，有的消耗$ZnCl_2$量为0.8kg）。

（9）烧碱（NaOH）。1级，含$w(NaOH)>96\%$，每吨产品耗烧碱1kg。

（10）包装用麻布。每吨产品耗10m。

（11）防潮纸。每吨产品耗10kg。

（12）锌锅加热原料。用原油（发热量为33472～41840kJ/kg），每吨产品耗油130kg。用煤（发热量平均为23012kJ/kg），大约每吨产品耗煤100～110kg。

（13）绑腰线。每吨产品耗1kg。

习　题

4-1　比较钢丝电镀锌与热镀锌的优劣。

4-2　分析热镀锌放热优势。

4-3　热镀锌时钢丝在经过除油和酸洗等处理后，还须进行怎样的处理，以促进钢丝与锌液之间的合金反应。

4-4　一般情况下，热镀锌后对钢丝的力学性能有哪些影响？

4-5　助镀剂有什么作用？其工艺原理又是什么？

4-6　热镀锌对钢丝力学性能有哪些影响？

4-7　对热镀锌钢丝的质量有哪些要求？这些要求反映锌层的何种性质？试举例说明。

4-8　钢丝热镀锌前为什么要进行表面处理？表面处理都包括哪些过程？

4-9　热镀锌层由哪些相构成？各有什么性质？提高镀层韧性和厚度的主要途径是什么？

4-10　锌液温度波动过大，对产品质量和设备会造成什么问题？

4-11　简要回答影响镀锌层合金厚度的主要原因。

4-12　简要回答影响纯锌层厚薄的因素。

4-13　热镀锌对钢丝的力学性能会造成什么影响？

4-14　镀锌钢丝表面露铁现象，一般情况由哪些原因造成？

4-15　目前国内采用了哪些先进的热镀锌工艺方法？简述森吉米尔法工艺的特点。

4-16　钢丝垂直、引出法火焰封闭操作与冷却操作要求？

4-17　试述锌渣来源及危害性。

4-18　简述减少和清理锌渣的措施。

4-19　某厂有一镀锌车间，挂钢丝32根，收线卷筒直径为600mm，每分钟5转，为连续生产，每月按30天计，生产4.0mm镀锌钢丝，求月产量（钢的密度为7.85g/cm^3）。

4-20　有一镀锌生产线，收线机卷筒直径为400mm，卷筒转速为每分钟7.5转，经试验确定钢丝在酸时间必须大于36s，试计算酸池的有效长度应为多少米？

4-21　有一锌锅，长、宽、深分别为2m、1.5m、1.1m，锌液冷却后距锌锅面0.1m，求锌液的质量（锌的密度为7.13g/cm^3）。

5 电镀基本理论

电镀是一种用电解方法沉积具有所需形态的镀层的过程。电镀的目的通常是用于改变表面的特性，以便改善外观，或者使其具有耐腐蚀性能，抗磨损性能，以及其他需要的性能。

电镀过程是在液体中进行的。电镀液可以由熔融盐组成，也可以由不同类型的水溶液组成。电镀工艺的发明几乎可以追溯到法拉第电解定律出现的时代，并且以秘方和手工作坊的形式延续了近100年。直到20世纪初，随着Blum等开展系统的研究工作，才逐渐纳入工艺科学的轨道。在20世纪20年代末，开始金属电结晶过程基础理论的研究。半个多世纪中，人们对于电极表面放电并且生成结晶这一全过程的各个步骤有了初步的了解。大致弄清了晶体的形成和生长过程。但是，关于进一步对真实的多晶镀层形成的整个历程和动力学等方面，了解得还很少，或者还不能对许多因素作出肯定的论断。

金属制品工业中钢丝的电镀主要用于防止腐蚀的目的。此外，还有其他工业用途，如镀黄铜层有利于加强钢丝与橡胶的结合力，用于汽车轮胎的钢帘线，高压胶管钢丝等。

钢丝电镀大多数是属于简单结构钢铁制品的电镀，而且多数为展开式连续作业线。为了适应后道拉拔工序和保证钢丝制品的力学性能，因此还涉及金属学热处理知识。本章仅针对钢丝的电镀，介绍有关电镀的电化学理论，以及电镀和电化学处理的工艺基础、主要是电镀液与各种参数的选择和控制。

5.1 法拉第电解定律的应用

法拉第（Faraday）在1833年发现了电解定律，直到今天，电解定律还没有被更新的发现所修正。

关于电镀过程，该定律规定：沉积一定质量的镀层金属与所通过的电量成正比；用相同的电量通过不同的电解液时，电极上析出或溶解的物质具有相同的当量数，并且测定出电极上沉积或溶解任何1克当量物质所需的电量为96500库仑（C），并称96500库仑电量为1法拉第，记为1F。1F = 96500C = 26.8A · h。

因此在钢丝上电镀时，理论上得出物质的质量为：

$$m_{理论} = \frac{M}{F} \cdot It \tag{5-1}$$

式中 M——镀层金属的化学当量，g；

I——通过电镀液的电流强度，A；

t——电镀时间，s；

$m_{理论}$——理论电沉积量，g。

在选取1F = 26.8A · h，则得出$\frac{M}{F} = \frac{M}{26.8} = k$，把$k$称为电化当量，它表示电镀时，每

通过 1A · h 的电量时电极上析出物质的克数，k 的单位记为克/(安培 · 小时)[g/(A · h)]。电化当量在电化学有关手册上可以查到，如 $k_{Cu}=1.186\text{g}/(\text{A}\cdot\text{h})$，$k_{Zn}=1.220\text{g}/(\text{A}\cdot\text{h})$。电化学当量也可用克/库仑来表示。

因此，理论上电极析出的量可以表达为：$m_{理论}=kIt$。当时间 t 取单位为分钟时，也可以表达为：$m_{理论}=\frac{1}{60}\times kIt$。

在钢丝电镀时，由于采用展开式连续作业，钢丝作为阴极，理论上钢丝表面沉积的金属质量 $m_{理论}$ 可以表示为下式：

$$m_{理论}=\frac{10^3}{60}\times\frac{lIk}{\pi Dr} \tag{5-2}$$

式中　l——钢丝浸入镀槽的有效长度，m；

r——收线机卷线筒转速，r/min；

D——卷线筒直径，mm。

由于 $t=10^3\times\frac{1}{\pi Dr}$，将它代入 $m_{理论}=\frac{1}{60}\times kIt$，便可得出式（5-2）。

在实际生产中，不同类型的电解液，由于电极上存在着副反应，因此提出了电流效率的概念，电流效率的定义是：电解时实际析出或溶解的物质的量 $m_{理论}$ 与理论上计算的量比，记为 η。表达式为：

$$\eta=\frac{m_{实际}}{m_{理论}}\times100\% \tag{5-3}$$

在实际生产时，浸入镀槽的有效长度仍为 l(m)，钢丝的直径为 d(mm)，实际测得镀层厚度为 δ(μm)，又知该镀层金属的密度为 ρ(g/cm³)，得出实际沉积金属的质量 $m_{实际}$（g）为：

$$m_{实际}=10^{-3}\pi dl\delta\rho \tag{5-4}$$

将式（5-2）、式（5-4）代入式（5-3）后得式（5-5）。

$$I_1=5.92\times10^{-4}\times\frac{d\delta\rho Dr}{\eta k} \tag{5-5}$$

式中　I_1——单根钢丝所需的电流强度，A；

d——钢丝直径，mm；

δ——镀层厚度，μm；

ρ——镀层金属密度，g/cm³；

D——卷筒直径，mm；

r——卷筒转速，r/min；

η——电流效率，%；

k——电化当量，g/(A · h)。

有关电化当量和密度数据见表 5-1。

在硫酸盐型电镀锌、铜，或焦磷酸盐型电镀铜时，$\eta=95\%$。

根据表 5-1 的数据：

$\rho_{Cu}=8.9\text{g/cm}^3$，$\rho_{Zn}=7.14\text{g/cm}^3$；或 $\rho_{Cu}=8.9\times10^3\text{kg/m}^3$，$\rho_{Zn}=7.14\times10^3\text{kg/m}^3$；$k_{Cu}=1.186\text{g}/(\text{A}\cdot\text{h})$，$k_{Zn}=1.220\text{g}/(\text{A}\cdot\text{h})$。

将上述数据代入式（5-5）中，可得简化公式如下：

电镀铜时 $$I_1 = 4.676 \times 10^{-3} \delta d r D \quad (5\text{-}6)$$

电镀锌时 $$I_1 = 3.647 \times 10^{-3} \delta d r D \quad (5\text{-}7)$$

表 5-1 有关物质的电化当量和密度

元 素	原子价	密度 ρ/g · cm^{-3} 或 10^3kg · m^{-3}	电化当量 k/g · (A · h)$^{-1}$
Ag	1	10.5	4.025
Cd	2	8.642	2.097
Zn	2	7.14	1.220
Cr	6	7.20	0.324
	3		0.647
Cu	1	8.92	2.371
	2		1.186
Fe	2	7.86	1.042
H	1	0.0899	0.038
Ni	2	8.90	1.095
O	2	1.429	0.298
Pb	2	11.344	3.865
Sb	3	6.684	1.514
Sn	2	7.28	2.214
	4		1.107

在镀槽内，若同时电镀 Z 根钢丝，则电镀时需要的总电流为：

$$I = ZI_1 \quad (5\text{-}8)$$

式中 I——电镀时所需总电流，A；

Z——同时电镀的钢丝根数。

在生产中常常使用电流密度作为单位，记为 J。

电流密度定义：在电极上单位时间内，单位表面积上所通过的电量，记做 J。

$$J = \frac{Q}{tS}$$

式中 Q——电量，C；

t——时间，s；

S——电极表面积，m^2 或 dm^2。

由于 $I = \frac{Q}{t}$，I 为电流强度，单位为安培，于是得出：

$$J = \frac{I}{S}$$

因此，电流密度的单位为 A/m^2 或 A/dm^2，工厂里常用 A/dm^2 表示电流密度。

电流密度是电源向电极供应电荷的速度，它的大小通常也反映了电极反应的速度。它的大小与后面讨论的电极极化有关。电流密度符号，阴极为 J_k，阳极为 J_A。而电流密度与钢丝浸镀有效长度 l(m)，钢丝直径 d(mm)，以及与单根钢丝电流强度 I_1(A) 的关系为：

$$J_k = 3.18 \times \frac{I_1}{ld} \tag{5-9}$$

电镀时间与单根钢丝电流关系为：

$$t = 0.1885 \times \frac{dl\delta\rho}{\eta I_1 k} \tag{5-10}$$

简化公式：电镀铜

$$t = 1.489 \times \frac{dl\delta}{I_1} \tag{5-11}$$

电镀锌

$$t = 1.16\, \frac{dl\delta}{I_1} \tag{5-12}$$

电镀时间与电流密度关系：

$$t = 0.6 \times \frac{\delta\rho}{J_k \eta k} \tag{5-13}$$

简化公式：电镀铜

$$t = 4.74 \times \frac{\delta}{J_k} \tag{5-14}$$

电镀锌

$$t = 3.70 \times \frac{\delta}{J_k} \tag{5-15}$$

式中　t——电镀时间，min；
d——钢丝直径，mm；
l——钢丝浸镀有效长度，m；
δ——镀层厚度，μm；
ρ——镀层的金属密度，g/cm^3 或 kg/m^3；
k——镀层的金属电化当量，g/(A·h)；
I_1——单根钢丝电流强度，A；
η——电流效率，%；
J_k——阴极的电流密度，A/dm^2 或 A/m^2。

应用式（5-5）~式（5-15）有关公式，就可以根据被镀钢丝直径，要求的镀层厚度，以及选用的设备参数，计算出每根钢丝所需电流强度，进而估算电源容量，此外，还能计算阴极电流密度或电镀时间。

【例 5-1】 生产直径为 2.4mm 的镀铜钢丝，采用焦磷酸盐电镀液，设备的浸镀有效长度为 13m，收线机卷筒直径为 560mm，转速为 4r/min，铜层厚度为 1μm，求 I_1，J_k 和 t 各是多少？

解：

$$I_1 = 4.676 \times 10^{-3} \times d\delta Dr = 4.676 \times 10^{-3} \times 2.4 \times 1 \times 560 \times 4 = 25.14(\text{A})$$

$$J_k = 3.18 \times \frac{I_1}{dl} = 3.18 \times \frac{25.14}{2.4 \times 13} = 3(\text{A/dm}^2) = 3 \times 10^2(\text{A/m}^2)$$

$$t = 4.74 \times \frac{\delta}{J_k} = 4.74 \times \frac{1}{3} = 1.58(\text{min})$$

5.2 电沉积过程

电镀过程是电解液中的金属离子在直流电的作用下，在阴极上沉积金属的过程。由于镀层金属和一般金属相同，也具有晶体结构，因此阴极上析出金属的过程也称为电结晶过程。

在整个电镀过程中，电流既要通过以电子流动来导电的第一类导体，包括阳极和阴极的金属导体，又要通过以离子的迁移来导电的第二类导体，包括电解质溶液。在阳极上发生失电子的氧化反应，它可能是金属阳极的原子失电子或电解液中阴离子失电子；在阴极上发生得电子的还原反应，它可能是电解液中的阳离子或以阳离子为中心的络合离子等得电子。从而完成由电能转化为化学能的电解过程。

整个电解过程包括阳极过程，液相中的传质过程，即电迁移、对流、扩散，以及阴极过程。这三个过程在电解中串联进行。

其中，在阴极上金属电沉积的过程主要由下面三个步骤来控制：

（1）传质步骤。它是液相中的反应粒子，即水化离子或络合离子向阴极传递的步骤。

（2）表面转化及电化学反应步骤。它是参加电极反应的粒子发生得电子的还原反应前，在阴极表面或其邻近液层中进行水化离子脱水，或络合离子变换配位体，或络合离子的配位数降低的过程；然后，又发生反应粒子在阴极上得电子的电化学反应步骤。

（3）在阴极上进行镀层金属原子排列形成金属晶体，或者是析出的氢原子形成分子氢的步骤。一般在阴极上镀层金属的原子排列成金属晶体的过程被称为电结晶过程。

现在，分别对上述三个步骤成为控制步骤的极化特征进行讨论。

5.2.1 液相中传质步骤及其成为控制步骤的极化特征

5.2.1.1 传质步骤的方式

传质步骤主要有三种方式，包括电迁移、对流和扩散。

A 电迁移

液相中带电粒子在电场的作用下向电极迁移的一种传质过程。带电粒子可能是进行电极反应的离子，也可能是不参与电极反应的所谓“惰性电解质”。在电镀液中往往加入大量用于提高镀液导电性的盐类，或者加入过剩的络合剂，它们就是不参加电极上放电反应的“惰性电解质”，由它们解离出来的大量带电粒子主要进行电迁移过程，而参加电极上放电反应的带电粒子仅仅占全部带电粒子的一小部分。因此，在金属电沉积过程中，电迁移不是由电极反应的带电粒子所控制，所以参加电极放电反应的带电粒子的传质步骤应忽略不计。

B 对流

由于电镀液各部分之间存在浓度差异，或密度差异等原因而引起的流动，以及由于搅拌而引起的液体流动，称为对流。这时物质的粒子随着液体的流动而传送，这就是对流传质。其中，密度差异往往是温度的差异所造成的。

对流传质的特征：对流传质主要发生在电镀液的主体区域，在金属电极表面的薄液层中，当不搅拌的情况下，其液流速度很小，近似处于静止状态，因此，对流传质不会成为放电的反应粒子向电极表面传递的有效方式，应不予考虑。只有在搅拌的作用下，液体的对流才将影响着传质步骤。

C　扩散

如果在溶液中对某一组分存在着浓度梯度，那么，即使在静止的溶液中也会发生该组分从高浓度区域向低浓度区域的传送过程，这就是扩散传质。在电镀液中扩散传质的特征有两方面：第一溶液不需要流动便可以发生放电粒子的扩散传质；第二在阴极表面上放电粒子不断地进行电化学反应，使之得电子析出，从而使放电粒子不断地消耗，于是电极表面邻近液层中就会出现放电粒子浓度的变化，因此便会发生该组分从镀液主体向电极表面液层的扩散传质。由此可知，扩散传质是传质过程的主要控制步骤。

5.2.1.2　*传质步骤成为控制步骤的极化特征*

在电沉积时，传质步骤是阴极过程的控制步骤，并且，扩散成为三种传质方式中的主要因素时，阴极的极化特征就是浓差极化。极化曲线的形式如图 5-1 所示。

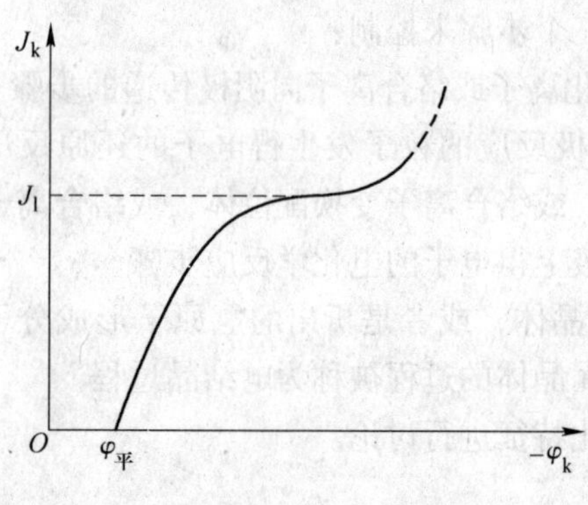

图 5-1　电流密度 J_k 与阴极电位 φ_k 关系曲线

由于电极表面邻近液面的浓度与溶液主体的浓度发生差异而产生的极化称为浓差极化。浓差极化的结果使得阴极的电极电位急剧地偏离其平衡电位，使阴极电极电位向更负偏移。

以扩散为主的传质步骤达到稳定状态时，也就是在电极表面邻近的液层中，由扩散而传送来的反应粒子的流量，完全可以补偿因金属电沉积而引起的反应粒子的消耗量，此时，反应粒子的扩散速度将是浓度梯度的函数，表达式为：

$$v_{扩散} = K\left|\left(\frac{dC_i}{dx}\right)_{x=0}\right| \tag{5-16}$$

式中　$v_{扩散}$——反应粒子的扩散速度，mol/(cm^2 · s)；

$\left|\left(\frac{dC_i}{dx}\right)_{x=0}\right|$——$x=0$ 处的浓度梯度的绝对值，其中 C_i 为某种反应粒子 i 的浓度，x 是自溶液某处到电极之间的距离，$\frac{dC_i}{dx}$即某种反应粒子 i 的浓度梯度；

K——扩散系数，对于大多数离子，K 接近于 1×10^{-5} cm^2/s（对于 H^+，K 为 10×10^{-5}cm^2/s；对于 OH^-，K 为 5×10^{-5}cm^2/s）。

设某种反应粒子 i 在电极表面液层中的浓度为 C_i^s，在溶液主体中浓度为 C_i^o，δ 为扩散层厚度，于是扩散速度表达为：

$$v_{扩散} = K\frac{C_i^o - C_i^s}{\delta} \tag{5-17}$$

若是传质步骤仅仅涉及扩散，并且扩散也已成为阴极上金属电沉积过程的控制步骤，即电极反应速度完全由扩散所决定，于是，金属电沉积过程达到稳态时的扩散电流密度就反映了金属电沉积的速度。

根据电流密度的定义，它是单位时间内，在电极的单位表面所通过的电量，表达为：

$$J = \frac{Q}{St} \tag{5-18}$$

式中 J——电流密度，$C/(m^2 \cdot s)$，常用单位为 A/dm^2，SI 单位为 A/m^2；

Q——电量，C；

S——电极表面积，m^2 或 dm^2；

t——时间，s。

又根据电极反应速度定义，它是单位时间内，在电极上单位表面积所析出某物质的摩尔数，表达为：

$$v = \frac{m}{St} \tag{5-19}$$

式中 v——电极反应速度，即金属电沉积速度；

m——质量，mol；

S——电极表面积；

t——时间，s。

根据法拉第电解定律，每析出或溶解 1 克当量任何物质所需电量为 1 法拉第（即 1F =96500C），因此电流密度与电极反应速度 $v = \frac{m}{St}$的关系为：$J = nFv$。推导过程如下：$J = \frac{Q}{St}$，反应粒子的荷电数为 n，今已知析出某物质的量为 m 摩尔，折合当量数位 nm，因此所需电量 $Q = nmF$，代入式（5-18）得 $J = \frac{Q}{St} = \frac{nmF}{St}$，据式（5-19）知道 $v = \frac{m}{St}$。于是得出：

$$J = nFv \tag{5-20}$$

如前所述，当阴极金属电沉积过程仅仅由扩散传质步骤控制时，扩散速度就等于电极反应速度，将式（5-17）代入式（5-20），可得出：

$$J = nFK\frac{C_i^o - C_i^s}{\delta} \tag{5-21}$$

上式中 J 又称为扩散电流密度。

若电极表面液层中反应粒子的浓度 C_i^s 趋于 0，则扩散电流密度趋于最大极限值，该极限电流密度又称为扩散极限电流，表示为 J_l：

$$J_l = nFK\frac{C_i^o}{\delta} \tag{5-22}$$

此时，表面转化、电化学反应，以及形成金属晶体的步骤，与扩散传质步骤相比，前者进行的速度要快得多，它们处于平衡状态，被迫等同于最慢的扩散步骤的进行速度。

设某种金属离子 M^{n+} 电沉积的阴极反应为：

$$M^{n+} + ne \longrightarrow M$$

应用平衡状态下表达电极电位与溶液浓度关系的能斯特公式，并以浓度近似代替离子活度，计算受扩散控制时的阴极电位。以式（5-22）除以式（5-21）可得放电的金属离子 M^{n+} 在阴极表面处的浓度 $C_{M^{n+}}^s$ 为：

$$C^{s}_{M^{n+}} = C^{s}_{M^{n+}}\left(1 - \frac{J}{J_1}\right) \tag{5-23}$$

式中 $C^{o}_{M^{n+}}$——溶液主体的浓度；

$C^{s}_{M^{n+}}$——阴极表面的浓度；

J——扩散电流密度；

J_1——扩散极限电流，是阴极表面处的浓度 $C^{s}_{M^{n+}} \to 0$ 的极限电流密度。

把（5-23）式所表达的 $C^{s}_{M^{n+}}$ 代入能斯特公式使得：

$$\begin{aligned}\varphi &= \varphi^{\circ} + \frac{RT}{nF}\ln C^{s}_{M^{n+}} \\ &= \varphi^{\circ} + \frac{RT}{nF}\ln C^{o}_{M^{n+}} + \frac{RT}{nF}\ln\left(1 - \frac{J}{J_1}\right) \\ &= \varphi_{平} + \frac{RT}{nF}\ln\left(1 - \frac{J}{J_1}\right)\end{aligned} \tag{5-24}$$

式中 φ°——某种金属的标准电极电位；

φ——过程受扩散控制时的阴极电位，是阴极发生浓差极化后的电位；

$\varphi_{平}$——溶液主体浓度为 $C^{o}_{M^{n+}}$ 时，阴极的平衡电位，表达为 $\varphi_{平} = \varphi^{\circ} + \frac{RT}{nF}\ln C^{o}_{M^{n+}}$，即阴极未通电流时的电位；

R——气体常数，$R = 8.314\text{J}/(\text{mol}\cdot\text{K})$；

n——参加电极反应的电子数；

T——绝对温度，K；

F——表示 1 法拉第电量，即 96500C。

或者，将式（5-24）变换为：

$$\varphi_{平} - \varphi = \frac{RT}{nF}\ln\left(\frac{J_1}{J_1 - J}\right) \tag{5-25}$$

$$\eta_{扩} = \varphi_{平} - \varphi \quad 或 \quad \Delta\varphi_1 = \varphi_{平} - \varphi \tag{5-26}$$

即

$$\eta_{扩} = \frac{RT}{nF}\ln\left(\frac{J_1}{J_1 - J}\right) \quad 或 \quad \Delta\varphi_{扩} = \frac{RT}{nF}\ln\left(\frac{J_1}{J_1 - J}\right) \tag{5-27}$$

式中 $\eta_{扩}$，$\Delta\varphi_{扩}$——扩散过电位，它是由于受扩散传质而引起的阴极电位变化值，也可以记为 $\Delta\varphi_{扩}$。$\Delta\varphi$ 就是由于电极发生极化而引起的过电位。建议用 $\Delta\varphi$ 表达过电位。

根据式（5-24）或式（5-27）可以得出图 5-1 形式的浓差极化曲线，因此，可以看出金属电沉积受放电离子 M^{n+} 的扩散传质步骤所控制时的特征：

（1）当 $J \ll J_1$ 时，即阴极的电流密度恒小于极限电流密度时，随着阴极电流密度的提高，阴极电位 φ 与平衡电位 $\varphi_{平}$ 相比较，其值变化不大，即 $\Delta\varphi_1 = \varphi_{平} - \varphi$ 的值不大，从极化曲线图 5-1 看到此时阴极电位向负方向稍有增加，就会引起电流密度，也就是电极反应的速度迅速增加。

（2）当 $J = J_1$，即当阴极的电流密度达到极限电流密度 J_1 时，阴极表面液层中放电的反应离子浓度 $C^{s}_{M^{n+}} \to 0$，阴极电位迅速向负变化，即阴极极化的过电位 $\Delta\varphi_{扩}$ 增加很大，从而达到了完全浓差极化。从图 5-1 的极化曲线上看到：当阴极电位达到一定的负值以后，或者说向负偏移到一定数值后，阴极的电流密度，即阴极的电极反应速度达到了恒定值，不再增加。

图 5-1 中极化曲线的虚线部分，其含义是：当阴极电位负到能够使溶液中其他反应离子发生放电时，如 H^+ 发生放电反应时，则电流密度又按虚线增加，发生一个新的电极反应。因此，在电镀时，阴极的电流密度不得超过某个条件下的极限电流密度 J_1，否则，由于发生副反应，例如 H^+ 放电，即 $2H^+ + 2e \rightarrow H_2$，析出氢，而使得析出金属的电流效率下降。另外，在采用接近或大于极限电流密度时、由于析氢的结果，还会造成如下的危害。

（1）阴极"烧焦"现象。这是因为在阴极有氢析出，当扩散到阴极表面的速度跟不上 H^+ 由于放电反应而消耗的速度时，使阴极表面邻近液层中 H^+ 浓度减少，该处 pH 上升，产生该处"碱化"倾向，于是形成金属的碱式盐夹杂在镀层内，使镀层产生"烧焦"现象。

即使有时不析氢，或者少量析氢，由子阴极采用的电流密度接近或大于极限电流密度 J_1，对于某些电镀液，如硫酸盐镀铜时，也会发生烧黑或发黑现象。这可能是由于金属离子来不及脱落其水合分子的水，便沉积到阴极上去，于是，水合金属离子所带的水阻碍了金属晶体的正常生长，产生了发黑现象。

（2）使镀层产生孔洞和麻点。当析出的氢气泡滞留在一个部位不脱落逸出时，则在该处形成孔洞。若是氢气泡在阴极表面周期性的滞留和脱落逸出，就会使镀层产生麻点。

（3）氢脆现象。在析氢时，刚刚生成的原子氢其体积小、性质活泼，很容易渗入到基体或镀层金属的晶粒间隙中，使金属的韧性下降。另外，渗入晶粒间隙的原子氢极易复合为分子氢，体积膨胀很大，破坏了金属的晶体结构，从而导致金属的机械性能变坏，例如钢丝电镀锌后发生的脆断现象。

（4）镀层起泡。钢丝电镀时，一旦析氢并且钢丝表面吸附氢，当温度升高时吸附的氢会膨胀，从而使镀层起泡，破坏了镀层与基体的结合。

（5）镀层形成疏松的、海绵状的或是树枝状晶体。这是在采用过高的阴极电流密度时经常遇到的情况。例如锌酸盐镀锌时往往发生这种情况。关于镀层呈现枝状晶的现象，有一种解释是：在扩散传质控制的条件下实现电沉积时，原先形成的晶核数目不多，这样便具备形成粗晶粒的条件，当阴极达到极限电流密度时，使阴极表面液层中放电的反应离子浓度急剧下降，使该区域内缺少放电的离子，只能使反应离子易于扩散到达的阴极某些部位发生放电的电极反应，于是这些部位的晶核成长速度较快，从而影响晶粒各向均匀成长的速度，结果形成了枝晶。

总之，上述情况都是在电镀时阴极采用过高的电流密度，接近或大于极限电流密度 J_1 而引起的危害。

5.2.2 阴极过程由表面转化和电化学反应步骤控制的极化特征

5.2.2.1 表面转化步骤及其成为阴极过程控制步骤时的极化特征

表面转化一般有两种情况，一种情况是指配位数较高的络合离子或水化程度较大的简单离子转化为配位数较低的络合离子或水化程度较小的简单离子，然后进行得电子的电极反应：

$$MX_p \underset{+(p-q)X}{\overset{-(p-q)X}{\rightleftharpoons}} MX_q \xrightarrow{+ne} M + qX(\text{游离出 X})$$

或
$$[M(H_2O)_p]^{n+} \underset{+(p-q)H_2O}{\overset{-(p-q)H_2O}{\rightleftharpoons}} [M(H_2O)_q]^{n+} \xrightarrow{+ne} M + qH_2O$$

式中 M——简单的金属离子，它的荷电数为 n；

X——络合剂供给的配合体；

H_2O——离子水化的水分子；

p，q——络合离子的配位数，或离子水化的水分子数，并且 $p>q$。

另一种情况是简单离子 M^{n+} 由以 X 为配位体的络合离子转化为以 Y 为配位体的络合离子，然后进行得电子的电极反应：

$$MX_p + qY \rightleftharpoons MY_q + pX \xrightarrow{+ne} M$$

在转化步骤很慢时，即由 MX_p 转化为 MX_q 或 MY_q 的历程很慢时，它就成为阴极过程的控制步骤，此时表面转化的极化特征与电化学反应成为阴极过程的控制步骤的极化特征相似，表面转化的极化曲线，即它成为控制步骤时的极化形式如图 5-2 所示。

当 MX_p 转化为 MX_q（或 MY_q）的历程反应速度很慢时，在曲线的区域 1 处所对应的阴极电位下，只有 MX_q（或 MY_q）能够在阴极上发生得电子的还原反应，并且达到完全浓差极化，这时由 MX_q（或 MY_q）所引起的极限扩散电流为 J_{l1}。当阴极电位向负方向偏移到区域 2 处的相应电位时，则 MX_p 和 MX_q（或 MY_q）都将参加电化学反应，即得电子的还原反应。并且当电位到达区域 3 相应的更负电位时，又出现了极限扩散电流 J_{l3}，它相当于 MX_p 和 MX_q（或 MY_q）两种形态的离子的极限扩散电流之和。

虽然表面转化步骤与电化学反应步骤是两类性质不同的步骤，但是从曲线形态（见图 5-2）来看，过程受表面转化步骤控制的极化曲线，同下面讨论的受电化学反应步骤控制时的极化曲线却很相似，出现这种情况，相当于表面转化步骤进行得相当缓慢，间接地造成原来的络合离子 MX_p 的放电反应缓慢，因而过程具有类似于电化学反应步骤控制的极化特征。

这种情况将有利于获得厚度均匀和细晶的电沉积层。

5.2.2.2 阴极过程受电化学反应步骤控制的极化特征

受电化学反应步骤控制的阴极过程，其极化曲线如图 5-3 所示。

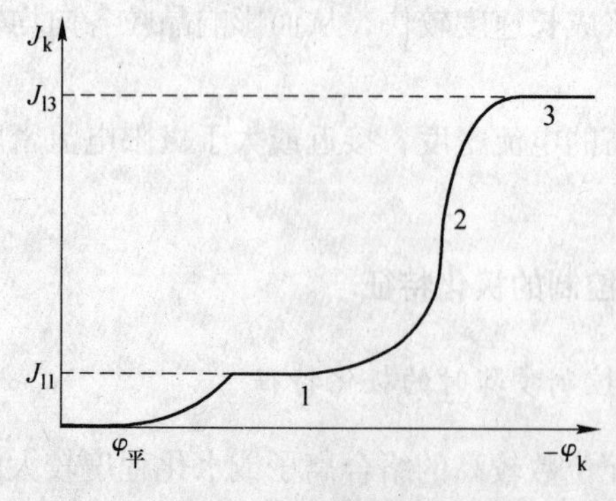

图 5-2 过程受表面转化步骤控制的极化曲线

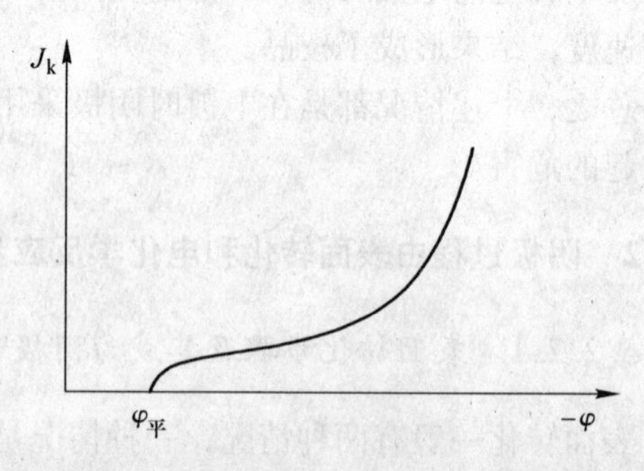

图 5-3 阴极过程受电化学反应步骤控制时的极化曲线

首先明确任何类型的电极，它的电位值是由电极表面的电荷密度所决定的，电荷密度越大，电极电位也越大。

在电镀时，外加直流电源施加在两极上，在阴极过程中有电流通过时，存在着两个特定的平衡状态。其一，由于带电粒子的放电反应，即电化学反应速度很大，尽管施给阴极的电流密度也很大，也就是在单位时间、单位表面积上供应的电子很多，但是由电源来的电子一到达阴极表面，便马上被带电粒子的还原反应消耗掉，因此电极表面不会有过剩的电子积累，原来的阴极附近双电层结构也不会发生变化，于是电极电位不会改变，电极反应仍在平衡状态下进行。其二，带电粒子的放电反应，即电化学反应速度很慢，但在阴极上施加的电流密度也趋向于无限小时，带电粒子有充分的时间与电极上的电子结合进行电沉积过程，因此，阴极的电位也不会有过剩的电子积累，阴极的电位也不会改变，电极反应也仍在平衡状态下进行。

但是，当阴极上电化学反应速度缓慢，并且成为阴极过程的控制步骤时，带电粒子来不及通过得电子的还原反应把外电源供给的电子完全消耗掉，于是电极表面积累了过剩的电子，因此阴极电位将向负方向偏移，偏离了平衡电位。

这种由于阴极上电化学反应速度小于外电源供给电极的电子速度，从而引起的极化作用，称为电化学极化。

电化学极化的特征与扩散步骤控制的浓差极化特征很不相同。电化学极化的特征是：在相当低的阴极电流密度下，阴极电位就出现急剧变负的偏移，也就是出现较大的极化值，过电位 $\eta_{电}$ 或 $\Delta\varphi_{电}$ 较大。这种特征与浓差极化大不相同，在发生浓差极化时，阴极电流密度要较大，并且达到极限电流密度 J_l 时，阴极电位才急剧向负偏移，这时很容易出前面所述的各种危害。

电化学极化对于获得良好的细晶镀层非常有利，它是人们寻求最佳的工艺参数的理论依据，当然这是在综合分析传质步骤、表面转化步骤的影响的基础上进行的。

5.2.3 电结晶过程

通过电极反应生成的金属原子，在阴极表面排列成为金属晶体的过程叫做电结晶过程。

结晶过程主要分两步进行，即包括结晶核心的生成和结晶核心的成长。晶核的形成速度和晶核的成长速度决定了所得结晶的粗细。如果晶核的形成速度较快，而晶核的成长速度较慢，这时就使晶粒较细，得到细晶。反之，就会得到粗晶。

在通过阴极反应并进行电沉积的过程中，为了获得质量较好的镀层，要求镀层晶粒细密。实践证明：提高阴极的极化作用，就能提高晶核的形成速度，有利于获得结晶细致的镀层。

但是，根据理论和实践也已证明：阴极的极化作用不是越大越好，因为在沉积时，允许的阴极电流密度不能高达极限电流密度，即不能高达极限扩散电流 J_l，否则会在阴极析氢以及造成镀层多孔、疏松、“烧焦”、发黑和枝晶等现象，使镀层质量下降。为获得细晶、均匀厚度的镀层，不能通过完全由扩散传质步骤控制而产生的浓差极化手段，因为在完全依靠这种手段时，需要在阴极采用较高的电流密度，并且使之接近或等于极限扩散电流 J_l 时，才出现较大的阴极过电位。

由此看来，依靠电化学极化来提高阴极的极化值就显得十分重要了，例如采用络合物类型电镀液，就是一种提高电化学极化作用的手段。

5.3　镀层在阴极表面的分布

5.3.1　基本概念

金属镀层在阴极上分布的均匀性和完整性决定了镀层的质量，评定镀层的均匀性和完整性，在电镀上常使用均镀能力（又称分散能力）以及深镀能力（又称覆盖能力）两个概念。

5.3.1.1　均镀能力

它是指电镀液具有使镀件表面的镀层厚度均匀分布的能力，在镀件凹凸不平的表面上具有使金属均匀沉积的能力，它用于评定镀层的均匀性。

5.3.1.2　深镀能力

它是电镀液具有使镀件表面深凹处镀上金属的能力，它用于评定镀层的完整性。

深镀能力和均镀能力是两个不同的概念，假如深凹之处有镀层，而镀件表面镀层厚度并不均匀：则认为深镀能力好，而均镀能力差。实际生产中，由于电镀液的均镀和深镀能力的好坏往往有平行关系，因此会在概念上发生混淆。

5.3.2　镀层厚度不均匀的原因

镀层的均匀程度主要决定于镀液的均镀能力。进行电镀当然要具备两个条件：一是镀液中必须有被镀金属的粒子；二是有直流电通过。在不考虑电流效率的影响时，阴极各个部位所沉积的金属量多少，即镀层的厚薄，主要由阴极上各个部位的电流密度大小来决定。若某个部位分得的电流密度大些，根据法拉第电解定律可知镀上的金属就多些，也就越厚些；反之，镀层就越薄些。总之，镀层厚度的均匀性与电流在镀件表面分布的均匀性有着直接关系。

5.3.3　极化度的概念

极化度的定义：每提高一个单位的电流密度 ΔJ，所引起的电极电位改变的程度 $\Delta\varphi$，称做极化度，表示为$\frac{\Delta\varphi}{\Delta J}$。阴极极化度表示为$\frac{\Delta\varphi_k}{\Delta J_k}$。$\frac{\Delta\varphi_k}{\Delta J_k}$极化度的大小，可以通过纵坐标表示电极电位 φ，横坐标表示电流密度的极化曲线的斜率来比较。

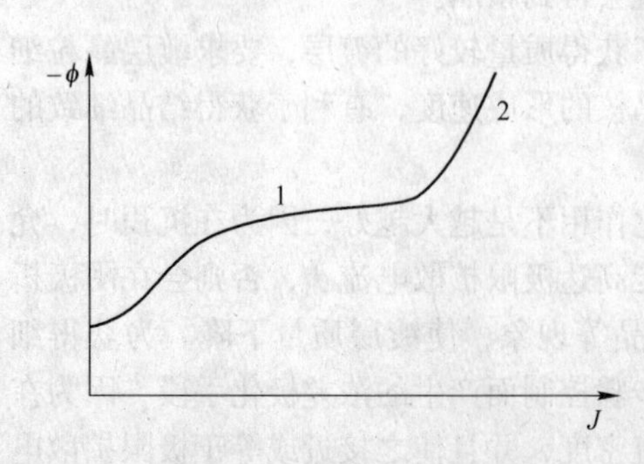

图5-4　极化曲线上不同部位的极化度

同一条极化曲线上，不同区域内的极化度是不同的，斜率$\frac{\Delta\varphi}{\Delta J}$大的，极化度就较大。如图5-4所示，极化曲线上区域2的极化度大于区域1的极化度，即$\left(\frac{\Delta\varphi}{\Delta J}\right)_2 > \left(\frac{\Delta\varphi}{\Delta J}\right)_1$。

极化度是个非常有用的概念，在研究电镀液的均镀能力和深镀能力时，离不开阴极极化度大小的分析。当极化曲线的坐标形式变换时，如以纵坐标表示电流密度、横坐标表示电极电位时，极化度$\frac{\Delta\varphi}{\Delta J}$应是曲线斜率的倒数。

5.3.4　影响均镀能力和深镀能力的因素

5.3.4.1　阴极极化度

在允许的阴极电流密度，即极限电流密度以下时，具有较大的阴极极化度$\left(\frac{\Delta\varphi_k}{\Delta J_k}\right)$的电镀液，才能获得较高的均镀和深镀能力。阴极发生极化的极化值是阴极电位偏离平衡电位的差值，即 $\Delta\varphi_k$ 或 η_k。由于传质步骤缓慢引起的浓差极化，其极化值是扩散过电位，$\eta_{扩}$或 $\Delta\varphi_{扩}$；由于阴极上电化学反应步骤缓慢引起的电化学极化，其极化值是电化学过电位，$\eta_{电}$ 或 $\Delta\varphi_{电}$。

直流电通过电镀液时将会遇到三种阻力：

（1）金属电极本身的电阻，记为 $R_{电极}$。

（2）电镀液的电阻，记为 $R_{液}$。

（3）电极与镀液两相界面上的电阻，它是由于扩散传质步骤和电极上电化学反应步骤缓慢所产生的，因为存在着浓差极化和电化学极化，故称为极化电阻，记为 $R_{极化}$，这是和阴极极化值相当的电极与镀液界面上附加的等效电阻。极化值越大，相当的附加等效电阻就越大；反之，则越小。

我们把不存在阴极极化的阴极表面各个部位电流密度的分布称为初始电流分布；把电极与镀液两相界面存在极化电阻时的电流分布叫做实际电流分布，或称二次电流分布。

在采用较大阴极极化度$\left(\frac{\Delta\varphi_k}{\Delta J_k}\right)$的工艺规范时，因为在阴极表面各个部位的初始电流分布不同，所以在阴极表面各个部位的阴极极化值和相当的附加等效电阻也各不相同。电流密度大的部位，阴极极化值和等效电阻也大；电流密度小的部位，阴极极化值和等效电阻也小，这样就使初始电流密度在阴极各个部位发生重新分布，使得整个阴极表面各个部位的实际电流密度趋于均匀，从而获得厚度均匀的镀层。

根据法拉第电解定律，在阴极上析出的物质的量与通过的电量成正比，因此镀层金属在阴极表面上沉积的量取决于电流在阴极上的分布情况。在阴极各个部位的实际电流密度，即单位时间、单位表面积的电荷量越趋于均匀，就能获得厚度越均匀的镀层。因此提高阴极极化度就能提高均镀能力和深镀能力。

应该明确指出，必须在使用的阴极电流密度范围内有较大的阴极极化度，才能提高均镀能力和深镀能力。否则，在使用的阴极电流密度范围内，极化度不大或是趋于零时，即使有很高的阴极极化值，也不能提高均镀和深镀能力，例如镀镍、镀铬就有这种情况。在使用的阴极电流密度范围以外，即使有较大的极化度也是不能提高均镀和深镀能力的，并且还会使镀层质量恶化。

在上述定性讨论极化度的影响之后，现在以数学形式分析阴、阳极间距 L，阴极极化度$\frac{\Delta\varphi_k}{\Delta J_k}$，镀液导电性能等方面对阴极表面电流分布均匀性的影响，从而发现它们对阴极表面镀层均匀性的影响。

阴极相对于阳极的距离远近，是指同一镀件各凹凸部位相对于阳极的距离；所谓电流分布是指在单位时间内，同一镀件各部分单位表面积上的电量分布；另外，电镀时是同一个镀件阴极相对于同一个阳极，一旦浸入同一镀液中，因此无论与阳极距离远或近，施加于阴极各部位的外加电压都相等；最后，唯一的假设条件是阳极各部位的阳极电位 φ_A 都相同。

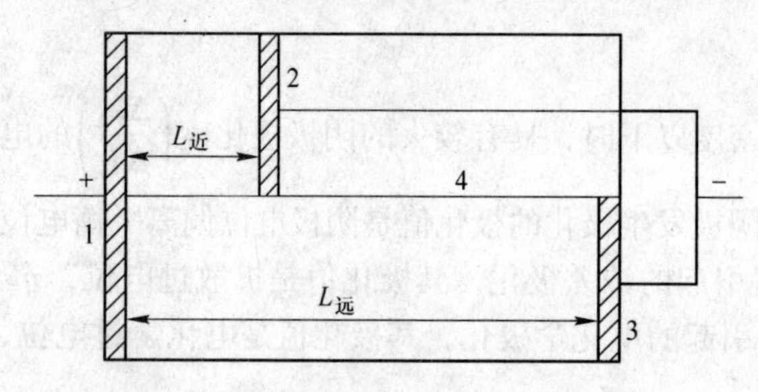

图 5-5　远近阴极的等效电路

1—阴极；2—近阴极；3—远阴极；4—绝缘隔膜

根据上述条件，可以模拟一个等效电路，如图 5-5 所示。

无论远或近阴极，其实都属于同一镀件，远阴极相当于凹下部位，近阴极相当于凸出部位，$L_{远}$ 和 $L_{近}$ 分别是远和近阴极到阳极的距离，其间镀液的电阻率相同，都为 ρ。由于施加在阳极到远或近阴极间的外加电压相等，因此通过远、近阴极单位面积上的电流分别为 $J_{k远}$ 和 $J_{k近}$，因为远和近阴极分别到阳极的距离不同，所以它们各自到阳极间的镀液距离不同，故 $J_{k远}$ 不等于 $J_{k近}$。

设阳极电位为 φ_A，远阴极电位为 $\varphi_{k远}$，近阴极电位为 $\varphi_{k近}$。

数学分析如下：

远或近阴极到阳极间镀液的电压降为 $J_{k远}\rho L_{远}$ 或 $J_{k近}\rho L_{近}$。由于在远或近阴极到阳极之间施加的外电源电压相同，所以在忽略电极金属电阻的条件下，得出：

$$(\varphi_A-\varphi_{k远})+\rho J_{k远}L_{远}=(\varphi_A-\varphi_{k近})+\rho J_{k近}L_{近}$$

整理后得出：

$$-\varphi_{k远}+\rho J_{k远}L_{远}=-\varphi_{k近}+\rho J_{k近}L_{近} \tag{5-28}$$

根据对极化曲线（见图 5-6）的分析，可以发现下述关系：

$$\varphi_{k近}=\varphi_{k远}+\Delta\varphi$$

这是因为随着电流密度 J_k 的增大，阴极电位 φ_k 将向更负方向偏移。由于远、近阴极分别到阳极的距离不相同，$L_{远}>L_{近}$，因此其间的镀液电阻也不同，于是使得 $J_{k远}<J_{k近}$，经过图 5-6 的分析，$\varphi_{k近}$ 比 $\varphi_{k远}$ 更负一些，得出 $\varphi_{k近}=\varphi_{k远}+\Delta\varphi=\varphi_{k远}+\Delta J_k\frac{\Delta\varphi}{\Delta J_k}=\varphi_{k远}+(J_{k近}-J_{k远})\frac{\Delta\varphi}{\Delta J_k}$，其中，$\Delta\varphi=\varphi_{k近}-\varphi_{k远}$，此 $\Delta\varphi$ 值小于 0。当取 $\Delta\varphi$ 的绝对值后，得出：

$$\varphi_{k近}=\varphi_{k远}-(J_{k近}-J_{k远})\left|\frac{\Delta\varphi}{\Delta J_k}\right| \tag{5-29}$$

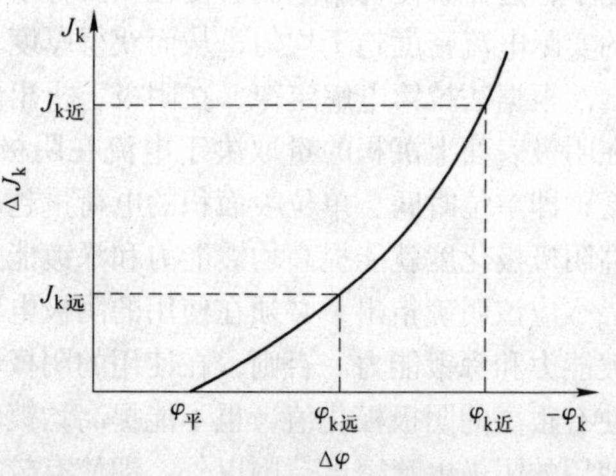

图 5-6　一般的极化曲线

把式（5-29）代入式（5-28）得出：

$$-\varphi_{k远}+\rho J_{k远}L_{远}=-\varphi_{k远}+(J_{k近}-J_{k远})\left|\frac{\Delta\varphi}{\Delta J_k}\right|+\rho J_{k近}L_{近}$$

整理后得出：

$$\rho J_{k远}L_{远}=(J_{k近}-J_{k远})\left|\frac{\Delta\varphi}{\Delta J_k}\right|+\rho J_{k近}L_{近} \tag{5-30}$$

把 $L_{远}=L_{近}+\Delta L$ 代入式（5-30），整理得出：

$$\frac{J_{k近}}{J_{k远}}=1+\frac{\Delta L}{\frac{1}{\rho}\left(\frac{\Delta\varphi}{\Delta J_k}\right)+L_{近}} \tag{5-31}$$

式中 $\frac{1}{\rho}$——镀液的电导率，ρ 为镀液的电阻率；

$\frac{\Delta\varphi}{\Delta J_k}$——阴极的极化度，其中 $\Delta\varphi$ 已取绝对值；

ΔL——远、近阴极之间的距离；

$L_{近}$——近阴极到阳极的距离。

通过对式（5-31）的分析，不难看出：为了使阴极上各部位的电流分布均匀，从而获得厚度均匀的镀层，这就要求$\frac{J_{k近}}{J_{k远}}=1$，从式（5-31）可知应该使$\frac{\Delta L}{\frac{1}{\rho}\left(\frac{\Delta\varphi}{\Delta J_k}\right)+L_{近}}\to 0$。因此，在工艺规范中，一个重要因素就是希望阴极的极化度$\frac{\Delta\varphi}{\Delta J_k}$较大。

5.3.4.2 影响均镀和深镀能力的其他因素

通过对数学公式（5-31）的分析，可以看出以下四方面因素影响着电镀时的均镀和深镀能力。

A 电镀液的电导率

一般来说，增加镀液的导电性能，可以有利于电流在阴极表面上的均匀分布。但是，从式（5-31）看出，只有在阴极极化度$\frac{\Delta\varphi}{\Delta J_k}$较大时，提高镀液的电导率$\frac{1}{\rho}$才能改善电流阴极上的分布，显著地提高均镀和深镀能力。倘若阴极极化度极小或者趋于0，即使增加镀液的导电性，也不能改善电流在阴极表面分布的情况，也就是不能改善均镀和深镀能力、例如，镀铬液的$\frac{\Delta\varphi}{\Delta J_k}$近于零，即使镀液导电性好，其均镀和深镀能力也不会随之变好。

B 镀槽内的几何因素

几何因素主要指电极尺寸、电极位置、极间距离等。

从式（5-31）可以发现：使 $\Delta L\to 0$ 时，即远、近阴极与阳极的距离相等时，有利于 $J_{k近}/J_{k远}\to 1$，从而有利于提高均镀和深镀能力。

另外，当增大阴极镀件与阳极之间的距离时，在同一个阴极镀件上，无论近阴极还是远阴极部位到阳极的距离，即 $L_{近}$ 和 $L_{远}$ 都随之增加，从式（5-31）看出，由于 $L_{近}$ 的增大，会促使 $J_{k近}/J_{k远}\to 1$，也就是说促使电流在阴极表面上均匀分布，有利于提高均镀和深镀能力。但是，在实际生产中，一方面由于增加阴、阳极间距离，会使镀液电阻增大，因此需要增加外电源的电压，从而增大能耗；另一方面由于镀槽尺寸的限制，也不能无限制地增加阴、阳极之间的距离，通常选择它们之间的距离为10～30cm之间。钢丝电镀时，极板与钢丝间距有的取10cm左右。

C　阴极电流效率 η_k 影响

在实际生产中，阴极上镀层金属析出的同时，可能伴随析氢反应或其他副反应出现，因此，阴极过程中往往涉及电流效率的影响。许多专业书中，把电流效率记为 η，阴极的电流效率记为 η_k（不要同有关电化学参考书中的过电位表示符号 η 相混淆，本书过电位符号采用 $\Delta\varphi$ 表示）。

根据法拉第电解定律的应用式（5-5）或式（5-13）可知：

$$\frac{\delta_{近}}{\delta_{远}}=\frac{J_{k近}\ \eta_{k近}}{J_{k远}\ \eta_{k远}} \tag{5-32}$$

式中　$\delta_{近}$，$\delta_{远}$——近阴极和远阴极上的镀层厚度；

$J_{k近}$，$J_{k远}$——近阴极和远阴极上的电流密度；

$\eta_{k近}$，$\eta_{k远}$——近阴极和远阴极部位的电流效率。

阴极电流效率与阴极电流密度的关系可以从图5-7看出有三种不同的情况。

（1）阴极的电流效率 η_k 不随其电流密度 J_k 增加而变化。这是图5-7中1的情况。例如在硫酸盐类型的镀铜或镀锌液中。这种情况使 $\frac{\eta_{k近}}{\eta_{k远}}=1$，这类镀层金属在阴极上的分布与电流密度在阴极上的分布关系相一致，而电流效率与电流密度毫无关系。因此从式（5-32）可知 $\frac{\delta_{近}}{\delta_{远}}=\frac{J_{k近}}{J_{k远}}$，当 $J_{k近}>J_{k远}$ 时镀层厚度不会趋向均匀分布。

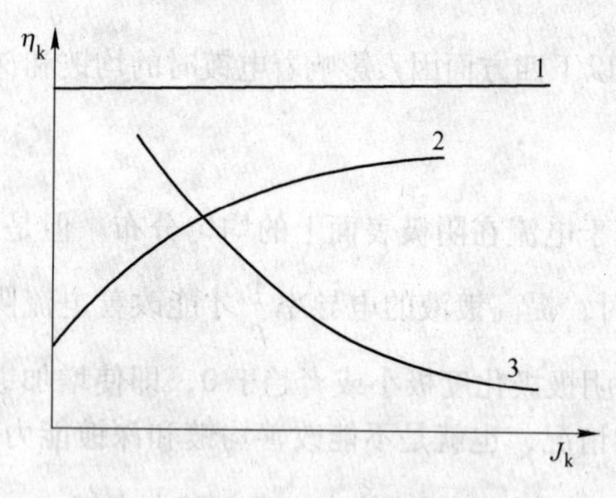

图5-7　阴极电流效率 η_k 与阴极电流密度 J_k 的关系

1—η_k 不随 J_k 改变；2—η_k 随 J_k 增大而增加；3—η_k 随 J_k 增大而减小

（2）阴极电流效率 η_k 随电流密度 J_k 的增加而增大。这是图5-7中2的情况。例如镀铬液。这类情况要降低均镀和深镀能力。因为在阴极上电流密度大的部位，即近阴极处，其电流效率也随之增高；电流密度小的部位，即远阴极处，其电流效率也随之降低。从式（5-32）可知，这样在阴极各个部位随着电流密度分布的不均匀，电流效率也以同样趋势变化得更不均匀，因此镀层厚度同样向更不均匀分布情况变化，于是使镀液分散能力很差，均镀和深镀能力下降。

（3）阴极电流效率随电流密度的增大而降低。这是图5-7中3的情况。所有采用络合物类型的镀液都有这种情况。它有利于获得厚度均匀的镀层。

由于 $J_{k近}>J_{k远}$，随之使 $\eta_{k近}<\eta_{k远}$，根据式（5-32）可知：使得近阴极和远阴极部位的镀层厚度趋于相同，因此提高了镀液的均镀能力。

D　基体金属本性及其表面状态的影响

基体金属的本性，以及它的表面状态影响着电流在阴极表面上的分布，从而影响镀层厚度分布的均匀性。它们的影响主要有以下几方面：

（1）基体金属的本性。它主要针对是否有利于析氢的电极副反应。在不同的阴极材料上，氢的过电位不同。若氢在基体金属上的过电位 $\Delta\varphi_H$ 较小，而在镀层金属上的过电位较大，那么，镀件刚刚入镀槽电镀时，立即有大量的氢的析出，于是就影响了镀层金属的均匀镀覆。

氢在各种阴极材料上过电位的大小，一般有如下次序：

$$\underrightarrow{\text{Pt, Pd, Fe, Ag, Cu, Pb, Ni, Zn, Sn, Hg, Cd}}$$

氢的过电位增大

如果在基体金属中含有氢过电位较小的杂质，如钢铁中的碳杂质，氢也会在这些杂质处析出，因此也会使镀层不均匀。

为了避免因为基体金属上氢过电位较小而造成镀层不均匀，往往在镀件通电初期采用短时间大电流密度的“冲击”，以便提高析氢的过电位，使镀件表面先镀上一层氢过电位较大的镀层金属，然后再按常规电流密度进行电镀。

（2）基体金属的表面状态。在镀件表面有氧化膜或油污等不洁物质时，即使在最佳的电化学和几何条件下，镀层金属的沉积也不会均匀，同时基体与镀层的结合力也会显著降低。因此，镀前一定要保证基体金属表面洁净。

5.4 析氢过程及影响氢过电位的因素

在电沉积过程中关于传质步骤成为控制步骤时，已经叙述了析氢对镀层质量的影响。现在着重分析析氢过程，以及影响氢过电位的各种因素。

在任何水溶性镀液中，由于水分子的电离，总是存在 H^+ 的，它的量随着镀液的 pH 值而变化。因此在阴极上析出金属并进行电结晶时，总会有可能伴随有氢的析出。

5.4.1 析氢过程

析氢过程基本上分四步进行：

（1）水合氢离子 H_3O^+ 从溶液主体传送到阴极表面。

（2）水合氢离子进行得电子的电极反应，生成吸附在阴极上的原子氢，往往记为［H］；反应为：

$$H_3O^+ + e \longrightarrow H_2O + [H]_{吸}$$

（3）吸附的氢原子结合为氢分子，即 $[H]_{吸} + [H]_{吸} \rightarrow H_2$。

（4）氢分子聚集形成氢气泡析出。

其中，无论哪一步进行得迟缓，都可能成为析氢时极化作用的原因。

根据电化学理论知道氢的析出电位比没有电流通过时氢的平衡电位要负一些。在有电流通过时，阴极上氢的电位与同一浓度、同一温度下的氢平衡电位之差就是氢的过电位；记为 $\Delta\varphi_H$。在任何温度、任何浓度（活度）下，对于任何材料制成的阴极上，只要有电流通过，就有可能存在氢过电位，但不一定析出氢来，唯有阴极达到氢的析出电位时，才能析出氢，此时的过电位称为析氢过电位。

在铵盐镀锌液中，pH 在 5.5 ~ 6.2 时，可以计算出氢的平衡电位是 -0.33 ~ -0.37V，在该溶液中锌的平衡电位是一个比锌的标准电极电位（$\varphi^\circ_{Zn^{2+}/Zn} = -0.76V$）还要负一些的值。假如锌和氢都不存在极化作用时，即它们都没有过电位时，通电后氢早已在锌之前析了出来，然而实际上该镀液的电流效率达到90%以上，这就说明氢不易析出，而优先析出的是锌，其原因是在该镀液中，氢的实际过电位比锌大得多，因此使氢的析出电位比锌的析出电位要负得多，结果使氢难于析出。

5.4.2 影响氢过电位的因素

讨论影响氢电位的因素实质上就是讨论氢过电位的影响因素。正如前述：氢的过电位是在一定温度和浓度（活度）条件下，阴极上有电流通过时，氢电位偏离氢平衡电位的差值。

氢的平衡电位与浓度和温度的关系为：$H^+ + e = \frac{1}{2}H_2\uparrow$

$$\varphi_{平H^+/H_2} = \varphi^{\circ}_{H^+/H_2} + \frac{RT}{F}\ln\frac{a_{H^+}}{(p_{H_2})^{1/2}}$$

式中 $\varphi_{平H^+/H_2}$——氢的平衡电位；

$\varphi^{\circ}_{H^+/H_2}$——氢的标准电极电位；

a_{H^+}——溶液中的 H^+ 的活度，通常可以用 H^+ 浓度代替；

p_{H_2}——析出氢气的压力；

T——绝对温度，K；

R——气体常数。

当阴极有电流通过时，氢的电位为 φ_{H^+/H_2}，它与平衡电位的关系为

$$\varphi_{H^+/H_2} = \varphi_{平H^+/H_2} + \Delta\varphi_H \tag{5-33}$$

式中 $\Delta\varphi_H$——某一温度下某一活度 a_{H^+} 时，一定电流密度下的氢过电位。

影响氢过电位的因素有如下几方面。

5.4.2.1 阴极材料

一般来说，铸铁、高碳钢、高合金钢比低碳钢、低合金钢的氢过电位要小；在钛、铂、钯、铬上的氢过电位较低，在铅、汞、锌、镉、锡上的氢过电位较高，而在铁、钴、镍、铜、银上的氢过电位介于上述两类金属之间。

人们曾研究了各种金属材料上的氢过电位，表5-2就是在16±1℃，1mol/L硫酸溶液中，在不同的阴极电流密度 J_k 下，金属材料上的氢过电位值。

表5-2 16±1℃，1M硫酸中，各种阴极材料在不同的电流密度下的氢过电位 (V)

电流密度/A·dm^{-2}		10^{-1}	1	10
阴极材料	Cd	0.98	1.13	1.22
	Hg	0.93	1.04	1.07
	Sn	0.86	1.08	1.22
	Bi	0.78	1.05	1.14
	Zn	0.72	0.75	1.06
	石墨	0.60	0.78	0.98
	Al	0.57	0.83	1.00

续表 5-2

电流密度/A·dm^{-2}		10^{-1}	1	10
阴极材料	Ni	0.63	0.75	1.05
	Pb	0.52	1.09	1.18
	黄铜	0.50	0.65	0.91
	Cu	0.48	0.58	0.85
	Ag	0.47	0.76	0.88
	Fe	0.40~0.66	0.56	0.82
	Au	0.24	0.39	0.59
	Pd	0.12	0.30	0.70
	Pt	0.024	0.07	0.29

5.4.2.2 阴极的表面状态

凡是表面粗糙的阴极，例如经过喷砂的镀件，氢的过电位就较低，易析氢。表面光滑的镀件，氢过电位就高，较难析氢。

在生产中要注意镀件的表面状态，例如钢丝经过酸洗时，若发生酸洗过腐蚀，则在电镀时，因其表面粗糙而造成氢过电位下降很多，可能导致氢的析出。

5.4.2.3 电镀液的成分及其 pH 值

A 络合盐镀液

使用络合盐镀液一般比简单盐镀液析氢的可能性要大，析氢量也较多。原因是使用络合盐的镀液，会造成镀层金属的离子放电反应迟缓，即放电粒子的电化学反应历程受到阻滞，相对而言，氢离子放电反应较容易进行。例如氰化物镀液一般比酸性简单盐镀液易于析氢，并且析氢量也较多。

在镀液中含有络合能力强的络合剂时，游离的络合剂量越多，析氢量也越多。

B 添加剂的使用

不同类型的添加剂，对析氢影响不同，有的添加剂能降低氢过电位。也有的添加剂却能增加氢过电位，这类添加剂又称做“阻氢剂”，即阻碍 H^+ 的放电反应，例如 $Bi_2(SO_4)_3$、硫脲、乙酸等。

C pH 值的影响

一般情况是，在 pH 值为固定的值时，随着镀液的总浓度增加，氢过电位也增大，不易析氢。但是，在 pH 值有变化的镀液中，对于酸性镀液，氢过电位随 pH 值增大而增加，使之不易析氢；然而对于碱性镀液，情况正相反，即氢过电位随 pH 值增大反而减小，使之易于析氢。这些情况是为实践所证明的。

在强碱性镀液中，由于 H^+ 浓度很低，此时在阴极析氢是由于水分子的放电反应所造成的，反应过程是：

$$H_2O + e \longrightarrow OH^- + H_{吸附}，\quad H_{吸附} + H_{吸附} \longrightarrow H_2$$

因此强碱性镀液与酸性或中性镀液相比，强碱性镀液的氢过电位较高，故不易析氢。

通过实践还发现：在强碱性镀液中阴极附近的溶液为乳状不透明的浑浊液，这是因为阴极上析出的氢气泡极为细小的缘故；反之，由于酸性镀液中阴极上析出的氢气泡较大，使得阴极附近的溶液为透明状。氢气泡的大小可以从不同镀液的氢过电位来分析：强碱性镀液中阴极的氢过电位比酸性溶液的较大，故强碱性镀液中阴极上不易析氢，因为镀液对阴极表面的润湿性能好，氢气即使析出，它们的气泡也无法在阴极表面上聚集长大，反而很快地被镀液赶掉，于是使阴极附近溶液成为气体—液体的混浊液。酸性镀液中阴极上氢过电位比碱性镀液的较小，易于析氢，数量也多，容易在阴极处聚集长大，因此能脱离阴极排放，从而使其附近溶液呈透明状。

D 电流密度、温度以及搅拌的影响

关于电流密度的影响，可以通过塔菲尔公式来说明：

$$\Delta\varphi_{H} = a + b\lg J_{k}$$

式中 $\Delta\varphi_{H}$——氢的过电位；

J_{k}——阴极的电流密度；

a，b——系数。

这是塔菲尔（Tafel）首先发现的经验关系式。

上式说明阴极上氢过电位 $\Delta\varphi_{H}$ 随着其电流密度 J_{k} 的增加而增大。

一般来说，络合盐镀液的阴极电流效率随着阴极电流密度的增加而下降，这是因为阴极极电流密度增大时，镀层金属的过电位增加值超过了氢过电位的增加值，所以金属析出量相对减少，而氢的析出量相对增加，因此络合盐镀液的阴极电流效率会随 J_{k} 的增加而下降。

例外的情况是镀铬液，随着阴极电流密度 J_{k} 的增加，阴极电流效率也随之增加，这是因为镀铬液的阴极上氢过电位随电流密度 J_{k} 的增加比金属铬过电位增加的要多，所以使析氢反应受到阻滞，析氢量变少，故电流效率提高了。

由于升高温度和搅拌镀液有利于降低析氢的电化学极化和浓差极化，因此使氢过电位下降，变得易于析氢。

5.5 影响镀层结晶晶粒的因素

在实际生产中，人们不但希望获得均匀分布的镀层，而且还希望得到结晶细密的晶粒，保证外观和防护性能良好。这样就需要对工艺条件进行控制。工艺条件的控制因素主要有下列内容：组成电镀液各种成分的本质、浓度、电流密度、溶液的温度、pH 值、搅拌、电源类型等。

5.5.1 电镀液的基本类型

在电镀工艺中，常把含有镀层金属的盐类称为主盐。例如镀锌液的硫酸锌，或锌酸钠（Na_2ZnO_2），或氰合锌（Ⅱ）钾盐（$K_2Zn(CN)_4$），氨羧合锌（Ⅱ）铵盐（NH_4ZnNta）等。并且，又根据放电离子的存在形式分为两类镀液。主盐是以简单的金属离子形式存在时，其镀液称为单盐镀液；主盐是金属离子以络合物形式存在时，其镀液称为络合物镀液。

5.5.1.1 单盐镀液的基本类型

（1）硫酸盐镀液（MSO_4，M^{2+} 为正二价金属）。此类镀液常用于镀铜、锌、锡、镍、钴等，例如镀铜时用硫酸铜（$CuSO_4$）。

（2）氯化物镀液（主盐形式 MCl_2）。此类镀液常用于镀铁、镍、锌等，例如镀铁用 $FeCl_2$。

（3）氟硼酸盐镀液［主盐形式 $M(BF_4)_2$］。可用于镀锌、镉、铜、铅、锡、镍、钴、铟等，例如镀锌用镀液主盐为 $Zn(BF_4)_2$。

（4）氟硅酸盐镀液（主盐形式 $MSiF_6$）。常用于镀铅、锌等，如镀铅液用 $PbSiF_6$。

（5）氨基磺酸盐［主盐形式 $M(H_2NSO_3)_2$］。可用于镀镍、铅等，例如镀镍用 $Ni(H_2NSO_3)_2$。

5.5.1.2 络合物镀液的基本类型

（1）主盐的络合离子形式为 $[M(NH_3)_n]^{2+}$，其中 M^{2+} 为金属离子，作为络离子的中心离子，NH_3 为配位体，n 为配位数。此镀液常用于镀锌、锡等。络合剂是 NH_3，常常以 NH_4Cl 的形式配制镀液。

NH_4Cl 作为络合剂形式加入时，镀液一般为微酸性（pH = 5.5 ~ 6.5），使 NH_4Cl 稳定，避免 NH_3 的挥发，NH_4Cl 的 NH_4^+ 离子解离形式是：

$$NH_4^+ \rightleftharpoons NH_3\uparrow + H^+ \qquad K = \frac{[NH_3][H^+]}{[NH_4^+]}$$

不过在酸性介质中，镀液的 NH_3 浓度甚小，所以氨合络离子在镀液中的浓度也不大。这类镀液如二氨合锌（Ⅱ）络离子 $[Zn(NH_3)_2]^{2+}$ 镀液用于镀锌。

（2）有机络盐镀液。镀液主盐以螯合物的形式存在，分子式为 $[ML]^n$、M 为镀层金属离子，L 为螯合剂，n 为 M 与 L 的电荷之代数和。

例如：有机络盐　　　　螯合剂

$[ZnNta]^-$　　Nta（称为氨三乙酸），即 $N(CH_2COO^-)_3$（N 上连接三个 CH_2COO^-）

$[ZnHCit]^-$　　HCit（称为柠檬酸），即 C 上连接 CH_2COO^-、OH、COO^-、CH_2COO^-

$[ZnEdta]^{2-}$　　Edta（称为乙二胺四乙酸），即 $(^-OOCCH_2)_2N-CH_2-CH_2-N(CH_2COO^-)_2$

此外，配成镀液的螯合剂还有如乙二胺、三乙醇胺等。总之，这类镀液是在研究无氰电镀中发展起来的，现已用于镀锌、镉、铜等。

（3）焦磷酸盐镀液。它也是研究非氰电镀中发展起来的。主盐以螯合物形式存在，即以 $[MP_2O_7]^{2-}$，或 $[M(P_2O_7)_2]^{6-}$ 形式存在，M 为金属离子，螯合剂是焦磷酸盐，$P_2O_7^{4-}$ 结构为

$$\begin{array}{ccccc} & O & & O & \\ & \| & & \| & \\ & P & — O — & P & \\ \diagup & \diagdown & & \diagup & \diagdown \\ O^- & O^- & & O^- & O^- \end{array}$$

，焦磷酸盐有 $K_4P_2O_7$ 或 $Na_4P_2O_7$。镀液中主盐有 $[CdP_2O_7]^{2-}$、$[Cu(P_2O_7)_2]^{6-}$ 等。此类镀液目前可用于电镀铜、锌，以及电镀铜锌合金、铜锡合金等。

（4）碱性络盐镀液。这种镀液的络合剂是 NaOH，主盐形式为 $[M(OH)_n]^{(n-m)-}$ 或 $MO_n^{(2n-m)-}$，M 表示镀层金属，m 为它的化合价。这类镀液可用于电镀锌、锡等。镀液主盐有 $[Zn(OH)_4]^{2-}$ 或 ZnO_2^{2-}，以及 $[Sn(OH)_6]^{2-}$ 或 SnO_3^{2-} 等。

（5）氰合络盐镀液。这类属于氰化物镀液，络合剂为氰化物，如 NaCN、KCN，有剧毒。主盐的形式有 $[M(CN)_n]^{(n-m)-}$，M 为化合价是 m 的沉积金属离子，n 为配位数。此类镀液稳定，采用的历史较长，工艺较成熟，但由于它有剧毒，人们正在研究取代它的而性能良好的络合盐等镀液。这类镀液用于电镀锌、铜、铋、金、银，以及电镀铜锌合金、铜锡合金等。镀液主盐有 $[Zn(CN)_4]^{2-}$，$[Cu(CN)_2]^-$，$[Cu(CN)_3]^{2-}$ 等。

此外，生产实际中某些络合盐镀液，还采用加入两种络合剂，同时在镀液中存在两种络合盐的形式。例如碱性氰化物镀液中，同时存在两种络合盐，即 $[Zn(CN)_4]^{2-}$ 和 ZnO_2^{2-}，络合剂是 NaOH 和 NaCN。

5.5.2 电镀液本性对镀层的影响

5.5.2.1 主盐特性的影响

主盐形式有两种：单盐镀液和络合物镀液。

A 单盐镀液的影响

首先介绍主盐为简单盐的单盐镀液的特性及其对镀层的影响。对于单盐镀液，一般情况是它的阴极极化作用很小，极化值，即过电位只有几十毫伏（铁、镍、钴的单盐镀液例外），所以镀层晶粒较粗，镀液的分散能力也较差。例如硫酸盐的镀锌或镀铜液等，属于此类镀液。但尽管如此，目前仍没有淘汰单盐镀液，这是因为它的成本低，具有允许采用大电流的优点，对于形状不复杂的镀件，如圆截面钢丝电镀铜或锌，仍在广泛使用。近年来，在一些单盐镀液中加入适当的添加剂，可以获得结晶细密的且有一定光亮度的镀层。

（1）单盐镀液都是酸性溶液。根据镀液的酸度大小，可以分为高酸度和低酸度两类。

1）高酸度的单盐镀液其基本组分是主盐和与之相应的酸，例如有硫酸铜-硫酸的镀铜液，硫酸锡—硫酸的镀锡液，氟硼酸铅—氟硼酸的镀铅液等。

2）低酸度的单盐镀液其基本组分是除主盐以外，一般还含有增加溶液导电性的盐类和保持溶液酸度的缓冲剂，例如镀锌液由主盐硫酸锌和导电盐 Na_2SO_4，以及缓冲剂硫酸

铝、硫酸钾铝等组成。

（2）单盐镀液基本组分大多数是强电解质。由于基本组分大多数是强电解质，因此在水溶液中形成金属离子的水合离子。具有高电荷密度的离子（指半径小且荷电数多的离子），其水合数较多。例如 Li^+、Na^+、K^+ 的离子半径依次为 0.60Å、0.95Å、1.33Å（1Å = 0.1nm），因此它们的电荷密度顺次递减，离子水合数也依次递减。

由于水合层的存在，可以使离子半径发生变化，上述三种水合离子的半径依次递减为 Li^+ – 3.40Å、Na^+ – 2.76Å、K^+ – 2.32Å。同时，离子的水合作用还可能使水溶液的黏度和导电性受到影响。

（3）单盐镀液的电化学极化。有一些简单离子还原时表现有较大的电化学极化作用，如铁、钴、镍的沉积；而另一些简单离子还原时，往往观察不到电化学极化作用，如 Cu^{2+}、Sn^{2+}、Zn^{2+}、Cd^{2+}、Pb^{2+} 等在沉积铜、锡、锌、镉、铅时。

上述各种情况是与金属离子电极反应的动力学参数有关。金属离子还原的历程可由下述几个阶段组成：

1）电极表面邻近液层中，金属离子水合数的降低和水化层的重排，这是一种表面转化步骤：$M^{2+} \cdot mH_2O - nH_2O \rightarrow M^{2+} \cdot (m-n)H_2O + nH_2O$，其中，$m$、$n$ 为水合水分子数，$m > n$；M^{2+} 为放电的金属离子。

2）水合离子失去部分水的金属离子，在它的水合层重排后，可能使中心的金属离子直接吸附在阴极表面上，因此，使阴极上的电子可以不受水合层的阻碍而能够在金属离子与阴极之间实现快速传递，进行还原反应，形成“吸附”原子，此时，一般分两步进行或多步进行，视金属离子正荷电数而定，例如 +2 价的中心金属离子还原过程是：

$$M^{2+} \cdot (m-n)H_2O + e \xrightarrow{i_1} M^+ \cdot (m-n)H_2O$$

$$M^+ \cdot (m-n)H_2O + e \xrightarrow{i_2} M \cdot (m-n)H_2O(\text{“吸附”原子})$$

这种二价的中心金属离子失去部分水化水分子后的还原反应可以用一次还原的电化学反应来表示：

$$M^{2+} \cdot (m-n)H_2O + 2e \xrightarrow{i^o} M \cdot (m-n)H_2O(\text{“吸附”原子})$$

表示电化学反应速度的动力学参数为 i^o，称 i^o 为交换电流，也可用电化学反应速度常数 K 表示。

交换电流 i^o 以及电化学反应速度常数 K 可以通过极化曲线的测定和数学公式分别求出来，方法是：

测量并绘出极化曲线，得出阴极电流密度 J_k 与阴极电化学极化值即电化学极化过电位 $\Delta\varphi_k$，通过下面电化学极化公式，计算出交换电流 i^o：

$$J_k \approx i^o \exp\left(\frac{\alpha nF}{RT}\Delta\varphi_k\right) \tag{5-34}$$

式中 J_k——阴极电流密度；

$\Delta\varphi_k$——阴极电化学极化值；

i^o——电化学反应的交换电流，A/cm^2；

α——传递系数，在 $n = 2$ 时取 $\alpha = 0.5$；

n——中心金属离子电荷数；

F——法拉第电量，1F = 96500C；

R——通用气体常数，8.314J/(mol · K)；

T——绝对温度，K。

另外，通过交换电流 i° 与电化学反应速度常数 K 的关系式（5-35），求出 K 来。

$$i^{\circ} = nFKC_{m^{n+}}^{(1-\alpha)} + C_{m} \tag{5-35}$$

式中 $C_{m^{n+}}$——金属离子浓度；

C_{m}——金属原子浓度；

K——电化学反应速度常数，它的物理意义是当电极电位为反应体系的标准平衡电位，以及反应粒子为单位浓度时，电极反应的速度，称为电极反应，即电化学反应的速度常数，单位为 cm/s。

3）“吸附”原子失去剩余水化层，成为金属原子进入金属晶格，即进行：$M \cdot (m-n)H_2O_{吸附} - (m-n)H_2O \rightarrow M_{晶格} + (m-n)H_2O$ 的反应。

对于二价金属离子与它的金属原子组成的电极体系，从测定 $J_k - \Delta\varphi_k$ 极化曲线，计算出来的交换电流 i° 或极化反应速度常数 K，可以把单盐镀液分为两种类型：

①交换电流很小的电极体系，它们有明显的电化学极化，此类包括铁金属（Fe、Co、Ni），如 Fe/1M$FeSO_4$ 的 $i^{\circ} = 1 \times 10^{-8}$A/cm^2，或 $K = 5 \times 10^{-11}$cm/s；Ni/1M$NiSO_4$ 的 $i^{\circ} = 2 \times 10^{-9}$A/cm^2 或 $K = 1 \times 10^{-11}$cm/s。

②交换电流大或电极反应速度大的电极体系，这类金属离子的电极反应几乎观察不出电化学极化的存在，这类电极体系主要包括铜族，及其位于右方的周期表中金属和相应金属离子。例如，Zn/Zn^{2+} 体系的 $K = 3.5 \times 10^{-3}$cm/s；Cu/Cu^{2+} 体系的 $K = 4.5 \times 10^{-2}$cm/s。

（4）主盐种类的影响。主盐种类是同一金属的不同盐类，具体是指金属盐中阴离子种类不同。通过实践已经发现有如下几种情况：

用金属卤化物制备的镀液，往往得到粗晶镀层，例如锌从锌的卤化物中进行电沉积时往往比从锌的硫酸盐中电沉积时，镀层晶体较粗。原因是卤素离子的存在降低了阴极的极化作用，也就是活化了电极过程，提高了电极反应速度，卤素离子活化效应的顺序是 $I^- > Br^- > Cl^-$。但是，由于卤化物具有较高的溶解度和导电性，以及它们也能对阳极过程起“活化”作用，从而避免阳极钝化等，因此它们的金属盐也常用作主盐。

硫酸盐常被用作单盐镀液的主盐，因为它们性质较稳定，腐蚀性较小，并且价格便宜。不过，硫酸盐为主盐的缓冲作用和导电性均不良好，往往应该外加其他组分以弥补之不足。

使用氟硼酸盐做主盐的单盐镀液，已引起人们的重视，因为它们的溶解度大，成分稳定，导电性能和缓冲性能好，并可以允许在较高的电流密度下工作。但是它们镀液的分散能力差。

（5）游离酸的影响。一切单盐镀液，均含有与主盐相应的游离酸。单盐镀液分为高酸度和低酸度两类。

1）高酸度单盐镀液其游离酸是在配液时添加的，例如镀铜或镀锡的硫酸盐镀液，应该加入过剩的硫酸；镀铅的氟硼酸盐镀液应该加过剩的氟硼酸。

游离酸的作用有：

①提高镀液的导电性，以便降低槽电压，降低电能消耗。

②在一定程度上提高阴极极化作用，以便获得细晶镀层。

③重要的是能防止主盐的水解，否则，在游离酸不足时，会造成这类镀液中主盐的水解反应，因而会降低沉积金属的离子含量，而且还会使镀液因水解的固相产物而浑浊，以致影响镀层的质量，在镀层中含有夹杂物。例如，镀锡液的水解：

$SnSO_4 + 2H_2O \rightleftharpoons H_2SO_4 + Sn(OH)_2 \xrightarrow{+[O]} H_2SnO_3\downarrow$；镀铜液中若含 Cu^+（亚铜离子）时，会发生 Cu_2SO_4（硫酸亚铜）的水解：$Cu_2SO_4 + H_2O \rightarrow Cu_2O\downarrow + H_2SO_4$；镀铅液中氟硼酸铅的水解：$2Pb(BF_4)_2 + 3H_2O \rightleftharpoons 2PbF_2\downarrow + 3HBF_4 + H_3BO_3$。

在铜、锡、铅的单盐类镀液中，加入过量的游离酸，是不会引起析氢反应的，在阴板的电极反应中，铜、锡、铅是在较正的电位下沉积的，并且氢在这些金属上也具有较大的氢过电位。

2）低酸度单盐镀液。镀锌、镉、镍等硫酸盐型单盐镀液，属于低酸度镀液，为了防止主盐水解应该加入适量游离酸，但是不可过量。因为存在过量的游离酸，如硫酸，会引起大量析氢，从而降低阴极电流效率以及其他种种危害。通常镀液应保持一定的酸度，假如电镀时不能保证在一定的 pH 值范围内工作的话，主盐就可能发生水解，或者因为酸度偏高而发生析氢，阴极在发生析氢时，会使阴极邻近液层造成 H^+ 浓度下降而引起“碱化”，于是阴极附近液层中产生氢氧化物或碱式盐，它们夹杂在镀层中，使镀层变暗色或粗糙，也有的呈疏松状态。为了维持 pH 值在规定的范围内，通常加入缓冲剂。

例如，镀锌液的 pH 值在 3.5～4.5，加入硫酸铝或硫酸钾铝[$Al_2(SO_4)_3$ 或 $KAl(SO_4)_2$]；镀镉液的 pH 值在 2～5.5，加入缓冲剂有硼酸、硫酸铝或醋酸钠等。上述这些缓冲剂的缓冲作用分别由下列反应决定：

$$Al_2(SO_4)_3 + 6H_2O = 2Al(OH)_3 + 3H_2SO_4$$

$$CH_3COONa + H_2O = NaOH + CH_3COOH$$

$$H_3BO_3 = H^+ + H_2BO_3^-$$

B　络合物镀液的影响

如果主盐是络合物，其中，由于络离子在溶液中的解离作用较小，并且由于络合作用使中心金属离子在阴极上的还原过程受到阻滞，因此提高了阴极极化作用，使镀层的结晶较细。例如氨三乙酸——氯化铵型镀锌液，由于使用络合能力较强的络合剂——氨三乙酸，它与 Zn^{2+} 形成的络合离子大大地提高了阴极极化作用，极化值 $\Delta\varphi_k$ 可达到 250mV，因此可以获得比硫酸盐型单盐镀锌液较为细密的镀层。

(1) 络合物镀液的组成。根据化学知识，络合离子有相当高的稳定性，并且有一定程度的解离。在一定温度下存在着络离子的解离平衡，解离的平衡常数为 $K_{不稳}$。$K_{不稳}$ 越小，络合离子的稳定性越大。通过 $K_{不稳}$ 可以估算镀液各真实组分的含量以及沉积金属离子的存在形式。

例如，氰化物镀铜，配方的基本组成是：CuCN（氰化亚铜）为 35g/L，约合 0.4M；NaCN 为 48g/L，约合 1.0M。镀液中主要的络合离子为 $[Cu(CN)_3]^{2-}$。镀液中存在该络合离子的解离平衡：

$$[Cu(CN)_3]^{2-} \longrightarrow Cu^+ + 3CN^- \qquad K_{不稳} = 2.6 \times 10^{-29}(18 \sim 30℃)$$

由于$K_{不稳}$极小，可认为Cu^+全部被络合成$[Cu(CN)_3]^{2-}$，浓度约为0.4M。关于游离的Cu^+量可以按如下方法计算：

$$[Cu^+] = \frac{K_{不稳}[Cu(CN)_3]^{2-}}{[CN^-]^3}$$

式中　$[Cu(CN)_3]^{2-}$——0.4M；

$[CN^-]$——1 - 2 × 0.4 = 0.2M，这是因为络合时 $CuCN + 2NaCN \rightarrow Na_2[Cu(CN)_3]$生成0.4M$[Cu(CN)_3]^{2-}$，将消耗NaCN：2 × 0.4 = 0.8mol/L，故平衡时游离的NaCN为1 - 0.8 = 0.2M。

解得游离的Cu^+浓度$[Cu^+] = 1.3 \times 10^{-27}$M，含量极微。

又如，氰化物镀锌液，配方为：ZnO为40g/L，约含0.5M；NaCN为80g/L，约合1.64M，NaOH为84g/L，约合2M。络合离子的解离平衡有：

$$[Zn(CN)_4]^{2-} \longrightarrow Zn^{2+} + 4CN^- \qquad K_{1不稳} = 1.9 \times 10^{-17}(18 \sim 30℃)$$

$$[Zn(OH)_4]^{2-} \longrightarrow Zn^{2+} + 4OH^- \qquad K_{2不稳} = 7.08 \times 10^{-16}(18 \sim 30℃)$$

共存两个平衡。由$[Zn(CN)_4]^{2-}$向$[Zn(OH)_4]^{2-}$转化的平衡为：

$$[Zn(CN)_4]^{2-} + 4OH^- \longrightarrow [Zn(OH)_4]^{2-} + 4CN^-$$

$$K_{平} = \frac{[Zn(OH)_4^{2-}][CN^-]^4}{[Zn(CN)_4^{2-}][OH^-]^4} = \frac{K_{1不稳}}{K_{2不稳}} = 2.6 \times 10^{-2}(18 \sim 30℃)$$

各种离子浓度的估算：从$K_{平}$可知，由于$[Zn(CN)_4]^{2-}$难以转化为$[Zn(OH)_4]^{2-}$，从$K_{1不稳}$可知$[Zn(CN)_4]^{2-}$相当稳定，按$Zn^{2+} + 4CN^- \longrightarrow [Zn(CN)_4]^{2-}$关系知$[Zn^{2+}]/4CN^- = 1/4$，今有1.64M的$CN^-$，可络合$Zn^{2+}$量为1.64/4 = 0.41M，全部$CN^-$均用于与$Zn^{2+}$络合，生成$[Zn(CN)_4]^{2-}$为0.41M；剩余$Zn^{2+}$为（0.5 - 0.41）= 0.09M（以ZnO存在），按$Zn^{2+} + 4OH^- \rightarrow [Zn(OH)_4]^{2-}$知可生成$[Zn(OH)_4]^{2-}$量为0.09M，剩余$OH^-$量为2 - 4 × 0.09 = 1.64M。

因此氰化物镀锌液真实组分和含量为：$[Zn(CN)_4]^{2-}$ = 0.41M，$[Zn(OH)_4]^{2-}$ = 0.09M，游离$[OH^-]$ = 1.64M，游离的Zn^{2+}和CN^-含量很低。

（2）络合离子的电化学反应历程。络合离子的电化学还原历程大致分为两步：

1）在电镀液中，以浓度最大、也最稳定的主要形态存在的络离子，在电极表面上转化成能直接放电的表面络合物，也就是发生了中心金属离子周围的配位体的改组。

例如，碱性氰化物镀锌的阴极体系Zn、Zn^{2+}、CN^-、OH^-中发生转化步骤：

配位体转化　$[Zn(CN)_4]^{2-} + 4OH^- \longrightarrow [Zn(OH)_4]^{2-} + 4CN^-$

配位数减小　$[Zn(OH)_4]^{2-} \longrightarrow Zn(OH)_2 + 4OH^-$

2）配位体转化后的表面络合物在阴极上直接放电，这种表面络合物就是活化络合物。它是能在阴极上直接进行得电子还原反应的络合离子。

例如，由第1）步得来表面络合物$Zn(OH)_2$便可使阴极与中心离子之间直接进行电子传递：$Zn(OH)_2 + 2e \rightarrow Zn(OH)_2^{2-}$（吸附在阴极上）；随后进行配位体脱落的过程，完成金属电结晶：$Zn(OH)_2^{2-} \rightarrow Zn$（晶格）$+ 2OH^-$（脱落）。

金属在络合盐型镀液中沉积时具有较大的电化学极化的原因是：电化学极化的大小，

由中心离子配位体发生改组而形成表面络合物（活化络合物）时所涉及的能量变化来决定，若配位体改组时需要的活化能较高，即由原来形态的络合物，经中心离子的配位体改组而变为活化络合物时所涉及的能量变化较大，于是导致金属离子还原时所需的活化能就要较高，也就引起电化学极化增大。由此可知，络合离子镀液的还原历程，能否出现较大的阴极电化学极化，取决于络合离子转化成活化络离子时配位体的改组及其涉及的能量变化，这个能量变化就是转化为活化络合离子时所需的活化能。值得注意的是：这种转化时能量的变化与 $K_{不稳}$ 没有对应关系，即 $K_{不稳}$ 与阴极极化值不存在对应关系。例如，焦磷酸盐镀铜液，它的主盐络合离子为 $[Cu(P_2O_7)_2]^{6-}$，它的 $K_{不稳}$ 并不很小，$K_{不稳}=1.0\times10^{-9}$。它与铜的氰化物镀液比较，$[Cu(CN)_3]^{2-}$ 作为主盐，它的 $K_{不稳}=2.6\times10^{-29}$，很小。然而铜自焦磷酸镀液中沉积与自氰化物镀液中沉积时，它们的阴极极化相差不多；又如锌的 $[Zn(OH)_4]^{2-}$ 为主盐镀液同锌的 $[Zn(CN)_4]^{2-}$ 为主盐镀液，其 $K_{不稳}$ 相差不多，其中 $[Zn(OH)_4]^{2-}$ 的 $K_{不稳}=7.8\times10^{-16}$，$[Zn(CN)_4]^{2-}$ 的 $K_{不稳}=1.9\times10^{-17}$。但是由于强碱性锌酸盐镀液中，主盐 $[Zn(OH)_4]^{2-}$ 本身的配位体 OH^-（络合剂）就是活化的，即使络合离子的 $K_{不稳}$ 较小，金属析出时仍然不会有明显的电化学极化。上述极化状况如图 5-8 所示。

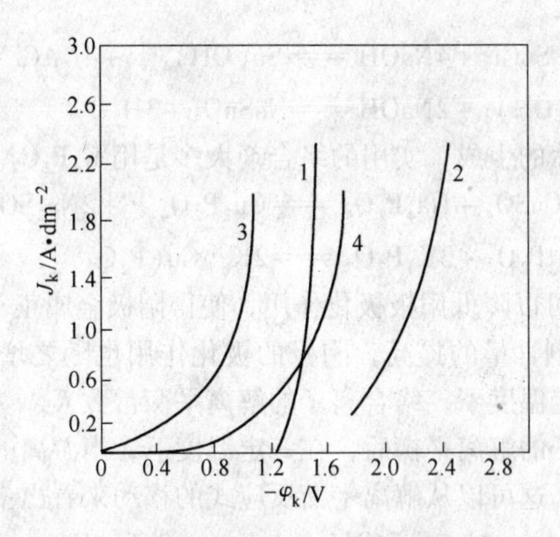

图 5-8 不同络盐镀液的阴极极化曲线

1—16g Zn + 170g KOH（游离）+ 17g Na_2CO_3 + 0.23g/L Sn（50℃）；2—32g Zn + 210g NaCN（总量）（35℃）；3—35g/L $CuSO_4\cdot5H_2O$ + 140g/L $Na_4P_2O_7\cdot10H_2O$ + 95g/L $Na_2HPO_4\cdot12H_2O$（室温）；4—30g/L Cu + 2g/L NaCN（游离）（40℃）

5.5.2.2 主盐浓度的影响

A 单盐镀液中主盐浓度的影响

在阴极电流密度和温度不变的情况下，随着主盐浓度的增大，金属晶核的形成速度就会降低，而成长速度增大，因此镀层晶粒就较粗。这是因为阴极浓差极化减小所造成的。当主盐浓度降低时，阴极表面邻近液层的金属离子浓度必然更低，同时，从镀液主体向阴极表面扩散时速度也比浓溶液时缓慢，因此，在相同的电流密度下，稀溶液的阴极浓差极化必然大于浓溶液的浓差极化，这样在稀溶液中电沉积时形成的晶核数目也就较多，于是镀层晶粒就较细。这类情况对于一些电化学极化不显著的单盐镀液，如硫酸盐镀铜、锌、锡等表现得更明显。

但是，完全依靠稀释镀液降低主盐浓度的办法来改善镀层结晶状况的效果并不理想，因为降低了主盐浓度后，就使得电流密度范围的上限，即极限扩散电流值也被降低了，此时就不能采用大的阴极电流密度，并因此也影响了生产率的提高，另外此时镀液的导电性能也变差了。

采用高浓度的镀液可以使电流密度上限增大，采用的阴极电流密度可以大些，有利于提高生产率，尤其对于构造简单的镀件，如钢丝可以在高浓度的镀液、较高的阴极电流密度下，采取空气搅拌以及加入添加剂的措施来改善镀层质量。

B　络合物类型镀液中主盐浓度的影响

一般这类镀液主盐浓度可以在较大范围内变化，并可以获得良好的镀层结晶。这是因为络合盐镀液主要是电化学极化。络合盐镀液中，必须含有浓度适当的游离的络合剂，这对镀层质量有良好的影响。加入适当过量络合剂有以下几方面好处：

(1) 游离络合剂的存在，可以使镀液稳定，避免有沉淀析出来。因为多数络合盐镀液在配制时，往往先有沉淀生成，然后在过量的络合剂存在下生成可溶性络盐。例如锡酸盐的生成：

$$SnCl_4 + 4NaOH = Sn(OH)_4 \downarrow + 4NACl$$

$$Sn(OH)_4 + 2NaOH = NaSnO_3 + 3H_2O$$

又如焦磷酸铜络合盐的生成，实用的络合剂大多是用 $K_4P_2O_7$。

$$2CuSO_4 + Na_4P_2O_4 = Cu_2P_2O_4 \downarrow + 2Na_2SO_4$$

$$Cu_2P_2O_4 + 3K_4P_2O_7 = 2K_6[Cu(P_2O_7)]_2$$

(2) 游离的络合剂可以降低阳极极化作用，使得阳极金属正常进行电极反应。

(3) 随着游离络合剂含量的提高，阴极的极化作用也随之增大，有利于获得均匀的细晶镀层。原因是：一定温度下，络合离子的解离平衡常数 $K_{不稳}$ 为一定值，$K_{不稳}$ 仅随温度而改变。当建立络合离子的解离平衡后，在一定温度下，当游离的络合剂浓度增大时，会使络合离子更趋于稳定，这可以从解离平衡反应式的移动来看出：

$$Cu(CN)_3^{2-} \longrightarrow Cu^+ + 3CN^- \qquad K_{不稳} = 2.6 \times 10^{-29} (18 \sim 30℃)$$

$$[Cu(CN)_3^{2-}] = \frac{[Cu^+][CN^-]^3}{K_{不稳}} = \frac{[Cu^+][CN^-]^3}{2.6 \times 10^{-29}}$$

当游离的络合剂如 NaCN 增大时，即 $[CN^-]$ 浓度增大，促使络合离子 $[Cu(CN)_3]^{2-}$ 的浓度增大，使镀液中该络合离子趋于稳定，于是，使它转化为活化络合物（表面络合物）的过程变得困难，从而使阴极上电极反应受到阻滞，结果增大了阴极上的电化学极化，有利于镀层晶粒细密。不过，在使用有机物络合盐镀液时，要注意 pH 值控制。另外，在过多的游离络合剂存在时，还会使电流效率和允许的电流密度下降，从而减小阴极上金属沉积的速度。

C　无机附加化合物的影响

无机附加化合物主要用于单盐镀液中。前面提到的高酸度单盐镀液中加入与主盐相应的游离酸，以及低酸度镀液中加入的缓冲剂，这些都是无机附加化合物。

此外，往往还在单盐镀液中加入与主盐阴离子相对应的碱金属或碱土金属盐类，例如硫酸盐镀锌液中加入硫酸钠（Na_2SO_4），又如硫酸盐镀镍液中加入 Na_2SO_4、$MgSO_4$ 等附加无机物。

这类附加无机物的主要作用是提高镀液的导电性能。此外，有些无机附加盐还能增大阴极极化作用，例如镀镍液中加入 Na_2SO_4，能使镀层细晶较为细致均匀。

使用附加无机盐促使阴极极化增大的机理目前尚未有完满的解释，现有的观点是：加入外加离子，使电解液的离子强度增大，以致使沉积的金属离子的活度降低，从而提高阴极极化，有利于镀层结晶细密均匀；但是，若外加金属离子的水合能力很强的话，即它的离子电荷密度较大，则使得沉积金属的离子水合数或多或少地降低，于是使得沉积金属离子易于在阴极表面上放电，从而降低了它在阴极的极化作用。

附加盐中起作用的部分，不仅是阳离子，有时阴离子也起作用。例如焦磷酸盐镀铜—锡合金中使用 KNO_3 或 NH_4NO_3，就是阴离子 NO_3^- 起作用，它可以扩大电流密度范围；又如镀镍中加入 NaCl，它却因为 Cl^- 的活化作用，来活化阳极金属，促进阳极的正常溶解。

D　有机添加剂

在电镀过程中，很早就发现在镀液中加入少量添加剂能显著改善镀层的质量。例如，在镀银中一直广泛采用二硫化碳和硫代硫酸盐两种光亮剂，氰化物溶液中的二硫化碳目前还在继续用于装饰性镀银液中。

添加剂的含义：加少量的某些有机物于镀液中，它不会明显地改变镀液的电性，但是能够显著改善镀层的性质，这类物质称做添加剂。其中，使镀层产生光泽的叫做光亮剂；使用镀层平整的称做整平剂。

大多数添加剂是有机化合物，但是也有的属于无机物，它们多为硫、硒、碲、铅、铋、锑等金属化合物。

在电镀液中加入少量合适的添加剂，不仅可以显著增大阴极极化作用，而且还可以用来改善镀层质量。图 5-9 就是硫酸盐镀铜中加入少量硫脲化合物，对阴极极化产生的影响。

从极化曲线可以看出，加入极少量添加剂（15mg/L）苯硫脲后，阴极极化作用明显地增加，这时的电流密度（J_k）大约在 $1A/dm^2$。

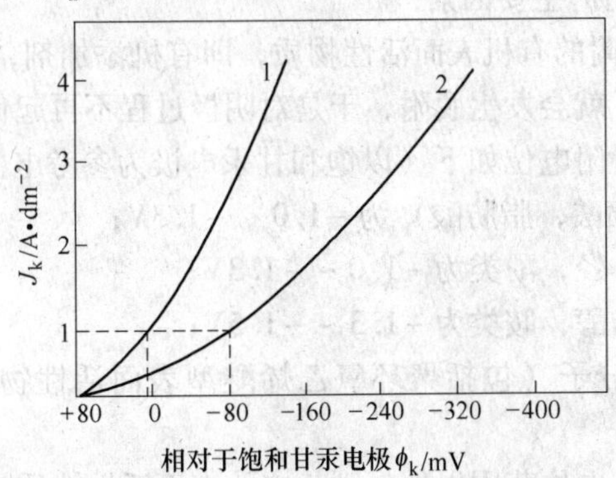

图 5-9　硫酸盐镀铜液阴极极化曲线

1—$CuSO_4 \cdot 5H_2O$ 200g/L + H_2SO_4 50g/L（t = 20℃），无添加剂；

2—$CuSO_4 \cdot 5H_2O$ 200g/L + H_2SO_4 50g/L + 苯硫脲 15mg/L（t = 20℃）

同时比较两条极化曲线，还可以发现极化度$\left(\frac{\Delta\varphi_k}{\Delta J_k}\right)$（即该极化曲线斜率的倒数）是曲线2的大于曲线1的极化度。这说明加入苯硫脲添加剂后，镀液的极化度也显著提高，因此不但可以获得细晶，也可以提高均镀、深镀能力，保证了镀层的均匀性和完整性。

添加剂对极化作用影响的原理，主要有两种观点：

（1）胶体络合离子理论。认为添加剂在电镀液中形成胶体，它吸附了放电的金属离子，构成胶体—金属离子型络合物，由于胶体与金属离子结合牢固，阻碍了金属离子成为自由状态的放电反应，因此使阴极极化作用增大。

（2）吸附理论。认为有些有机添加剂具有表面活性作用，它能吸附在阴极的表面上，阻碍金属的电沉积，因而提高了阴极极化作用，有利于改善镀层质量。这种吸附作用，在本质上改变了电极与溶液界面之间的性质，使金属离子的放电受到阻碍，于是使电化学反应速度明显下降，发生了电化学极化作用。下面对于吸附作用及其影响进行分析：

1）吸附作用及其分类。吸附是指某种物质的分子或原子、离子，在固体和液体等界面上进行聚集的一种现象。形成界面上吸附物质聚集的原因，包括有分子间的范德华力，称为物理吸附；也有一种特殊的化学力，称为化学吸附，这种特殊的化学力主要指吸附剂与被吸附物质的分子之间存在着电子交换或共有，在界面上形成化合物。物理吸附和化学吸附都称为特性吸附。此外，带有某种电荷的电极还可能吸引溶液中带相反电荷的离子（或粒子），使该种离子（或粒子）在电极表面上发生聚集现象，这称为静电吸附。

2）吸附对阴极极化的影响。可以从两方面分析：第一，当吸附的速度小于阴极上金属新表面形成的速度时，则使得一部分阴极表面上不存在吸附物质，由于有了这部分自由表面，金属离子的放电反应主要在该自由表面上进行，而发生电极反应的自由表面积当然比原来表观表面积要小，于是使实际的电流密度大得多。这就增大了金属离子放电时的阴极极化。第二，如果添加剂的吸附速度大于阴极上金属的新表面形成速度时，金属离子必须首先穿透这个吸附层才能抵达阴极表面进行放电反应，这个吸附层是形成新的金属表面之前，由吸附物质迅速覆盖而成的。这种阻碍金属离子到达阴极表面的作用，能够提高阴极极化作用。

（3）阴极上影响吸附的主要因素：

1）在电极表面上吸附的有机表面活性物质，即有机添加剂，都有一定范围的吸附电位，超过这些电位范围，就会发生脱附，于是对阴极过程不再起作用了。根据实验，测量出各类表面活性物质的脱附电位如下（以饱和甘汞电极为参考电极）：

有机阴离子（包括磺酸，脂肪酸）为 -1.0 ~ -1.3V；

中性有机分子：芳香烃，酚类为 -1.0 ~ -1.3V；

　　　　　　　脂肪醇，胺类为 -1.3 ~ -1.5V；

多极性基表面活性分子（包括聚环氧乙烯醚型表面活性物质，胶，蛋白胨等）为 -1.8 ~ -2.0V。

若电极电位在上述各电位范围以外，则相应的表面活性物质就发生脱附现象。这是阴极电位大小对吸附的影响。

根据电镀时阴极的电位，参考上述数据可以选择合适的有机添加剂。例如，在酸性镀液中，并且镀层金属不太活泼，即该金属的电极电位不太负，则应选择有机阴离子型，以及选择中性有机分子型的添加剂；又如在碱性镀液中，并且镀层金属较活泼，即该金属的电极电位较负，就应该选择烃基不长而极性基团多、介电常数较大的有机添加剂，它们在较负的电极电位下才有可能吸附在阴极上，这类物质有甘油、乙二醇、非离子型表面活性物质等。

2）添加剂本身的特性对吸附有影响。如果含有极性基团的有机分子，一般易于在阴极表面上吸附，特别是分子中含有 N、O、S 的基团影响较大。

对于无机阴离子，吸附能力往往是 $S^{2-} > I^- > Br^- > Cl^-$。

（4）各类添加剂对金属电沉积过程的影响：

1）脂肪族烃类，包括醇、醛、酸，对电极反应有较明显的阻滞作用，而且还可以阻滞氢的析出，常常在它们脱附后才会析氢。

2）有机阳离子，如季铵盐 R_4N，除了烃基—R 的作用外，还有静电作用，就是该有机阳离子所带的正电荷对金属离子有排斥作用，因此产生阻滞作用。一般情况是—R 愈大，R_4N 的吸附电位越负，表明它的吸附电位范围向负方向移动，而且阻滞作用也更明显。

3）芳香烃及其衍生物对金属的电沉积有一定阻滞作用。但是，当电极表面带负电时，芳香烃平面与电极表面垂直，成为直立式吸附层，这常常使得氢提前析出。

4）烃基短且极性基团大的有机添加剂，如乙醇，聚乙二醇等，对电极反应的阻滞作用不大。

5）对于类似锌这种析出电位较负，并且使电极表面带负电荷的金属，表面活性物质的作用较小。

对于氰化物镀液，一方面由于阴极的电位较负，另一方面 CN^- 的吸附作用较强，影响其他物质的吸附，所以这类镀液能用的添加剂很少。

在使用各类添加剂时，应该注意到添加剂的用量虽然很少，但是它们往往夹杂在镀层中，使得镀层脆性增大；另外，选择添加剂需要通过试验才能取得满意的效果。

5.5.3 电镀参数对镀层的影响

5.5.3.1 电流密度的影响

电沉积时，对于所采用阴极电流密度（J_k），首先要求有较大的上限和下限范围，在该范围内获得良好的镀层；另外，在允许的电流密度范围内，尽量用较大的电流密度，以便于提高电沉积速度。

实验表明：在电流密度低于下限时，就会使阴极上不能沉积镀层金属，或者发现镀层初生的晶粒变粗。初生晶粒为粗晶的原因是：对于某些类型镀液，电流密度从低于下限处开始增大时，主要使电流消耗在个别首先生成的晶核成长上，于是出现粗晶。随后电流密度从下限开始增加、随着电流密度的增加，阴极极化作用随之提高，使沉积金属的过电位增大，晶粒才发生细化。

然而当电流密度超过上限值时，即超过极限电流密度时，镀层质量开始恶化，甚至出现海绵状、枝晶状、或者“烧焦”、发黑等现象。

电流密度的上限和下限是由电镀液的本性、浓度、温度和搅拌等因素来决定的。一般情况下，主盐浓度增大，镀液温度升高，以及有搅拌的条件下，可以允许采用较大的电流密度。

5.5.3.2 温度的影响

在其他条件不变时，升高温度可能降低阴极极化作用，使镀层为粗晶结构。阴极极化降低的原因是：

（1）温度的升高增大了离子的扩散速度，导致浓差极化下降。

（2）温度的升高，使放电粒子具有较大的能量，可能加快离子脱去水合层的过程，也可能使放电离子和阴极表面的活性增大，因而降低了电化学极化作用。

但是，不能认为升高温度都不会获得良好镀层。假如恰当地选取电流密度、镀液浓度等条件，升温反而有利。一般的情况，在阴极电流密度超过上限时，阴极表面邻近液层严重缺乏放电离子，镀层质量恶化。然而在恰当地提高温度，采用搅拌措施，增大离子扩散速度时，就有可能使允许的电流密度上限提高。

此外，除了镀铬液，许多电镀过程随着镀液温度提高，可能使阴极的电流密度和电流效率提高，同时还有可能减小镀层的脆性和提高电沉积的速度。

在许多镀液中，升高温度还可以增加盐类的溶解度，提高镀液的导电性，有利于阳极的正常溶解，以及减少镀层的吸氢量等。

应该注意到：除了锡酸盐镀液外，许多碱性络合盐镀液，在较高的温度下，容易使其中一些组分发生变化，以致使镀液组成不稳定，一般的情况是温度不超过40℃。

5.5.3.3 搅拌的影响

搅拌与升温的效果一样，可以使阴极极化作用降低。原因是：搅拌能促进电镀液的对流，并且也使阴极表面邻近液层，即扩散层减薄，于是阴极附近液层中放电离子并不缺乏，从而降低了浓差极化，结果是镀层晶粒变粗。但是，镀液采用搅拌，可以提高允许的电流密度上限，因此抵消了搅拌的不良影响。除了镀铬液外，由于搅拌使允许的电流密度上限提高，因此也就能加速电沉积。无氰电镀时，往往采用搅拌，例如，焦磷酸盐镀铜液或镀铜-锡合金液等。

镀液的搅拌，可以采用机械法或洁净的压缩空气法。机械搅拌通常采用阴极移动，例如钢丝展开式水平移动。压缩空气法适用于不受空气和 CO_2 作用的镀液，例如，酸性镀铜、锌、镍等镀液、焦磷酸盐镀铜-锡合金以及其他焦磷酸盐镀液。

采用搅拌时，必须定期或连续过滤电镀液，以便除去阳极脱落下来的泥渣或其他悬浮物粒子，防止镀层质量变坏，同时，阳极要有包袋。

一切氰化物镀液，不可采用压缩空气法搅拌，它会使氰化物同空气中的氧气和二氧化碳相作用，导致溶液组分变化。

5.5.3.4 电流波形的影响

多数单金属电镀中，电流波形对电镀的影响并不明显。但是，自从应用无氰电镀以来，人们发现电流波形对焦磷酸盐电镀有显著的影响。例如，单相全波或半波电流对于焦磷酸盐镀铜或镀铜-锡合金具有增大电流密度范围和增加镀层光亮度的良好作用，它的效果比用三相全波电流时要好。目前，这方面的研究还在试验探讨中。

5.6　阳极过程

阳极的作用主要是组成电镀的电流回路，另外，有的镀液依靠阳极反应补充被消耗的金属离子。

5.6.1　阳极过程的特点

通过对阳极极化曲线（见图5-10）的分析，可以发现阳极过程有以下特征。

（1）*AB*段为金属阳极的正常溶解，随着阳极电流密度 J_A 的增加，阳极电位向正方向偏移时，同时金属的溶解速度增大，阳极处于活化状态。

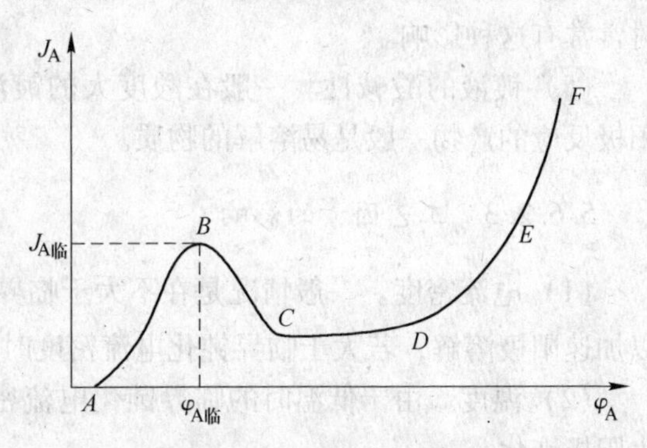

图5-10　阳极极化曲线

（2）*B*点以后，随着阳极电位向正变化，金属溶解速度急剧下降，这反映在阳极电流密度 J_A 急剧减小，这时就发生了阳极钝化现象。*B*点对应的开始发生钝化的电位叫做临界钝化电位 $\varphi_{A临}$，它对应的电流密度叫做临界钝化电流密度 $J_{A临}$。

（3）*BC*段过渡钝化区，阳极表面由活化状态转为钝化状态。

（4）*CD*段为稳定钝化区，阳极金属溶解速度降到最低值，阳极钝化达到稳定状态，阳极电流密度 J_A 基本上不随其电位 φ_A 而变化。

（5）*DEF*段发生超钝化现象，阳极电流密度又重新增大，这时，在阳极电位很正的情况下，阳极金属以高价离子形式氧化后溶解到溶液中，另外，也可能发生其他阳极反应，例如 OH^- 在阳极放电产生氧气等。

阳极钝化常见于电镀中，例如镀锌时，阳极锌板常因为电流密度 J_A 过大而生成黄色钝化膜，使它的溶解速度明显下降。又如，用不锈钢或镍板在碱性镀液中做不溶性阳极，正是利用它们易于钝化的特性。

5.6.2　影响阳极过程的因素

5.6.2.1　金属的本性

最易于钝化的金属有铬、铂、铝、镍、铁、钛等，在合金中含有它们时，也易于钝化。

5.6.2.2　电镀液的成分影响

（1）络合剂。镀液中有一定的游离量的络合剂，将会促进阳极的正常溶解，防止它的钝化。例如氰化物镀铜时，有游离的NaCN存在时，可以使阳极正常溶解。

（2）活化剂。有些物质能促进阳极的溶解，防止阳极钝化，它们称为活化剂。例如有氯离子（Cl^-），硫氰酸盐（CNS^-），酒石酸盐都能使铜阳极上的 $Cu(OH)_2$ 钝化膜溶解。其中，有的反应如下：

CNS⁻的作用 $Cu(OH)_2 \longrightarrow Cu^{2+} + 2OH^-$

$$Cu^{2+} + CNS^- + 3H_2O = [Cu(H_2O)_3CNS]^+$$

（3）镀液中有氧化剂存在时，可能促进阳极钝化。当镀液中含有溶解的氧或者有阳极反应析出的氧时，以及镀液中存在某种氧化剂时，如有 $K_2Cr_2O_7$，$KMnO_4$，$AgNO_3$ 等，都可能促进阳极钝化。

（4）表面活性物质类添加剂。表面活性物质类添加剂，往往对阳极金属的电极反应起阻滞作用，从而阻碍阳极金属的正常溶解，例如，酸性镀液中添加含 N 或 S 的有机物时常常有这种影响。

（5）镀液的酸碱性。一般在酸度大的镀液中，阳极不易钝化，因为在酸性介质中，阳极反应的产物一般是易溶解的物质。

5.6.2.3 工艺因素的影响

（1）电流密度。一般情况是在不大于临界钝化电流密度时，提高阳极电流密度 J_A 可以加速阳极溶解，若大于临界钝化电流密度时，再提高 J_A 则将明显地加速阳极钝化。

（2）温度。由于低温时的临界钝化电流密度比高温时的值要小，因此低温时容易发生阳极钝化。

习 题

5-1 电沉积过程包括哪几方面？

5-2 已知镀铜电解液的电流效率 $\eta = 95\%$，电流密度 $J_k = 1A/dm^2$，求 40 分钟所得到的镀层厚度？

5-3 通过电流 3A 4h 后在阴极析出铬的重量为 6.2g，求镀铬电解液的电流效率？［铬的电化当量 = 0.324g/(A·h)］

5-4 氰化镀银电解液中用 0.3A/dm² 的电流密度，经过 65min 的时间，在阴极沉积镀层的厚度为 12μm，求该电解液的电流效率是多少？［银的电化当量 = 4.025g/(A·h)，银比重 = 10.5g/cm³］、(中级和中级以上)。

5-5 电解液的导电能力的大小，取决于其中离子数量的多少和离子运动速度的大小。

5-6 电镀时，提高极化作用大和极化度大，对获得良好镀层有什么意义？

5-7 镀层厚度不均匀的原因？

5-8 电沉积过程包括哪几方面？

5-9 镀液的 pH 值及工艺条件对析氢过电位怎么影响？

5-10 钢件氧化时氧化膜的形成与哪些因素有关？

6 钢丝电镀锌

6.1 电镀锌在金属制品工业中的应用

在钢丝及其制品中，为了防止腐蚀，使用最广泛的方法是镀锌，除了热镀的方法外，还可以采用电镀方法。电镀锌属于电镀单一金属类型。

钢丝电镀锌与热镀锌的区别如下。

在工艺过程方面，热镀锌在进入锌锅前需要经过助镀剂—熔剂处理，而电镀锌经酸洗处理后，不经助镀剂处理，而是水洗后进入镀槽电镀锌，镀后还要经过水洗，烘干去氢处理，而热镀锌没有这些工序。

电镀锌工艺流程主要是：

放线→（热处理 / 碱洗脱脂）→热水洗→冷水洗→酸洗→电镀锌→冷水洗→干燥→收线

电镀锌对钢丝表面洁净程度要求高，往往在化学酸洗后又进行电解酸洗，进一步清洁钢丝表面。

电镀锌是用电沉积方法获得均匀的纯锌层，其中杂质夹杂很少，不同于热镀锌生成的铁锌合金层。在钢丝表面洁净时，电镀锌层附着牢固，塑性好及抗弯曲性能好。并且，可以通过调整工艺参数来严格控制厚度，在理论上可以获得任意厚度的锌层，目前实用的上锌量可高达1200g/m^2，而垂直引出法热镀锌上锌量最高值也不过在500g/m^{2}左右。电镀锌是冷镀法，对钢丝的机械性能无影响，但值得注意的是电镀时析氢，若控制不好，往往引起钢丝氢脆。此外，电镀锌工艺技术比较复杂，使用设备也比较复杂，不过，目前有些厂家在设计作业线时，常常考虑一机多用，用于电镀其他金属。

镀锌层的特性可以概述下面几点：

锌层外观为青白色，密度7.14g/cm^3，熔点约419℃，相对原子质量为65.37，电化当量为1.220g/A·h，标准电极电位$\varphi^{\circ}_{Zn^{2+}/Zn} = -0.76V$。

锌易溶于酸，也易溶于碱，反应是：

$$Zn + 2HCl = ZnCl_2 + H_2\uparrow$$

$$Zn + 2NaOH = Na_2ZnO_2 + H_2\uparrow$$

锌层本身在酸、碱中以及在盐的水溶液中耐蚀性较差，在含SO_2、H_2S的工业气氛中和海洋性潮湿空气中，防蚀性也较差。锌在干燥空气中比较稳定；在潮湿的空气中或含有二氧化碳和氧气的水中，锌表面生成一层主要由碱式碳酸锌组成的薄膜，这个反应是：

$$4Zn + 2O_2 + CO_2 + 3H_2O = ZnCO_3 \cdot 3Zn(OH)_2$$

但是在高温高湿的空气中以及在封存包装容器中的有机酸气氛里容易长“白毛”而被腐蚀。

当锌层中含存其他金属杂质时，由于腐蚀原电池的作用而降低了它的防护性能。

在一般情况下，由于它的电极电位比碳素钢、铁、低合金钢较负，故属于阳极性镀层，对钢基体起电化学保护作用。此外，锌层经钝化处理，能生成一层光亮而美观的钝化膜，从而显著提高了镀层的保护性能。为防止大气的腐蚀，镀锌层被广泛地应用在钢铁制品中。

镀锌溶液常常分为有氰镀液和无氰镀液。在过去的几十年中，碱性氰化物镀液和酸性硫酸盐镀液应用较为广泛。近年来无氰电镀发展很快，其中有：

（1）焦磷酸盐镀锌，为碱性镀液，pH 在 8 以上，可以得到理想镀锌层，但成本较高，电流密度范围小，所以没有推广。

（2）乙二胺四乙酸镀锌。乙二胺四乙酸即 EDTA，对锌有良好络合能力，镀层质量尚好，但生产费用较高。

（3）氨三乙酸镀锌，它也是碱性镀液，对设备腐蚀较小，镀层结晶细致，分散能力较好，但是仅以氨三乙酸为络合剂时，阴极电流效率低，有时镀层色泽较差。

（4）铵盐镀锌，络合剂是氯化铵，其络合能力随溶液 pH 降低而降低。一般不用在钢丝电镀锌中。

（5）氨三乙酸-氯化铵镀锌，氨三乙酸对锌的络合能力较强，形成络阴离子，该镀液的阴极极化作用较大，分散和覆盖能力较好，镀层较光亮。但镀液对设备腐蚀较严重。

（6）用铵-环氧系合成物为添加剂的碱性锌酸盐镀锌，这是一种发展较快的方法。它的优点是对钢铁设备腐蚀性小，镀液成分简单、稳定，电流密度范围宽，沉积速度快，成本也较低。该镀液主要成分是 NaOH 和 ZnO，同时加入一种用有机胺和环氧氯丙烷合成的添加剂。环氧氯丙烷是原料之一，而有机胺的种类不同，如二甲胺、乙二胺、六次甲基四胺和乙醇胺等。它有着广阔的应用前景。

6.2 氨三乙酸-氯化铵镀液

单独使用氯化铵作为锌的络合剂，其络合能力较弱，于是加入络合剂氨三乙酸配合使用，使镀层质量得到改善，并且电流效率和沉积速度都较高。

6.2.1 镀液成分和工艺规范

下面以一种配方为例。

（1）成分：

氨三乙酸［$N(CH_2COOH)_3$］30 ~ 40g/L；

氯化铵（NH_4Cl）220 ~ 270g/L；

氯化锌（$ZnCl_2$）40 ~ 50g/L；

硫脲［$(NH_2)_2CS$］1 ~ 1.5g/L；

聚乙二醇（分子量 6000 以上）1 ~ 1.5g/L；

洗涤剂 0.2 ~ 0.4g/L。

（2）工艺参数：

pH = 5.8 ~ 6.2，温度 10 ~ 35℃，阴极电流密度 $J_k = 0.8 \sim 1.5A/dm^2$［或 $J_k = (0.8 \times 10^2) \sim (1.5 \times 10^2)\ A/m^2$］。

6.2.2　镀液的配制

(1) 将计算量的 NH_4Cl 倒入槽中，用大约为镀液总容积的三分之二热水（60~70℃），溶解 NH_4Cl。

(2) 把 $ZnCl_2$ 用少量水溶解后，加入槽中。

(3) 把氨三乙酸加入槽内，充分搅拌，溶液呈浑浊状态，把低于45℃的70% NaOH 溶液，在不断搅拌下慢慢加入槽内，直到 pH = 5.8，氨三乙酸全部溶解呈透明状为止。

(4) 用50℃热水将硫脲溶解（1份硫脲，15份热水），倒入槽内，搅拌均匀。

(5) 聚乙二醇和海鸥洗涤剂放在同一容器中预先充分混合，然后加入5倍水，加温到60℃，充分搅拌到溶解，加入槽中。

(6) 加水到计算量，搅拌过滤，试镀待用。

6.2.3　工艺原理

6.2.3.1　氯化铵以及氨三乙酸的络合作用

NH_4Cl 对 Zn^{2+} 的络合形式有四种：$Zn(NH_3)^{2+}$（$K_{不稳} = 4.26\times10^{-3}$），$Zn(NH_3)_2^{2+}$（$K_{不稳} = 1.54\times10^{-5}$），$Zn(NH_3)_3^{2+}$（$K_{不稳} = 4.87\times10^{-8}$），$Zn(NH_3)_4^{2+}$（$K_{不稳} = 3.46\times10^{-10}$）。在大量 NH_4Cl 存在下，主要络离子为 $Zn(NH_3)_4^{2+}$。在 pH = 5 时镀液中基本不存在锌氨络离子，随 pH 增大，锌氨络离子含量增多。本工艺控制 pH 在5.8~6.2，所以镀液中 $Zn(NH_3)_4^{2+}$ 存在，但含量不多。镀液中主要络合剂是氨三乙酸，它对锌络合生成 $ZnN(CH_2COO)_3^-$ $K_{不稳} = 3.5\times10^{-11}$，从 $K_{不稳}$ 可知其络合能力比 NH_4Cl 大。由于 $ZnN(CH_2COO)_3^-$ 是络阴离子，故阴极极化作用较大。

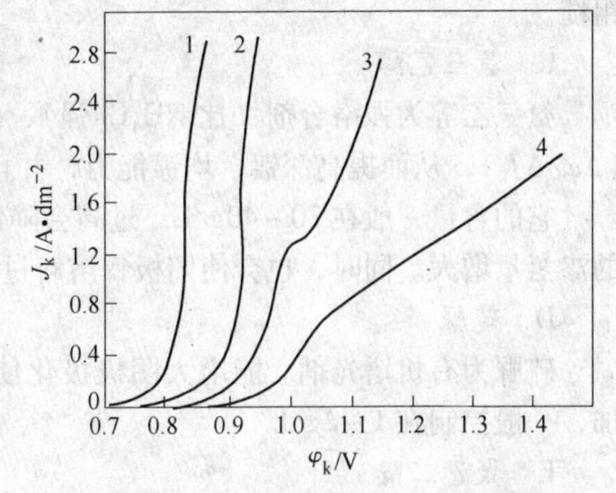

图6-1　几种镀液的阴极极化曲线

1—$ZnCl_2$(0.38M)；2—$ZnCl_2$(0.38M) + NH_4Cl(4.8M)；3—2 成分 + $N(CH_2COO)_3$(0.21M)；4—3 成分 + 硫脲 2g/L + 聚乙二醇 2g/L

图6-1是氨三乙酸-氯化铵镀锌液和单独氯化铵镀锌液的阴极极化曲线，从图看出前者的阴极极化和极化度都大些。

6.2.3.2　电极反应

(1) 阴极反应：

$$[ZnN(CH_2COO)_3]^- + 2e \longrightarrow Zn + N(CHCOO)_3^{3-}$$

$$[Zn(NH_3)_4]^{2+} + 2e \longrightarrow Zn + 4NH_3$$

由络离子解离出来的 Zn^{2+} 也参加放电。由于有氢的析出即 $2H^+ + 2e \rightarrow H_2\uparrow$，所以阴极电流效率一般在85%~95%。并且由于析氢，可能造成氢脆和镀层针孔。

在加入 NH_4Cl 的镀液中，又加入主要络合剂氨三乙酸，镀液的阴极极化增大。实践也证明，在加入添加剂（聚乙二醇和硫脲）后，阴极极化作用更大。此外 NH_4Cl 也是良好的导电性盐，可以增加镀液导电性能。这类镀液的分散能力较好，镀层结晶也较细致。

(2) 阳极反应主要是阳极锌极的电极反应，使锌失电子溶解下来，反应为：

$$Zn + N(CHCOO)_3^{3-} - 2e \longrightarrow [ZnN(CH_2COO)_3]^-$$

$$Zn + 4NH_3 - 2e \longrightarrow [Zn(NH_3)_4]^{2+}$$

NH_3 由 NH_4Cl 而来，在 pH 较大时有利于 NH_3 生成。

此类镀液阳极电流效率较高，溶解较好，析氧较少，若锌阳极钝化，则会发生 OH^- 放电析氧。

6.2.4 镀液成分和工艺规范对镀层的影响

6.2.4.1 镀液成分的影响

A 锌含量

正常生产中，锌含量控制在 18 ~ 23g/L。锌离子含量过高会降低阴极极化作用，使镀层粗糙；而其含量偏低时，均镀能力较好，但使允许的阴极电流密度范围降低。

B 氯化铵含量

氯化铵是导电盐，又是络合剂，含量范围宽为 200 ~ 300g/L。高含量虽然有利于提高导电能力，从而有利于提高深镀能力，但超过 300g/L 时，易结晶。低于 200g/L 会使镀层粗糙。

C 氨三乙醇

氨三乙醇为强络合剂（比 NH_4Cl 强），能显著提高阴极极化，特别是增大阴极极化度（$\Delta\varphi/\Delta J_k$），从而提高深镀、均镀能力，并且使晶粒细致。

它的含量一般在 30 ~ 40g/L，过高会降低阴极电流效率，增大析氢量引起基体和镀层的渗氢量增大。同时，也会使阳极锌溶解过快，镀层产生“发毛”现象。

D 硫脲

硫脲为有机增光剂。能增大阴极极化使镀层细致光亮。含量太高会使镀层内应力增加，一般控制在 1 ~ 2g/L。

E 聚乙二醇

聚乙二醇是一种非离子型表面活性剂，它是有机添加剂，吸附在阴极上，能提高阴极极化，使镀层细致光亮，并能扩大电流密度范围，一般控制在 1 ~ 2g/L。分子质量大一些效果较好（6000 ~ 10000）。加入的量过高，会增加溶液黏度，降低导电性和深镀能力，而且会造成镀层针孔、发暗等。

F 洗涤剂

它是润湿剂，即降低镀液表面张力，增加溶液对镀件的润湿能力，防止 H_2 泡黏附，于是防止镀层出现针孔、麻点、条痕等缺陷。含量在 0.2 ~ 0.4g/L 为好。

6.2.4.2 工艺规范的影响

A pH 值

pH 值应控制在 5.8 ~ 6.2 之间。pH 偏高时，镀层发黑，有暗色条纹，镀层粗糙。pH 偏低时电流效率下降，析氢增多，镀层产生“气流”条纹。在电镀中，pH 会不断增大，应以盐酸或氨三乙酸来调低。若 pH 偏低可用稀 NaOH 或氨水来调高。

B 温度

温度升高会降低阴极极化，从而使镀层粗糙。若低于10℃，易结晶出NH_4Cl。

温度升高，降低阴极极化的原因主要是：

（1）降低络合剂的络合能力，从而降低极化。

（2）加快阳极溶解，Zn^{2+}量上升及加快扩散速度，从而降低极化。

所以，应控制好温度。

C 阴极电流密度J_k

J_k的大小与锌离子浓度、镀液温度有关。在锌离子含量高、温度高时电流密度可以大一些，根据Zn^{2+}浓度等情况，J_k可以控制在1~2.5A/dm²或1×10^2~2.5×10^2A/m²。

在正常的情况下，适当增大阴极电流密度，可以提高阴极极化作用，从而使镀层结晶细致。不过，阴极电流密度过高时，引起阴极扩散层中Zn^{2+}浓度急剧下降，H^+大量放电析氢，使pH上升，造成镀层烧焦。

6.3 碱性锌酸盐镀锌

碱性锌酸盐镀锌液是以氧化锌（ZnO）和过量的NaOH配制成的，同时在此溶液中加入少量表面活性物质作为添加剂，提高阴极极化作用。也有的加入适量的光亮剂和其他络合剂，来改善镀液的性能。

该镀液所用的添加剂种类有很多。不过它们都是由有机胺与环氧氯丙烷合成的，其中，只是有机胺不同。这些添加剂目前使用的有以下几种：

（1）二甲基丙胺与环氧氯丙烷合成物，称DPE。

（2）二甲胺与环氧氯丙烷合成物，称DE。

（3）四乙烯五胺和乙二胺与环氧氯丙烷合成物，称EQD。

目前采用DPE和DE为添加剂的厂家较多。

6.3.1 镀液成分和工艺规范

6.3.1.1 成分和工艺规范

碱性锌酸盐镀锌工艺规范，见表6-1。

表6-1 碱性锌酸盐镀锌工艺规范

参 数	1	2	3
ZnO/g·L⁻¹	12~20	10~14	12~15
NaOH/g·L⁻¹	100~150	80~100	100~150
三乙醇胺/mL·L⁻¹	30~50	10~30	10~30
DPE-Ⅰ/mL·L⁻¹	4~8	4~6	
DPE-Ⅱ/mL·L⁻¹			1~2
温度/℃	10~40	15~40	10~40
电流密度/A·m⁻²	100~600	100~600	100~600

6.3.1.2　工艺原理

A　NaOH

NaOH 是络合剂，它与锌离子生成三种络离子：

$$Zn(OH)^{+} \quad K_{不稳}=4.0\times10^{-5}$$

$$Zn(OH)_3^{-} \quad K_{不稳}=4.3\times10^{-15}$$

$$Zn(OH)_4^{2-} \quad K_{不稳}=3.6\times10^{-16}$$

由于有游离的 NaOH 存在，所以主要络合形式是：

$$ZnO+2NaOH+H_2O = Na_2[Zn(OH)_4]$$

此外，NaOH 的作用还有：促进阳极锌的溶解和提高镀液导电性。但是 NaOH 含量不能过高，否则，使阳极锌的溶解量过大，使镀液中锌含量上升，进而使镀层质量下降，而且 NaOH 含量过高时，镀液会散发出强烈的刺激性气味。当 NaOH 含量低时，会使镀液导电性能差，于是槽电压上升、阳极易钝化、电流密度范围狭窄、镀层发暗、粗糙等。

B　三乙醇胺

它主要可使镀层细致光亮，不过它的络合能力很弱。

它的控制量在 20 ~ 30ml/L。含量太高，会使阴极电流效率下降；并且因为它是黏稠油状液，含量高时，会使溶液电阻大，于是镀液温度易升高。

C　DPE 添加剂

没有这类添加剂时，镀层粗糙，甚至疏松呈海绵状。加入一定量后，可使镀层结晶细致、光亮，还可以使电流密度范围扩大，并改善均镀、深镀能力。但是 DPE 含量太多，会使镀层脆性增大，并易引起镀层起泡。一般控制 DPE 含量为，在不同配方中，加 DPE-Ⅰ在 4ml/L 左右，加 DPE-Ⅱ在 1 ~ 2ml/L 之间。

D　电极反应

锌酸盐镀锌属于络盐镀液，主要络合离子是 $Zn(OH)_4^{2-}$，它存在的解离平衡是：

$$Zn(OH)_4^{2-} \longrightarrow Zn^{2+}+4OH^{-} \qquad K_{不稳}=3.6\times10^{-16}$$

因此可能存在极少量 Zn^{2+}，大部分以 $Zn(OH)_4^{2-}$ 等络合离子存在。

（1）阴极反应主要有 $Zn(OH)_4^{2-}+2e = Zn+4OH^{-}$，其次有 $Zn^{2+}+2e = Zn$。

电流效率较低，有氢析出：　　$2H^{+}+2e = H_2\uparrow$

（2）阳极反应主要是可溶性阳极锌失电子被溶解为锌酸根阴离子即：

$$Zn+4OH^{-}-2e = Zn(OH)_4^{2-}$$

在阳极溶解不良时，会出现析氧的电化学反应，即：

$$4OH^{-}-4e = 2H_2O+O_2\uparrow$$

6.3.2　镀液的配制方法

（1）在槽内加入要求的总容积的三分之一的水，并把计算量的 NaOH 加入槽内，搅拌溶解。

（2）把计算量的 ZnO 用水调成糊状，在不断搅拌下，逐渐加入槽中，使它全部溶解。再用水稀释到要求的总容积。

（3）在不断搅拌下，加入需要量的三乙醇胺。

（4）为了还原溶液中杂质金属离子（铜、铅等），应加入纯锌粉1～4g/L，加入时应不断搅拌，最后把镀液澄清过滤。

（5）电解数小时。

（6）加入添加剂，搅拌均匀，即可试镀。

6.4 硫酸盐镀锌

硫酸盐镀锌是属于低酸度单盐电镀液，因此，该工艺的特征是阴极极化作用小，阴极极化度也小，结晶较粗，均镀和深镀能力较差。此外镀液对设备有腐蚀作用。

但是，这种镀液用于电镀简单结构的钢丝时，还是有不少优点的。这种镀液组成简单，性能稳定，电流效率高，允许的电流密度上限值较高，因此也有较快的电沉积速度。如果配合压缩空气搅拌镀液，采用较高浓度和较高温度，便可以使用大的电流密度进行电镀锌，这时沉积速度大，生产效率很高。

6.4.1 钢丝电镀锌工艺规范

现在，提出两种工艺制度，这两种工艺是以硫酸锌含量的高低来划分的常用工艺。其中，硫酸锌含量约为650～750g/L（有的厂达到950g/L）是高浓度镀液，含量约为400～550g/L的镀液是中等浓度镀液。

6.4.1.1 电镀工艺

不同浓度的电镀锌工艺规范见表6-2。

表6-2 不同浓度的电镀锌工艺规范

参　数	中等浓度型	浓度较高型
$ZnSO_4 \cdot 7H_2O$	450～550g/L	650～750g/L
$Al_2(SO_4)_2 \cdot 18H_2O$		6g/L
$KAl(SO_4)_2 \cdot 12H_2O$		24g/L
硫酸	1.0～1.5g/L	
镀液比重	1.3～1.4	1.42～1.44（20℃）
pH	3～4	3～4
镀液温度	常温	30～50℃
电压	5～6V	6～8V
电流密度	$(2 \times 10^3) \sim (3 \times 10^3)$ A/m²	$(2.5 \times 10^3) \sim (6 \times 10^3)$ A/m²
阴极材料	铸造锌板	轧制锌板或铸造锌板
压缩空气搅拌		有，0.2L/(L·min)
循环过滤情况	定期过滤	连续循环过滤

6.4.1.2 工艺流程

电镀锌工艺流程为：钢丝表面处理→电镀→冷水洗→热水洗→干燥→收线。现仅将钢丝表面的处理介绍如下。

表面处理主要用于清除钢丝表面的油污和氧化铁皮。表面处理有三种工艺流程。

（1）油污较轻的成品钢丝的工艺流程：

一步法电解酸洗→热水洗→冷水洗→电解碱洗去残渣→热水洗→冷水洗。
└→（或两排冷水冲洗）

其中，一步法电解酸洗的工艺参数为：浓硫酸（密度1.84）200mL/L，酸洗附加剂（其中乳化剂28%、防泡沫剂72%）4ml/L；铁含量小于（等于）80g/L；溶液比重（20℃）1.22；温度20～35℃；电流密度$8\times10^3\sim1\times10^4 A/m^2$，电压约8V；钢丝为无触点通电，其极性为阴阳极交替共四段（+－－+）；电极材料为铅（含锑10%），电极面积与钢丝表面积比为（8～24）：1；压缩空气搅拌：0.2L/（L·min）；电解时间10～28s。

（2）钢丝表面油污较多的工艺流程：

碱洗→热水洗→冷水洗→化学酸洗→两排冷水冲洗（或热水洗→冷水洗）→电解碱
└→（或电解酸洗）↑

洗去残渣→热水洗→冷水洗。

其中，化学酸洗和电解酸洗工艺参数的工艺参数分述如下。

化学酸洗：盐酸150～200g/L，含$FeCl_2$量小于150g/L，常温进行酸洗，时间（对光面钢丝）不少于10s。

电解酸洗：使用硫酸溶液为电解液，其中含H_2SO_4 100～150g/L，含$FeSO_4$量小于150～180g/L，常温进行酸洗，电流密度取$(8\times10^3)\sim(1\times10^4)A/m^2$，电压取约8V。钢丝为无触点通电，钢丝的极性分四段（+－－+）。电极用铅板，电极面积与钢丝表面积比为（5～10）：1。

（3）铅浴淬火后的钢丝，油污已经烧烤，可以省去前道碱洗工序。工艺流程如下：

铅淬火→冷水洗→电解酸洗（或化学酸洗）→两排冷水冲洗→电解碱洗去残渣→热水洗→冷水洗。

其中，化学酸洗和电解酸洗工艺参数前面已经作了介绍。

这三种表面处理的工艺流程中，都有电解碱洗去残渣工序，它的工艺参数介绍如下：NaOH 300g/L，NaCl 60g/L，硅酸钠（$Na_2SiO_3\cdot9H_2O$）3～4g/L。溶液比重（20℃）1.32，温度40～50℃，电流密度$(8\times10^3)\sim(1\times10^4)$ A/m^2，电压约8V，钢丝为无触点接电，钢丝极性为两段交替（－+），电极材料是镀镍钢板，电极面积与钢丝表面积比为（8～24）：1。电解液采用压缩空气搅拌0.2L/（L·min），并进行连续循环，电解时间为3～7.5s。

6.4.2 电镀锌工艺条件的影响

6.4.2.1 硫酸锌含量

（1）$ZnSO_4$高浓度含量的镀液，由于主盐浓度高，并且温度也较高，因此降低了阴极极化作用，使镀层粗糙。本工艺因为采用高的电流密度（J_k），由于存在过量的Zn^{2+}，因此能够增加晶核的形成速度，得到合格的镀层。由于采用高电流密度，因此可能产生浓差极化，为了消除浓差极化，可采取镀液搅拌，高浓度，以及较高温度的措施，提高离子的扩散速度。于是能够在大电流密度下，以较快的沉积速度进行生产，提高了生产效率。

（2）硫酸锌为中等浓度（400 ~ 500g/L）的镀液，适用于常温电镀，并且不采取空气搅拌，电流密度也较低，约为 $2\times10^3\sim4\times10^3A/m^2$。

总之，在采用高速电镀锌时，$ZnSO_4$ 浓度在 2 ~ 2.5M，pH 在 3 ~ 4 范围内，对电镀无不良影响。

6.4.2.2 附加盐

如 Na_2SO_4，$Al_2(SO_4)_3$，$KAl(SO_4)_2$ 等。其中 Na_2SO_4 是导电盐，增加镀液的电导率。

硫酸铝和硫酸钾铝的作用有：

（1）它是镀液的缓冲剂，用于稳定 pH 值。在 pH 为 4 ~ 4.5 时，其中硫酸铝发生水解

$$Al_2(SO_4)_3+6H_2O=2Al(OH)_3+3H_2SO_4$$

（2）硫酸铝对阴极极化作用有一定影响，可以提高阴极极化作用。原因是 Al^{3+} 比 Zn^{2+} 带电荷多，Al^{3+} 进入双电层中，排挤了一部分 Zn^{2+}，使 Zn^{2+} 在电极表面附近液层的浓度下降，有助于阴极极化；另外 $Al_2(SO_4)_3$ 水解产物 $Al(OH)_3$ 为胶体，能吸附在阴极表面上，阻滞了放电离子的反应，即增大了极化作用，使镀层细致。

图 6-2 为酸性硫酸盐镀液的极化曲线。（硫酸铝的含量一般为 30g/L 左右）

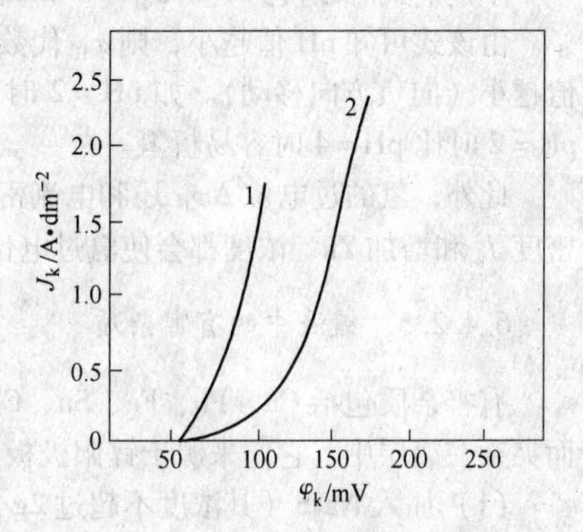

图 6-2 酸性硫酸盐镀液极化曲线

pH = 3.8 ~ 4.4 t = (20 ± 0.5)℃

1—80g/L $ZnSO_4$；2—120g/L $ZnSO_4$ + 30g/L $Al_2(SO_4)_3\cdot18H_2O$

6.4.2.3 镀液的搅拌和过滤

A 压缩空气搅拌

在较高的硫酸锌浓度和较高温度下，采用高电流密度进行快速镀锌时，必须对镀液进行搅拌。搅拌方式是在槽底部通入无油的压缩空气。通过搅拌，加速镀液的对流和扩散，使阴极附近液层中的金属离子及时得到补充；另外，空气中的氧可以和阴极上可能析出的氢相结合生成水，从而减少氢气析出。但是，空气搅拌不可剧烈，否则会使镀液中形成氧化气氛，促进某些副反应的发生。

设计时参考各厂的数据，得出下面几组参数：每分钟压缩空气需要量为 0.3 ~ 0.5m^3，即 0.3 ~ 0.5m^3/min。工作方式为连续通气。例如，小电镀槽两个，镀液总有效容积为 15m^3，要求压缩空气压力为 2.94×10^4Pa，每升镀液每分钟通入空气量 0.16L，于是每分钟总需要空气量为 2.5m^3；又如小电镀槽两个，镀液总有效容积为 12m^3，压缩空气压力取 5.9×10^4Pa，每升镀液每分钟通入空气 0.08L，于是每分钟总需空气量为 1m^3；再如大电镀槽一个，有效镀液容积为 10m^3，要求空气压力 4.9×10^4Pa，每升镀液每分钟 0.3L 空气，于是每分钟总需空气量为 3m^3。

B 循环过滤

采用空气搅拌的镀液，应配备连续循环和过滤系统。循环过滤的速度每小时 1 ~ 2 次为宜。

6.4.2.4　pH 值的影响

pH 值一般为 3 ~ 4.5。若 pH 值过高，可能是阴极析氢，消耗了 H^+ 的缘故，使阴极附近液层 OH^- 浓度上升；若 pH 值达到 6 ~ 6.5，就会有氢氧化锌生成，它沉积在镀层之中，使镀层粗糙、疏松。当 pH 值过低，一方面加速阳极锌的化学溶解而使镀液的锌离子含量不稳定，出现过量的 Zn^{2+}。另一方面，在 pH 值降低时，使氢的析出电位向正方向变化，使氢易析出，H_2 析出量增加可使电流效率下降以及镀层质量变差，根据析出电位的公式可以分析得出 pH 值与氢析出电位的关系：

$$\varphi_H = \varphi_H^\circ + \frac{0.059}{n}\lg C_{H^+} + \Delta\varphi_H \quad (25℃) \tag{6-1}$$

式中　φ_H——氢的析出电位；

n——氢的化合价；

C_{H^+}——镀液中 H^+ 浓度（应为活度）；

$\Delta\varphi_H$——在刚刚析出氢的电流密度下氢的过电位（在锌上 $\Delta\varphi_H = -0.7V$）。

于是上式可以换为　　$\varphi_H = -0.059pH - 0.7$　　($\varphi_H^\circ = 0$)

由该式可知 pH 值越小，则 φ_H 代数值越大（向正方向移动）；pH 值越大，则 φ_H 代数值越小（向负方向移动）。如 pH = 2 时，$\varphi_H = -0.818V$；pH = 4 时，$\varphi_H = -0.936V$。在 pH = 2 时比 pH = 4 时容易析氢。

此外，氢的过电位 $\Delta\varphi_H$ 还和电流密度（塔菲尔公式）以及 Zn^{2+} 浓度有关，提高电流密度 J_k 和增加 Zn^{2+} 浓度都会使氢过电位 $\Delta\varphi_H$ 增加；而增高温度使氢过电位降低。

6.4.2.5　镀液中的有害杂质

有害杂质包括 Cu、Pb、Fe、Sn、Cd、As 等，它们的电位较锌的电位正，很容易析出而夹杂在镀层中。它们来源于锌阳极板、硫酸、铜导电杠等。消除这些杂质的方法有：

（1）加入 Na_2S（其浓度不超过 2g/L，否则将因 ZnS 的生成而消耗 Zn^{2+}），使其他杂质以金属硫化物形式生成沉淀，过滤除去。

（2）在镀液中 Zn^{2+} 浓度低时，含有 Pb^{2+}、Cu^{2+} 等，可加入 1 ~ 2g/L 锌粉，剧烈搅拌，置换出杂质金属，过滤除去。

此外，还有电解法除杂质。

6.4.3　镀液的配制

把计算量的硫酸锌（若有 Na_2SO_4，也同时加入）投入镀槽，将所需容积一半的热水倒入槽内，搅拌溶解。

把硫酸铝（也有明矾、糊精等）另外加入热水溶解，然后在不断搅拌下慢慢加入镀槽。

加水配成所需液体容积。搅拌均匀，调整 pH。在 $J_k = 50A/m^2$，通电处理 4 小时，分析、调整、试镀。

6.4.4　电镀锌车间的工艺设计

电镀锌车间的工艺设计内容主要有如下几大方面，现在分别进行讨论。这里以钢丝电镀锌为例。

6.4.4.1 产品纲领以及原料消耗

该项包括四个内容。

(1) 产品品种。电镀锌钢丝的品种和产量，应该由商品钢丝和钢丝绳钢丝的上锌量来决定。例如，必须进行电镀锌品种的有航空钢丝绳用钢丝，高强度钢丝绳用钢丝，一般用途电镀锌低碳钢丝等。此外，要考虑电镀机组的生产能力和技术、经济的合理性。也有的是按设计计划任务书来决定产品的品种和产量。

(2) 对锌层的要求。各种品种要求电镀的钢丝应该要参照相应的标准（GB 或 YB）来确定其上锌量。

(3) 产品纲领。电镀车间的产品纲领应按表 6-3 格式来说明。其中设备计算可依据光面钢丝量，也可以依据年产量。

表 6-3 电镀车间的产品纲领

序号	品种	钢丝直径（毫米）		锌层质量 /g · m^{-2}	年产量 N/t	成品率 /%	年加工量		备注
		成品电镀	半成品电镀				光面钢丝量 /t · a^{-1}	上锌量 /kg · a^{-1}	
①	②	③	④	⑤	⑥	⑦	⑧	⑨	⑩

产品纲领的有关计算：

1) 每吨镀锌钢丝的上锌量（千克锌/吨钢丝）G_{Zn}

$$G_{Zn} = 0.51 \times \frac{g_{Zn}}{d} \tag{6-2}$$

式中 d——钢丝直径，mm；

g_{Zn}——锌层质量，g/m^2；

G_{Zn}——每吨钢丝上锌量，kg/t。

公式的推导如下：

$$W = \frac{1}{4} \times \pi \times \frac{d^2}{100} \times 1000 \times 10^2 \times 7.85 = 6.165d^2$$

式中 7.85——钢丝的密度，g/cm^3；

W——每千米钢丝质量，kg/km。

于是每千克钢丝折合千米长度为：

$$L = \frac{1}{W} = 0.162 \times \frac{1}{d^2} \tag{6-3}$$

式中 L——每千克钢丝的千米长度，km/kg。

因为 $G_{Zn} = \pi d L g_{Zn}$，其中 πdL 为钢丝表面积。所以代入式（6-3）后得出式（6-2）：

$$G_{Zn} = 0.51 \times \frac{g_{Zn}}{d}$$

2) 每吨镀锌钢丝的光钢丝量 G_S

$$G_S = 1000 - G_{Zn} \tag{6-4}$$

式中　G_S——每吨镀锌钢丝的光钢丝重量，kg/t。

3）已知镀锌钢丝年产量 N（t/a），由计划要求而知见表 6-3 中第⑥栏。

于是可求出：

第⑧栏，年光钢丝量 $=\dfrac{NG_S}{1000\eta}$（t）。

第⑨栏，每年生产 N 吨镀锌钢丝的每年上锌量（kg/a）$=\dfrac{NG_{Zn}}{\eta}$

式中　η——成品率（%），一般定为97%，这里扣除工序加工消耗和废品。如果是半成品，电镀时的年产量 N 还包括4%的拉丝损耗。

【例 6-1】半成品钢丝直径为 $d=0.8$mm，要求上锌量 $g_{Zn}=160\text{g/m}^2$，求每吨镀锌钢上锌量 G_{Zn} 和光钢丝量 G_S。

解：

$$G_{Zn}=0.51\times\frac{g_{Zn}}{d}=0.51\times\frac{160}{0.8}=102(\text{kg(锌)/t})$$

$$G_S=1000-G_{Zn}=1000-102=898(\text{kg(光钢丝)/t})$$

从每吨钢丝表面积（m^2），也可以求出上锌量 G_{Zn}。每吨钢丝表面积 $=\pi dL\times1000$

于是对 $d=0.8$mm 钢丝每吨的表面积：

$$=\pi dL\times1000=3.14\times0.8\times\left(0.162\times\frac{1}{d^2}\right)\times1000$$

$$=3.14\times0.8\times\left(0.162\times\frac{1}{0.8^2}\right)\times1000=637\text{m}^2/\text{t(钢丝)}$$

最后求出 $G_{Zn}=637g_{Zn}=637\times160=102\text{kg/t}$。

（4）主要原料耗量：

1）光面钢丝消耗量（t）。各种规格、品种的镀锌钢丝，每年加工的光面钢丝量 $=\dfrac{NG_S}{1000\eta}$（t/a）计算出来后，统计在第⑧栏中，各种钢丝相加起来，便得光面钢丝耗量。

2）耗锌量 $=\left(\sum\dfrac{NG_{Zn}}{\eta}\right)\times K_{Zn}$（kg）。

式中　$\sum\dfrac{NG_{Zn}}{\eta}$——由各种品种镀锌钢丝年产量 N，得出各种品种每年上锌量，即 $\dfrac{NG_{Zn}}{\eta}$，然后加和起来，即 $\sum\dfrac{NG_{Zn}}{\eta}$。这是第⑨栏的统计加和；

K_{Zn}——耗锌系数，有的厂取 1.2，它包括阳极泥、熔锌铸板损耗等。

6.4.4.2　生产工艺和设备选择

A　工艺选择

一般电镀锌车间的工艺流程有两种：

（1）光面钢丝。表面处理→电镀→清洗→干燥→收线。

（2）热处理钢丝。基本同上面流程，由于热处理时已对钢丝表面油污进行烧烤，可在表面处理中省去碱洗脱脂工序。

电镀工序的工艺参数，举例见表 6-4。

表 6-4 电镀工艺参数表

参 数	工 艺 序 号	
	工艺（1）	工艺（2）
$ZnSO_4 \cdot 7H_2O$	450 ~ 550g/L	650 ~ 750g/L
$Al_2(SO_4)_2 \cdot 18H_2O$		6g/L
明矾 $KAl(SO_4)_2 \cdot 12H_2O$		4g/L
硫酸	10g/L	
镀液密度	1.3 ~ 1.4g/L	1.42 ~ 1.44g/L（20℃）
pH	3 ~ 4	3 ~ 4
镀液温度	常温	30 ~ 50℃
电压	（5 ~ 6）V	（6 ~ 8）V
阴极材料	铸造锌板	轧制锌板或铸造锌板
搅拌	无	0.2L/(min · L)(液)
电流密度	$(2\times10^3)\sim(3\times10^3)$ A/m²	$(2.5\times10^3)\sim(6\times10^3)$ A/m²
循环过滤	定期过滤	连续

工艺（1）：镀液在没有连续循环过滤和无压缩空气搅拌的条件下进行电镀。

工艺（2）：镀液在连续循环过滤和有压缩空气搅拌下电镀。

B 设备选择

(1) 选择的原则。设备选择时首先要符合工艺和车间产量的要求。此外，还要参考以下几方面内容：

1）电镀锌各槽尺寸选用数据（净空尺寸）：镀锌槽长度有 20m、28m、35m 三种，电解碱洗槽长 2.5m，电解酸洗槽长 5.5m，化学酸洗槽长 6 ~ 8m，冷水洗槽长 1 ~ 1.2m，热水槽长 1 ~ 1.2m，砂槽长 1 ~ 1.2m。上述各槽宽：镀 12 根线的为 800 ~ 900mm；镀 18 根线的为 1100 ~ 1250mm。各槽深 300 ~ 500mm。

2）为了提高电镀机组产量和单位面积产量应选用高电流密度的电镀设备。要求设备中阴极接触面积大，镀液有循环过滤系统，压缩空气搅拌，多根钢丝运行等。

3）每根钢丝最大电流与电流密度和线径有关。此外还和阴极形式和个数有关。生产实际中常常规定：

压枪式阴极，每个载流量约 35 ~ 40A，适于较粗钢丝。

棒形阴极（浸入式阴极和托压式阴极交替排列）每个棒形阴极载流量约 10 ~ 13A。适于中、细钢丝。

4）充分发挥整流设备能力。

5）一般钢丝电镀时采用压入式，高强度或粗钢丝可采用直线式。

6）环保措施。

(2) 电镀机组的性能：

1）充分利用供电设备最大电流来计算机组产量。在镀槽所有阴极允许的总电流范围内，机组产量由供电整流设备能力决定。

2）在一个机组上电镀钢丝直径范围很大，且供电设备能力够用，则可在镀细钢丝时用电流密度最大值，镀粗钢丝时适当降低电流密度。同时采用 ϕ400mm 和 ϕ600mm 卷筒。

6.4.4.3　机组产量计算

（1）电镀槽总电流。根据阴极形式和个数计算单根钢丝电流 I_1，最大总电流，选择整流设备。例如用浸入式棒形阴极，每个阴极载流量为 10 ~ 13A，共 19 个，于是 $I_1 = (10 \sim 13) \times 19 = 190 \sim 247$A/根，若有 n 根钢丝，如 $n = 18$，则 $I = nI_1 = 18 \times 247 = 4446$(A)。可选 5000A 整流设备。

（2）阴极电流密度 J_k

$$J_k = \frac{10I_1}{\pi dL} \tag{6-5}$$

式中　L——有效镀锌长度，m；

d——线径，mm；

J_k——阴极电流密度，A/dm²。

例如上例 $I_1 = 247$A，若 $L = 19.8$m，对于 $d = 0.7$mm 钢丝，$J_k = 5.64 \times 10^3$ A/m² ($J_k = 56.4$ A/dm²)；$d = 1.6$mm 钢丝，$J_k = 25$ A/dm²。ϕ400mm 卷筒适宜收线直径 ϕ0.8 ~ 1.6mm。

（3）电镀钢丝速度 v

$$v = 1.93 \times \frac{LJ_k}{g_{Zn}} (\mathrm{m/min}) \tag{6-6}$$

推导如下：

根据式（5-15）$t = 3.7 \times \frac{\delta}{J_k}$ 和 $g_{Zn} = \delta\rho$，可以导出下式。

沉积时间　$t = 0.518 \frac{g_{Zn}}{J_k} (\mathrm{min})$

将 t 代入 $v = \frac{L}{t}$ 得　$v = 1.93 \times \frac{LJ_k}{g_{Zn}}$

最高速度允许在 35m/min 以下。

式中　g_{Zn}——上锌量，g/m²。

如 0.8 ~ 1.6mm 钢丝，$v = 19.3 \sim 5.36$m/min

（4）电镀机组班产量 B

$$B = 0.37vd^2 Zn \times 8 (\mathrm{kg/班}) \tag{6-7}$$

式中　Z——作业率，如可取 0.9；

n——钢丝根数。

例如 $n = 18$，则　$B = 48vd^2$　(6-8)

作业率 Z 应考虑非生产时间：

（1）有循环过滤镀槽三个月清理一次，每次两个班，无循环过滤的镀槽一个月清理一次，每次两个班。盐酸酸洗、电解酸洗、碱洗各槽一个月清一次。

（2）节假日前准备，包括溶液放空、取出阴极等约2h，每班均约7min。

（3）节假日后开车准备，包括镀液加热，注入镀槽等约3h，每班平均约9min。

（4）更换品种，平均每班12min；断线处理，平均每班8min。

（5）铅淬火加热炉维修需2个月1次，每次3天，平均每班30min。

各种情况的作业率为：

（1）电镀机组。三班制，非生产时间每班48min，作业率 $Z=90\%$。

（2）有铅淬火的电镀机组，非生产时间每班30min，作业率 $Z=88\%$。

如钢绳钢丝 $d=1.2$mm，根数 $n=18$，钢丝速度25.6m/min，钢丝产量1.77t/班（0.565班/t），电镀锌上锌量 $g_{Zn}=120\text{g/m}^2$，$J_k=5.8\times10^3\text{A/m}^2$（$J_k=58.0\text{A/dm}^2$），总电流 $I=10800$A。

6.4.4.4 机组参数

（1）宽度4.5～6m，12～18根钢丝。

（2）车间高度。无起重设备，屋架下弦最低5米。有吊车，一般吊车轨面标高5～6m。

（3）可配1～2t轻型吊车。

（4）半成品库，镀后钢丝库。化验室、材料库等其他辅助间。

6.4.4.5 动力消耗

A 生产用水

（1）用户测水压一般不低于 $9.8\times10^4\sim1.5\times10^5$Pa，带喷管的冷水冲洗水压不超过 5×10^4Pa。

（2）水质要求：蒸发残渣200～300mg/L；炭渣100～200mg/L；钙50～80mg/L；氯化物最大50mg/L；硫酸盐最大80mg/L。

（3）热水用量

$$Q=\sqrt{\frac{B}{2}}\times0.5$$

式中 B——班产量，t/班；

Q——每小时用水量，m^3/h。

（4）冷水用量为热水槽用水量的3倍。

如班产量0.26t/班，则热水槽用水量为 $0.2\text{m}^3/\text{h}$，冷水槽用水量为 $0.6\text{m}^3/\text{h}$。

（5）铅淬火后冷水槽平均用水量为 $0.2\text{m}^3/\text{h}$。

（6）冲洗槽（连续用水，并由两排喷洗管）第二冲洗管用新水，第一冲洗管用第二冲洗管废水。水压 5×10^4Pa，每个喷嘴用水量为 $0.25\text{m}^3/\text{h}$。

$$\text{冲洗槽的用水量}=\text{钢丝根数}\times0.25(\text{m}^3/\text{h})$$

（7）车间和机组的用水量。每个机组的平均小时用水量为各个槽用水量之和。车间年用水量为各机组年用水量之和。

B 蒸汽耗量

（1）用户及压力。用于碱洗槽及热水槽等加热、保温的蒸汽压力不大大于 $1.5\times10^5\sim2\times10^5$Pa。要求在半小时内达到工作温度。

（2）每个用户的蒸汽用量举例说明。

1）电解碱洗槽。槽子尺寸 $2.5\times1.25\times0.34=1.07m^3$，溶液体积（以 V 表示）为 $0.9m^3$，材料 8mm 钢板内衬玻璃钢 2 毫米。产量 0.180 千克/小时。水温为冬天 5℃，夏天 25℃，溶液温度 70 ~ 80℃。蒸汽耗量为冬天加热时用 140V（千克/小时），保温用 10V（kg/h）。夏天加热用 100V（千克/小时），保温用 5V（千克/小时）。

2）热水槽。尺寸 $1.2\times1.25\times0.29=0.35m^3$，溶液体积 V 取 $0.4m^3$。材料 8mm 钢板内壁刷漆，产量 0.180（kg/h）。水温为冬天 5℃，夏天 25℃，溶液温度为 40 ~ 60℃。蒸汽耗量为冬天加热时用 200V（kg/h），保温时用 70V（kg/h），夏天加热时用 170V（kg/h），保温时用 50V（kg/h）。按产量可适当增减蒸汽耗量。

C　压缩空气

用于镀液搅拌的压力要求为 $2.9\times10^4\sim5.9\times10^4Pa$，标准状态用气量按每立方米溶液、每分钟用气量为 $0.3\sim0.5m^3$。

6.4.4.6　辅助材料消耗

（1）$ZnSO_4\cdot7H_2O$。消耗于钢丝带出量，循环过滤损失，槽子清理时损失。

（2）硫酸。硫酸主要消耗于锌板阳极的化学溶解。

举例：电镀 $d=1.0mm$ 钢丝，上锌量为 $160g/m^2$，镀液含硫酸锌 700g/L，每吨钢丝硫酸锌耗量估算为 62kg/t，硫酸耗量 3.25kg/t。

6.5　镀锌钢丝的镀层质量检验

镀锌钢丝成品应根据相应标准进行质量检验。镀锌钢丝应该进行尺寸公差，外观质量以及机械性能的检验，此外还要进行镀锌层耐蚀性能的检验。锌层的质量检验主要包括均匀性、厚度、锌层与钢基的结合牢度。

6.5.1　硫酸铜试验

（1）目的。用来检验镀层的均匀性。

（2）原理。利用锌与铜的电极电位不同，锌的 $\varphi_{Zn^{2+}/Zn}$ 比铜的 $\varphi_{Cu^{2+}/Cu}$ 的电极电位代数值较小，故在电化学反应中，锌比铜活泼，金属锌可以把铜从含 Cu^{2+} 盐中置换出来，锌成为 Zn^{2+} 进入溶液，铜沉积在钢丝表面上，即发生 $Zn+CuSO_4=Cu+ZnSO_4$ 的反应。使得钢基上附着上牢固的铜层，这显然在锌层最薄的地方首先出现，直至达到试验的终点，从而体现了锌层不均匀的程度。

标准电极电位值 $\varphi^{\circ}_{Zn^{2+}/Zn}=-0.763V$，$\varphi^{\circ}_{Cu^{2+}/Cu}=+0.34V$。

此方法不能得出镀层的实际厚度，在镀层均匀的情况下，耐硫酸铜的次数与镀层厚度成正比例关系，故仅仅作为镀层厚度的参考。

（3）试验方法。现执行 GB 2972—82 的方法。

1）药液配制。将纯的结晶硫酸铜（$CuSO_4\cdot5H_2O$）与蒸馏水混合，加热溶解，再以新配得的氢氧化铜 $Cu(OH)_2$ 中和上述溶液，过剩的 $Cu(OH)_2$ 沉淀，过滤后，滤液放置若干小时便可使用。新的 $Cu(OH)_2$ 配制方法是用氢氧化钠溶液加入到硫酸铜溶液中，生成浅绿色沉淀便为 $Cu(OH)_2$。

2）试验过程。把镀锌钢丝试样，用酒精、苯等有机溶剂擦拭，以除去油污，再用脱脂棉擦干，然后浸入硫酸铜溶液。$CuSO_4$ 溶液用200ml，液体高度为100mm，每次浸入时间为60s或30s，取出后立即用清水冲洗，如此反复多次直至钢丝表面附着牢固的铜层为止，以终点次数减1为硫酸铜试验次数，记为次数/30s，或者次数/60s。

这种方法还可以观察镀层的孔隙率。

硫酸铜溶液使用根次数见表6-5，超过表6-5数值，试液应该重配。

表6-5　硫酸铜溶液允许使用的根次数

试样直径/mm	试样根次数（不大于）		每次浸置时间/s
	每次放入根数	允许根次数	
≤0.3	100	200	30
>0.3~1.0	40	80	30
>1.0~2.5	20	80	60
>2.5~3.0	8	40	60
>3.0~6.0	4	20	60

6.5.2　锌层质量试验

现执行GB 2973·1—82。大多采用重法测量，有的也采用气体法。

（1）测试过程。钢丝试样长度不小于300mm，对直径小于1.5mm钢丝试样长度 L 应按公式 $L=\frac{450}{d}$（mm）取长度，d 为线径。试样表面用无水乙醇擦净油污后准确称重，精确到0.001g。试样可弯成U形。然后把试样浸入盐酸-三氯化锑溶液中，溶解掉锌层，直到不再冒 H_2 泡为止。其后，试样用水洗净，用棉花擦净，放入100℃至105℃烘干，量取去锌后的钢丝直径，并精确称重。

（2）盐酸-三氯化锑溶液的配制。加 $SbCl_3$ 目的是抑制盐酸对钢基的侵蚀，使盐酸仅与锌镀层反应，使镀层溶解为止。母液为把32g $SbCl_3$ 或20g Sb_2O_3 溶于1000mL比重为1.12至1.19盐酸中，成为母液。把母液量取5mL加入到100mL比重为1.12至1.19的盐酸中，便制成试液，待用。

锌层厚度　$$\delta=0.275\gamma d(\text{mm}) \tag{6-9}$$

锌层质量　$$g_{Zn}=1960\gamma d \tag{6-10}$$

式中　δ——锌层厚度，mm；

g_{Zn}——上锌量，g/m²；

d——去掉锌层后，钢丝的直径，mm；

γ——锌铁比，$\gamma=\frac{W_0-W_1}{W_1}$，$W_0$ 为原试样未溶去锌质量，W_1 为浸蚀掉锌层后的试样重，g。

（3）若已知上锌量 g_{Zn}(g/m²)，可由锌的平均密度 ρ_{Zn}(g/cm³)，求出锌层厚度 δ(μm)。

$$\delta=\frac{g_{Zn}}{\rho_{Zn}} \tag{6-11}$$

式中 ρ_{Zn}——锌的平均密度，g/cm^3；

δ——锌层厚度，μm。

举例：镀前钢丝直径1.78mm（$d_{前}$），镀后直径为1.86（$d_{后}$），镀锌温度460℃，浸锌时间8s，估算镀层厚度$\delta=\frac{d_{后}-d_{前}}{2}=0.04\text{mm}=40\mu\text{m}$，于是估算上锌量为$g_{Zn}=\delta\cdot\rho_{Zn}=40\times7.14=285\text{g/m}^2$。又如钢芯铝绞线镀锌钢丝，线径1.1mm，上锌量$g_{Zn}$要求120g/m^2，估算镀层厚度$\delta$为16.8μm。例如：上锌量$g_{Zn}$为263g/m^2，估算厚度$\delta$为37μm。

试液也可用六次甲基四胺配置，效果也很好。

6.5.3 缠绕试验

现执行GB 2976—82。

（1）目的。试验锌层与钢基的结合牢度和锌层的挠性。

（2）方法。将镀锌钢丝成螺旋状缠绕在规定直径的芯棒上，圈数不少于6圈，芯棒旋转速度不应大于20r/min，缠绕后，锌层不应开裂和脱落。芯棒直径由镀锌钢丝品种、规格和要求而定，通常规定为试样直径的5倍、8倍、10倍等。

习　题

6-1　描绘硫酸锌电镀液的特性；其溶液中Zn^{2+}来源是什么？硫酸锌镀锌的阴极主反应是什么？

6-2　某厂航空钢丝绳钢丝电镀锌车间，电镀槽尺寸为20.5m×1.4m×0.5m，收线机转速$\gamma=10\text{r/min}$，卷筒直径$D=400\text{mm}$，光面钢丝直径$d=0.8\text{mm}$，要求锌层厚度$\delta=23\mu\text{m}$，工艺制度要求电流密度$J_k=54\text{A/dm}^2$，并连续循环过滤和压缩空气搅拌。问钢丝在槽有效长度L为多少？若同镀20根钢丝，总电流为多少？电镀时间为多少？

6-3　硫酸锌电镀液电镀锌工艺条件对镀层质量的影响是怎样的？

6-4　镀锌钢丝的镀层质量有哪些检验方法？

6-5　怎么进行镀锌质量试验？

7 钢丝电镀铜

7.1 钢丝电镀铜的应用和工艺类型

7.1.1 铜镀层的特性及应用

7.1.1.1 铜镀层的特性

铜是红色光泽的金属，其原子量为63.54，密度为8.9g/cm^3，熔点为1083℃。铜具有良好的延展性能。具有良好的导热性和导电性及柔软性能。

铜的化学特性是与盐酸和稀硫酸作用极为缓慢，但是，它易溶于热的浓硫酸和硝酸中，这是因为浓硫酸和硝酸是氧化性酸。铜易在空气中氧化，在加热时反应加速。在潮湿空气中，受CO_2或氯化物作用后，会生成一层碱式碳酸铜或氯化铜膜。与硫化物或空气中工业气氛的H_2S作用，会生成棕黑色硫化铜。

铜的电化学特性：一价铜的电化当量为2.372g/(A·h)，二价铜的电化当量为1.186g/(A·h)。铜的标准电位：一价铜$\varphi^{\circ}_{Cu^+/Cu}=+0.52V$，二价铜$\varphi^{\circ}_{Cu^{2+}/Cu}=+0.34V$。铜的电极电位比铁的较正，故在钢丝上的铜镀层属于阴极性镀层。在铜层开裂或有孔隙时，形成原电池，铜为阴极，钢基作阳极，使该处裸露出来的钢基体比没镀铜时腐蚀得要快，故铜层对钢基体不能起电化学保护。

7.1.1.2 钢丝电镀铜的应用

一般钢铁制品把铜镀层作为中间镀层，以提高钢基体与表面镀层的结合力，并有利于表面镀层入槽电镀时顺利进行。如钢件镀镍或铬时，以铜为中间层。此外，对减少镀层孔隙，节约镍金属的耗量也有利。

钢丝镀铜的应用有：机械性保护钢基体，增加导电性，例如气体保护镀铜焊丝。还有一个重要用途是铜镀层可以增强钢丝与橡胶的结合力。有的资料表明轮胎钢丝镀铜后，与钢丝结合的橡胶，其间结合力可达687N/根以上。

钢丝与橡胶的结合力的实验方法如下：橡胶片尺寸长为100mm，宽50mm，高20mm，钢丝要调直，汽油擦拭净油脂，盐酸浸置3~5s。硫化过程是每5根钢丝为一组，放在生橡胶块内，硫配比（对紫铜镀层）应为7%~10%。硫化温度为138~140℃，硫化时间30min或40min。硫化后自然冷却4~6h。抽取钢丝，取5根钢丝拉出力的平均值，测得抽出力，单位是：N/根。

7.1.2 镀铜液类型

镀铜分为有氰镀铜和无氰镀铜两大类。有氰镀铜即氰化物镀铜；无氰镀铜大致可分为

“焦磷酸酸镀铜”、硫酸盐镀铜、酒石酸盐镀铜、氨三乙酸镀铜、有机膦酸盐镀铜等（采用 HEDP 镀铜，HEDP 是羟基乙叉二膦酸的代号）。

现在简单介绍有机膦酸盐镀铜——HEDP 镀铜的方法。

HEDP 是有机膦酸称为羟基乙叉二膦酸，其结构式为：

O　OH　O
HO　‖　|　‖　OH
P—C—P
HO　|　OH
CH_3

与二价铜在 pH 为 8～10 时络合为［$Cu_2(C_2H_4P_2O_7)$］和［$Cu(C_2H_4P_2O_7)$］$^{2-}$形式，如果以 1mol HEDP 与 1mol Cu^{2+}络合时，行程如下螯合物形式：

CH_3　OH
C
O　O
P　P
HO　OH
O　O
Cu

镀液配方及工艺规范：

$CuSO_4 \cdot 5H_2O$ 为 10～20g/L，羟基乙叉二膦酸 $C_2H_8P_2O_7$ 为 50～60g/L，KNO_3 为 15 g/L。pH＝8～9，室温。在阴极移动时电流密度 J_k 为 250～300A/m^2。

HEDP 镀铜工艺的镀液成分简单，工作范围较宽，在钢铁基体上直接电镀结合良好，是一种有前途的无氰镀铜新工艺，目前正在对该工艺进行研究。

7.2　氰化物镀铜

氰化物镀铜虽然镀液成分剧毒，但是该工艺具有良好的均镀、深镀能力，所以目前有的工厂仍在采用，在生产中着重注意的是治理该镀液对环境的污染，严格控制废液排放的浓度（最高允许排放的浓度为含 CN^- 0.5mg/L）。

7.2.1　工艺原理

氰化物镀铜的络合反应形式为 $CuCN + 2NaCN = Na_2[Cu(CN)_3]$，在镀液中主要以 $[Cu(CN)_3]^{2-}$络离子和一定量的游离氰化物 NaCN 形式存在。$[Cu(CN)_3]^{2-}$络离子（称三氰合铜（Ⅰ）络离子）的 $K_{不稳} = 2.6 \times 10^{-29}$，$K_{不稳}$很小，故相当稳定，因此电镀时阴极上放电的主要是 $[Cu(CN)_3]^{2-}$，即阳极反应 $[Cu(CN)_3]^{2-} + e \rightarrow Cu + 3CN^-$。该络合离子有较大的吸附能力，吸附在阴极上，其正端向着阴极，负端向着溶液，在强电场作用下，发生变形，并直接在阴极上放电。极化的主要形式是电化学极化。此外阴极上还可能发生析氢反应，即 $2H^+ + 2e = H_2\uparrow$。

阳极反应：正常情况下发生铜溶解并转化为络离子反应，即 $Cu + 3CN^- - e \rightarrow [Cu(CN)_3]^{2-}$。若阳极发生钝化，则可能析氧，即 $4OH^- - 4e = 2H_2O + O_2\uparrow$。

7.2.2 镀液成分和工艺规范

7.2.2.1 成分的控制量

根据络合反应式　　$CuCN + 2NaCN \xlongequal{} Na_2[Cu(CN)_3]$

（量的关系）　　89.5　$2 \times 49 = 98$

可知按量的比例为 CuCN：NaCN＝1：1.1 来形成络离子，于是可由 CuCN 含量求出游离 NaCN 的量，一般后者控制在 7.5～20g/L。加热时应少加 NaCN，因为络离子在加热时易解离出 CN^-。游离 NaCN 过多，使铜析出电位趋于更负，H^+ 便容易放电，使电流效率降低，H_2 大量析出。游离 NaCN 过低时，一方面使镀层发暗而成海绵状，另一方面阳极易钝化。

7.2.2.2 配方举例

CuCN 8～35g/L，NaCN 12～54g/L，NaOH 2～10g/L，温度在 40～50℃，J_k 为 100～200A/m^2。

7.3 焦磷酸盐镀铜工艺

焦磷酸盐镀铜溶液是在生产中应用较广泛的无氰镀液。据报道，焦磷酸本身毒性不大，但是，废水中的焦磷酸盐被一些细菌吞食后，它的排出物却有较大毒性。

在钢丝电镀铜，以及采用先镀铜后镀锌的热扩散法电镀黄铜时，焦磷酸盐镀铜方法占有重要地位，它往往用于预镀铜工序，也就是首先用本工艺方法镀上一层薄的、质量好的铜层，再采用沉积速度较快的硫酸盐镀铜的主（正）镀工序。这样进行的原因是钢丝铁基体的电极电位比铜的电极电位较负，非常容易以化学置换反应从 $CuSO_4$ 溶液中把铜置换出来，形成结合力很小的铜层。故先采用络合盐——焦磷酸盐镀铜方法。镀液中二焦磷酸合铜（Ⅱ）离了 $[Cu(P_2O_7)_2]^{6-}$ 的 $K_{不稳} = 1.0 \times 10^{-9}$，故它相当稳定，游离出 Cu^{2+} 很少，由于电化学极化作用，使铜的电位向负方向偏移，于是在镀液中很难发生钢丝铁基体置换反应，通电时发生电沉积的电极反应过程，使得铜镀层细致，质量较好。

此外，有些工厂在生产中，完全以焦磷酸盐镀铜方法代替氰化物或硫酸镀铜方法，保证镀层质量方面取得了较好的效果。

7.3.1 工艺原理

在焦磷酸盐镀铜溶液中的主要成分为：提供铜的是焦磷酸铜（$Cu_2P_2O_7$），络合剂是焦磷酸钾（$K_4P_2O_7$）。

络合反应生成焦磷酸铜钾 $K_6[Cu(P_2O_7)_2]$：

$$Cu_2P_2O_7 + 3K_4P_2O_7 \xlongequal{} 2K_6[Cu(P_2O_7)_2]$$

$K_6[Cu(P_2O_7)_2]$ 是一种螯合物，是 pH 值为 7～10 时的主要络合物，络离子存在解离平衡 $[Cu(P_2O_7)_2]^{6-} \rightleftharpoons Cu^{2+} + 2P_2O_7^{4-}$ 其 $K_{不稳} = 1 \times 10^{-9}$。结构如下：

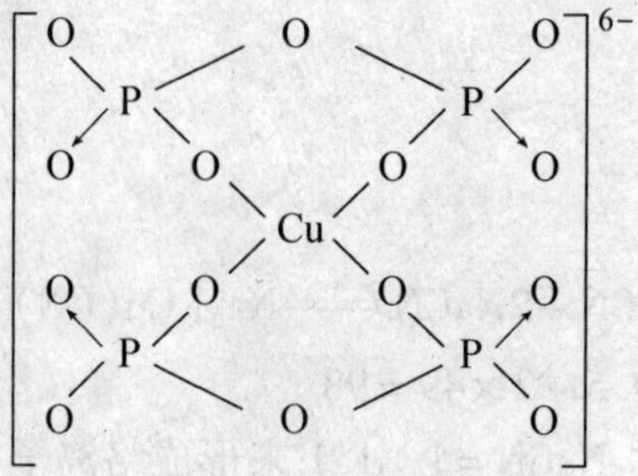

7.3.1.1　镀液中游离 $K_4P_2O_7$ 的作用

它是主络合剂。多余的游离 $K_4P_2O_7$ 使络盐更稳定，防止沉淀，提高镀液的均镀能力，改善镀层结晶。同时改善阳极溶解。

7.3.1.2　正磷酸盐的作用

在高温和 pH 值较低时会加快焦磷酸盐的水解过程，使之水解成正磷酸盐：

$$P_2O_7^{4-} + H_2O \longrightarrow 2HPO_4^{2-}$$

水解产生的正磷酸盐以及外加的正磷酸盐能在某种程度上促进阳极溶解，并对镀液起缓冲作用。但是过多的正磷酸盐积累，效果反而不好，它会使溶液的导电性能下降，光亮范围缩小。

7.3.1.3　NH_4^+ 的来源和作用

NH_4^+ 来源于 NO_3^- 在阴极的放电反应，是 NO_3^- 还原的最终产物：

$$NO_3^- + 7H_2O + 8e \longrightarrow NH_4^+ + 10OH^-$$

实际反应中，还有一部分 NO_3^- 还原为中间状态。这些中间状态的物质可以在阴极进一步还原，也可以到阳极表面重新被氧化成 NO_3^-。

由于在阴极表面上发生 NO_3^- 的还原过程，尤其在阴极电流密度大的地方 NO_3^- 放电，这就抑制氢离子的放电反应，因此避免了阴极表面附近液层的碱度上升，从而防止阴极镀层在电流密度高的地方的“烧焦”现象。这表明 NO_3^- 具有扩大电流密度范围的良好作用。而 NO_3^- 还原的最终产物 NH_4^+（铵离子），通过实践证明它也能改善阳极溶解，并能增进镀层光泽。

7.3.1.4　辅助络合剂

镀液中除了主络合剂焦磷酸盐外，还加入一些辅助络合剂，如酒石酸钾钠（$KNaC_4H_4O_6 \cdot 4H_2O$），柠檬酸（$K_3C_6H_5O_7 \cdot H_2O$ 及 $(NH_4)_3HC_6H_5O_7$），氨三乙酸盐（$N(CH_2COO)_3^{3-}$）等。

此外，若要获得光亮性镀层，还要加发光剂，其中主发光剂有含巯基的氮杂环化合物，或含巯基的硫氮杂环化合物，例如2-巯基苯骈咪唑，2-巯基苯骈噻唑等。而使用的辅助发光剂是四价硒，如二氧化硒（SeO_2）、亚硒酸钠等。

7.3.1.5　电极反应

A　阴极反应

主要的电沉积还原反应是铜络合离子在阴极上直接被还原为金属：

$$[Cu(P_2O_7)_2]^{6-} + 2e \longrightarrow Cu + 2P_2O_7^{4-}$$

次要的阴极还原反应的有：

由络合离子解离而来的少量 Cu^{2+}，即发生了 $Cu^{2+} + 2e \rightarrow Cu$。另外还有可能发 H^+ 放电析氢反应 $2H^+ + 2e = H_2\uparrow$。若是加入硝酸盐，则在阴极上发生 NO_3^- 放电的一系列电极反应，NO_3^- 还原为各种中间状态，最后产物为 NH_4^+，即反应为：

$$NO_3^- + 7H_2O + 8e \longrightarrow NH_4^+ + 10OH^-$$

B 阳极反应

正常工作时的主要反应是阳极铜失电子并且与焦磷酸根络合溶解的反应：

$$Cu + 2P_2O_7^{4-} - 2e \longrightarrow [Cu(P_2O_7)_2]^{6-}$$

但是，也有可能出现不正常的阳极过程，其中之一是阳极发生钝化，这时在阳极发生析氧反应：$4OH^- - 4e \rightarrow 2H_2O + O_2\uparrow$。

另外也有可能在镀液中生成“铜粉”，它是红色的氧化亚铜（Cu_2O）的沉淀，当它附着于钢丝等镀件上时，就会出现粗糙毛刺等质量缺陷。铜粉产生的原因，大致有以下几种反应类型：

（1）在阳极，铜的不完全氧化的电极过程，产生 +1 价铜离子，即 $Cu - 2e \rightarrow Cu^+$。随后 Cu^+ 与镀液中游离的 OH^- 结合，最后生成 Cu_2O 沉淀，即反应为：

$$2Cu^+ + 2OH^- \longrightarrow 2CuOH \longrightarrow Cu_2O\downarrow + 2H_2O$$

（2）铜阳极与镀液中游离的铜离子 Cu^{2+} 发生自身氧化-还原反应，亦称为逆歧化反应，生成亚铜离子 Cu^+，随后 Cu^+ 与溶液中游离的 OH^- 结合，最后生成 Cu_2O 沉淀，即反应为：

$$Cu + Cu^{2+} \longrightarrow 2Cu^+ \text{（逆歧化反应）}$$

$$2Cu^+ + 2OH^- \longrightarrow 2CuOH \longrightarrow Cu_2O\downarrow + 2H_2O$$

（3）钢丝等钢铁制品的铁基体，经过酸洗而成为活化铁，它与镀液中的 Cu^{2+} 反应生成亚铜离子 Cu^+，随后 Cu^+ 与溶液中游离的 OH^- 结合，最后生成 Cu_2O 沉淀，反应为：

$$2Cu^{2+} + Fe \longrightarrow 2Cu^+ + Fe^{2+}$$

$$2Cu^+ + 2OH^- \longrightarrow 2CuOH \longrightarrow Cu_2O\downarrow + 2H_2O$$

去除镀液中“铜粉” Cu_2O 的方法是：加入过氧化氢（H_2O_2），它可以和预先生成的亚铜离子反应，使 Cu^+ 氧化成 Cu^{2+}，Cu^{2+} 再与 $P_2O_7^{4-}$ 络合，避免生成“铜粉”。其反应式为：

$$2Cu^+ + H_2O_2 + 2H^+ \longrightarrow 2Cu^{2+} + 2H_2O$$

$$Cu^{2+} + 2P_2O_7^{4-} \longrightarrow [Cu(P_2O_7)_2]^{6-}$$

C 工艺规范

举两种工艺规范为例：

（1）用于钢丝焦磷酸盐预镀铜的工艺规范。焦磷酸钾 $K_4P_2O_7$ 260 ~ 320g/L，焦磷酸铜 $Cu_2P_2O_7$ 20 ~ 25g/L。磷酸氢二钾 K_2HPO_4 50g/L，氨三乙酸 5 ~ 10g/L（把它溶解在 15g/L 的 KOH 溶液中然后加入镀液）。pH = 8.5 ~ 9，温度为 45 ~ 50℃，电流密度 J_k 为 300 ~ 400A/m²，槽电压为 1.5 ~ 2.5V。

（2）用于快速焦磷酸盐镀铜的工艺规范。焦磷酸钾 $K_4P_2O_7$ 300～400g/L，焦磷酸铜 $Cu_2P_2O_7$ 60～80g/L。酒石酸钾钠（$KNaC_4H_4O_6 \cdot 4H_2O$）15～20g/L，硝酸铵（NH_4NO_3）20～300g/L，二氧化硒（SeO_2）0.005g/L。pH＝7～7.5，温度为65～70℃，电流密度 J_k 为400～600A/m²，采用空气搅拌并有连续循环过滤系统。

7.3.2 镀液的配制

7.3.2.1 自制焦磷酸铜的方法

实际生产中，大多数厂家使用焦磷酸钠与硫酸铜反应来制备焦磷酸铜，而不使用焦磷酸钾来制备焦磷酸铜。因为焦磷酸钠不但价格便宜，而且用量也比焦磷酸钾少，这可以从制备反应的机理来说明：

$$Na_4P_2O_7 + 2CuSO_4 \cdot 5H_2O = Cu_2P_2O_7 + 2Na_2SO_4 + 5H_2O$$

分子质量	266	2×250	301
质量比	0.54	1	0.6

$$K_4P_2O_7 + 2CuSO_4 \cdot 5H_2O = Cu_2P_2O_7 + 2K_2SO_4 + 5H_2O$$

分子质量	330	2×250	301
质量比	0.66	1	0.6

它们都是在获得0.6份 $Cu_2P_2O_7$ 的情况下，每份硫酸铜（铜离子来源）需要0.54份 $Na_2P_2O_7$，而需要 $K_4P_2O_7$ 为0.66份，后者用量较多。

制备过程：把计量的硫酸铜溶于热水中，在另一个容器中把计算量的焦磷酸钠用热水溶解，随后，在搅拌下，把 $Na_4P_2O_7$ 溶液逐渐加入到硫酸铜溶液中，生成焦磷酸铜沉淀，上层溶液应基本无色，且 pH≈5。倘若 pH 偏低或上层溶液呈现绿色，说明 $Na_4P_2O_7$ 量不足，可小心加入适量的焦磷酸钠至反应完全。然后经充分沉降，弃去上层溶液，以温水洗涤至不含 SO_4^{2-}（SO_4^{2-} 对光亮度有一定影响），若发现洗涤液混浊，说明有铜盐水解，应该用 pH 约为5的磷酸溶液去洗涤。

7.3.2.2 镀液的制备

预先用镀液体积2/3的水，溶解计算量的焦磷酸钾，并把调成糊状的焦磷酸铜（以水调制）在不断搅拌下加入 $K_4P_2O_7$ 溶液中，使之完全溶解。

若用 K_2HPO_4，则预先用水溶解后再加入镀液中。

若用酒石酸钾钠，NH_4NO_3，或用柠檬酸盐，KNO_3 等，它们应分别用水溶解后，再加入镀液中。

若选用氨三乙酸的配方，则应预先把氨三乙酸溶解在 KOH 溶液中，该反应放热，要注意安全。温升过高氨三乙酸易分解。把此溶液加入镀液中（如配方1），调节镀液 pH 为8.5～9，若镀液 pH 偏高，可用氨三乙酸水溶液把 pH 调低。

各种配方的镀液按上述方法配成后，要充分混合。若用发光剂时，先不要加入发光剂，而是在镀液中先加入1～2mL/L 过氧化氢（含30% H_2O_2）用于氧化 Cu^+，同时加入3～5g/L 活性炭用于吸附镀液中的杂质，加热至50℃，搅拌1～2h，静置过夜，再过滤镀液，此后才可以加入发光剂。

若采用二氧化硒（SeO_2）光亮剂，可把它先溶于水中。注意溶解时，操作者应戴橡皮手套，不可用手直接接触及该溶液。把二氧化硒溶液加入镀液中。

配好镀液后，可电解试镀。在电镀过程中应严格控制各类型镀液的 pH 值，而且当 $K_4P_2O_7$ 或 $Cu_2P_2O_7$ 低于工艺要求时，应预先用热水把它们溶解（计算量的 $K_4P_2O_7$ 或 $Cu_2P_2O_7$）再加入镀液调整其含量。

7.3.3 镀液成分和工艺条件的影响

7.3.3.1 焦磷酸铜

它是供应镀液含铜量的主盐，商品焦磷酸铜含铜量约 38%，自制的应以分析后的量为标准。

在电镀过程中，为保证光亮度，镀液中的含铜量应控制在 25 ~ 35g/L，一般镀铜时含铜量可以略低，约在 20 ~ 25g/L。

在钢丝焦磷酸盐预镀铜的镀液中，金属铜（镀液进行化学分析时，折算的铜含量）的含量要低，同时应提高 $K_4P_2O_7$ 的含量，最好再加些草酸，使钢铁镀件浸入镀液时处于活化状态，并且又难以形成化学置换的铜层。

7.3.3.2 $K_4P_2O_7$

$K_4P_2O_7$ 是主络合剂，它比 $Na_4P_2O_7$ 溶解度大，且比钠盐容易获得结晶细致的镀层，此外使用 $K_4P_2O_7$ 的镀液还具有生产效率高，镀液温度低的优点。

络合反应的情况是：每克金属铜需要 10.4 克 $K_4P_2O_7$ 络合，即

$$Cu^{2+} + 2K_4P_2O_7 \longrightarrow K_6[Cu(P_2O_7)_2] + 2K^+$$

分子质量　　63.54　　2 × 330

比例　　　　　1 : 10.4

由于还加入其他辅助络合剂（氨三乙酸盐及酒石酸钾钠等），它们也会与铜生成络盐，因此超过上述比例的游离的焦磷酸钾不易测定准确和控制。于是生产上常常控制总焦磷酸根与金属铜之比，即 $P_2O_7^{4-}/Cu^{2+}$。一般镀铜液中 $P_2O_7^{4-}/Cu^{2+}$ 应保持在 7 ~ 8，过低会使阳极溶解性差和使镀层结晶粗；过高会使电流效率低。不过，在预镀铜的镀液中 $P_2O_7^{4-}/Cu^{2+}$ 可高达 25 以上，以保证结合力良好。

7.3.3.3 辅助络合剂

辅助络合剂常常使用柠檬酸盐、酒石酸盐、氨三乙酸等，它们都能和铜起络合作用，所以均能提高镀液的分散能力，改善阳极溶解性能，增大允许的阴极电流密度，增强镀液的缓冲作用，以及提高镀层光亮程度。

其中，以柠檬酸盐效果较佳，用量在 10 ~ 30g/L，若含量低于下限（10g/L）效果不明显，而含量过高，镀层易产生毛刺，在光亮镀铜时铜还会产出雾状镀层。

若用酒石酸盐或氨三乙酸盐来代替柠檬酸盐，效果基本相似，但平整性和光亮性稍差。氨三乙酸不溶于水，往往用 KOH 溶解它。

7.3.3.4　NH_4^+

NH_4^+ 可改善镀层外观及改善阳极溶解性能，NH_4^+ 的含量应控制在 1～3g/L。NH_4^+ 过低时，镀层粗糙色泽暗淡，NH_4^+ 量过高会使镀层呈暗红色且有脆性。在含 NO_3^- 的镀液中是用 NH_4^+ 形式加入。

7.3.3.5　硝酸盐的影响

硝酸盐的影响主要是 NO_3^- 起作用。在阴极上 NO_3^- 的放电还原过程，使阳极电流密度大的地方，抑制 H^+ 的放电反应，从而提高了工作电流密度的上限，能减少针孔。此外还能降低溶液的工作温度，以及提高均镀能力。

7.3.3.6　发光剂

主发光剂多用2-巯基苯骈咪唑或2-巯基苯骈噻唑，含量控制在 1～5mg/L。此外，还有辅助发光剂，如二氧化硒（SeO_2），添加量为 6～20mg/L，含量低则光亮度低，含量过高镀层形成暗红色雾状。

7.3.3.7　pH 的影响

在焦磷酸盐镀铜液中，pH 的高低直接影响到镀层的质量和镀液的稳定性。pH 过低时，复杂镀件深凹处发暗，镀层易生毛刺，此外，镀液中的焦磷酸钾也容易水解生成正磷酸盐（如 K_2HPO_4）。pH 过高时，镀层的光亮范围狭小，色泽暗红，结晶粗糙疏松，阴极电流效率减小，工作电流密度下降，镀液的均镀能力降低。

调节 pH 值的方法是，在 pH 过低时，可用 KOH 溶液调整，若同时缺少 NH_4^+ 时，也可用氨水调整 pH 值。pH 值过高时，可用柠檬酸、酒石酸、氨三乙酸等调整，一般不用磷酸调整 pH，以防止正磷酸盐的积累。

7.3.3.8　温度的影响

提高镀液的温度，可以提高允许电流密度，从而提高生产效率。但是温度过高，容易促使镀液中氨的挥发，并使镀层粗糙；温度过低，电流效率下降。

一般镀铜溶液温度控制在40℃左右。

7.3.3.9　电源波形的影响

采用单相全波或桥式整流的电源，一般情况下效果较好，获得的镀层细致光亮。在直流发电机组加装间歇设备，间歇电镀的周期一般可控制在镀时间 2～8s，间歇 1～2s。

7.3.3.10　阴极移动影响

阴极移动和搅拌都能提高镀层光亮度，并且能增大工作电流密度。

采用空气搅拌，应注意空气净化，同时镀液要进行循环过滤。

7.3.3.11 铜阳极

采用电解铜，并且经压延加工后的铜板效果较好，阳极与阴极面积比为2∶1。如果阳极电流密度 J_A 过大，阳极会在表面上生成浅棕色薄膜。

7.4 硫酸盐镀铜

硫酸盐镀铜是采用单盐镀液，也是属于高酸度镀液。主盐是硫酸铜，提供 Cu^{2+}。硫酸能起到防止铜盐的水解，提高溶液导电能力，以及提高阴极极化作用。

该种工艺镀铜的优点是：镀液成分简单，溶液稳定，易于控制，电流效率高，可获得较厚的镀层，镀液成本较低等。它的缺点是：镀液的均镀能力较差，镀层的结晶不够细致；钢铁镀件不可直接使用本方法镀铜，需要预镀铜，才能保证镀层结合力。

7.4.1 工艺规范

介绍两种工艺配方：

（1）硫酸铜。200～250g/L，硫酸：20～45g/L，电流密度 J_k：300～400A/m^2，槽电压：1.5～2.5V，温度：20～40℃。

（2）硫酸铜（$CuSO_4 \cdot 5H_2O$）：180～200g/L，H_2SO_4：35～50g/L，明胶：0.1～0.2g/L，温度：15～35℃，电流密度 J_k：100～150A/m^2。

7.4.2 工艺原理

电极反应的情况，阳极铜板主要发生铜失电子的溶解反应，由于 $\varphi^\circ_{Cu^{2+}/Cu} = +0.34V$，$\varphi^\circ_{Cu^{+}/Cu} = +0.51V$，所以主要反应 $Cu - 2e \rightarrow Cu^{2+}$。少数情况下也发生 $Cu - e \rightarrow Cu^{+}$ 的反应。

镀液中若产生 Cu^{+} 时，有足够量硫酸存在下，有可能被溶解的氧气氧化为 Cu^{2+}：$2Cu^{+} + \frac{1}{2}O_2 + 2H^{+} \rightarrow 2Cu^{2+} + H_2O$。但是在酸度不足时，一价铜离子可能发生水解，生成氧化亚铜（Cu_2O），即所谓“铜粉”，使镀层粗糙或呈海绵状。

$$Cu^{+} + 2H_2O \longrightarrow 2Cu(OH) + 2H^{+}$$
$$\quad \llcorner\!\!\longrightarrow Cu_2O + H_2O$$

这类镀液的阴极电流效率较高，正常时可达98%，主要反应是铜的电沉积，即 $Cu^{2+} + 2e \rightarrow Cu$。由于铜的电位比氢正得多，一般阴极难于发生析氢的电极反应。

7.4.3 镀液成分和各工艺参数的影响

7.4.3.1 硫酸铜

它是主盐，供应 Cu^{2+}。一般含量在175～250g/L，消耗的 Cu^{2+} 由阳极铜溶解而来。硫酸铜的含量过低时，工作电流密度范围就较小；含量过高时，会有结晶析出，这是因为在硫酸存在下，它的溶解度不大，硫酸含量越高，硫酸铜的溶解度越低。

在25℃时，存在下述数据：

硫酸浓度	$CuSO_4 \cdot 5H_2O$ 的溶解度
24.5g/L	326g/L
49.0g/L	304g/L
73.5g/L	285g/L

7.4.3.2　硫酸

H_2SO_4 的作用主要有：

（1）防止铜盐（Cu^{2+} 及 Cu^{+}）的水解，减少“铜粉”产生的可能性。

（2）由于硫酸电离出大量的导电性较好的 H^{+}，故可以提高镀液的导电性能，例如在25℃时，镀液的电阻率 $\rho(\Omega \cdot m)$ 数据如下：$CuSO_4 \cdot 5H_2O$ 含量为200g/L时，不含硫酸的 $\rho = 0.24\Omega \cdot m$，含硫酸50g/L的 $\rho = 5.3 \times 10^{-2}\Omega \cdot m$，说明加硫酸后溶液的电阻率 ρ 下降了许多，使镀液的导电性增大。

（3）硫酸能降低铜离子的有效浓度，从而增大镀液的极化作用，使镀层的晶粒细化。若硫酸含量偏低，可能使镀层粗糙，并可能使阳极容易钝化。但是硫酸含量过高时，可能使镀层的脆性增大。

7.4.3.3　明胶

明胶是添加剂，能提高阴极极化作用，改善镀液的分散能力，使镀层结晶细致，同时还可以减少锑、砷杂质的影响。明胶含量控制在0.2g/L左右，含量过高会增大镀层脆性及产生条纹现象。

7.4.3.4　工作条件的影响

A　温度

温度应控制在20～40℃之间。温度过低，就会使允许工作电流密度降低，同时还会使硫酸铜结晶析出，温度过高，虽能增加溶液导电性，但会减小极化作用使镀层结晶粗糙。

B　电流密度的影响

在增加溶液浓度，提高镀液温度和采取搅拌方法时，都可以提高允许工作电流密度。并且使电沉积速度加快，提高生产效率。但是过高的电流密度会使镀层粗糙，甚至有海绵状镀层。

C　搅拌

钢丝的移动或以压缩空气形式都可以产生搅拌：一般在较高的电流密度（J_k）下采用搅拌方式，这样既能提高生产效率，又可获得较好的镀层结晶。

采用空气搅拌，必须配备过滤设施。

7.4.3.5　阳极

采用含磷0.1%～0.3%的磷铜，可以显著减少“铜粉”，通电时表面生成暗色膜，使阳极正常溶解而又不易产生“铜粉”。阳极与阴极面积比一般为1∶1，在硫酸含量正常时，阳极不钝化，并且溶液含铜量基本保持平衡。

7.4.4 镀液的配制

把计算量的 $CuSO_4 \cdot 5H_2O$ 用镀液的 2/3 容积的热水溶解，然后把硫酸徐徐加入上述溶解液，再加水到规定的体积。若原料中杂质较多，可用过氧化氢和活性炭联合处理，此后便可电镀。

若加入明胶添加剂，可在镀液经静置过滤后再加入规定量的添加剂，它们事先应制成溶液，边搅拌边加入镀液。

7.5 钢丝电镀设备概述

这里介绍的钢丝电镀设备适用于电镀锌、电镀铜等电镀单一金属的工艺。有关镀槽的尺寸以及镀前处理用的槽子尺寸，在钢丝电镀锌中已做了介绍，它们也可以在电镀铜工艺中参照使用。

7.5.1 各种槽体的材质

（1）橡胶衬里。橡胶是生橡胶经过硫化处理而成，可分成软橡胶、半硬橡胶和硬橡胶。

（2）玻璃钢衬里。玻璃钢是用玻璃纤维制品为增强材料，以合成树脂为黏结材料制成的。它的优点是比强度高（抗张强度/比重），有良好的耐腐蚀性和电绝缘性能，有较好的耐热性能，导热系数小，只有钢的$\frac{1}{100}$至$\frac{1}{1000}$，热膨胀系数小。缺点是：弹性模量低，有老化现象，耐腐性能较差，有的原料具有毒性。贴衬玻璃钢一般要进行固化热处理，设备内放临时蒸汽排管，通热风或吊挂红外线灯进行烘烤。

举例：环氧玻璃钢。对 50% 硫酸，在 25 ~ 95℃时具有耐蚀性；对盐酸，在 25 ~ 95℃时皆耐腐蚀；对 NaOH 溶液 10% 含量的在 25 ~ 95℃皆耐蚀，NaOH 为 30% 含量的在 25 ~ 95℃时尚耐腐蚀。对硫酸锌等盐溶液也耐腐蚀。

（3）砖板衬里。砖板衬里由于有砖板灰缝，抗渗性差，在槽体钢板壳内常常加 120 ~ 150 毫米厚耐酸混凝土，再贴砖板。砖板有辉绿岩板，耐酸瓷砖板、耐酸陶瓷板，以及用酚醛树脂浸渍的不透性石墨。

黏结剂有水玻璃胶泥，用于无机酸（HF 除外）和有机酸；还有酚醛胶泥，用于盐酸及 70% 以下的硫酸；再有呋喃胶泥，用于 80% 硫酸、30% 以下盐酸，以及 NaOH 溶液；比较好的有环氧树脂，用于 50% H_2SO_4、10% 以下硝酸、30% 以下盐酸和 10% 以下的 NaOH，但它的价格较高。

（4）聚氯乙烯衬里。聚氯乙烯有硬聚氯乙烯和软聚氯乙烯两种。其中硬聚氯乙烯能耐大部分盐、酸、碱的腐蚀，也耐有机溶剂的介质，比软聚氯乙烯耐腐蚀。使用温度较低。硬聚氯乙烯比重为 1.35 ~ 1.6，导热系数为 0.151W/(m · K) [0.13 千卡/(米 · 时 · ℃)]，线膨胀系数为 $80 \times 10^{-6} K^{-1}$。

软聚氯乙烯可耐 70 ~ 80℃温度，有良好的弹性，耐冲击性，但易老化。

（5）耐腐蚀涂料。耐酸涂料有酚醛树脂漆，使用温度 120℃，但膜较脆，与金属结合力小。一般刷涂 6 ~ 8 道。

耐酸、耐碱涂料有：环氧酚醛漆、其机械性能好；环氧树脂漆，漆膜耐磨，有弹性，与金属结合力大，热固型的可耐 90 ~ 100℃ 温度。

7.5.2　镀槽形式

7.5.2.1　直线式

钢丝不经弯曲呈直线式通过镀槽。有内槽和外槽。外槽和循环泵配合来保持槽内的钢丝被液面覆盖，示意图如图 7-1 所示。

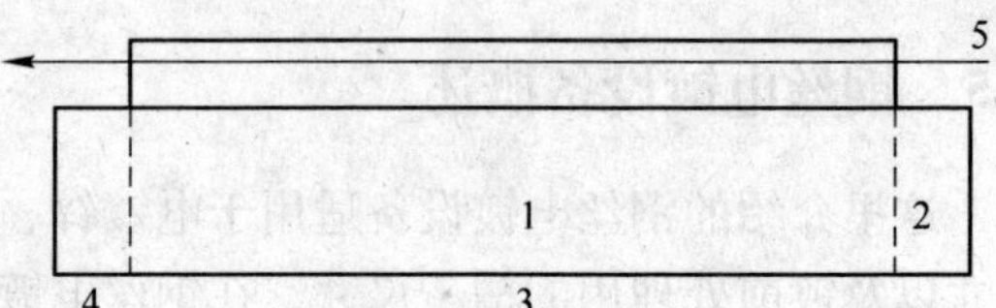

图 7-1　直线式镀槽示意图

1—内槽；2—外槽；3—进液；4—出液；5—钢丝

7.5.2.2　压入式

它分为压枪式阴极，浸入式阴极（有托阴极、压阴极交替）和非浸入式阴极（阴极导电棒在槽子两端外部）。

（1）压枪式（见图 7-2）。每个导电棒的载流量为 35 ~ 40A。导电棒外涂绝缘薄膜，枪头有倒 V 形槽，以自重压钢丝。

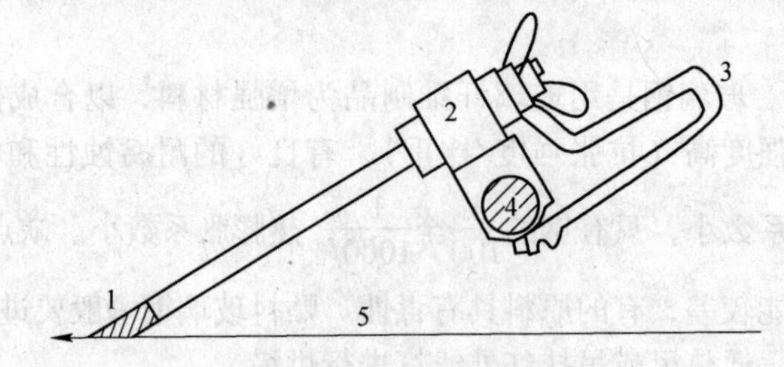

图 7-2　压枪式阴极

1—导电棒；2—胶木柄；3—电缆；4—阶梯轴式阴极汇流杆；5—钢丝

（2）浸入式托、压阴极（见图 7-3）。每个阴极棒载流量为 10 ~ 13A。

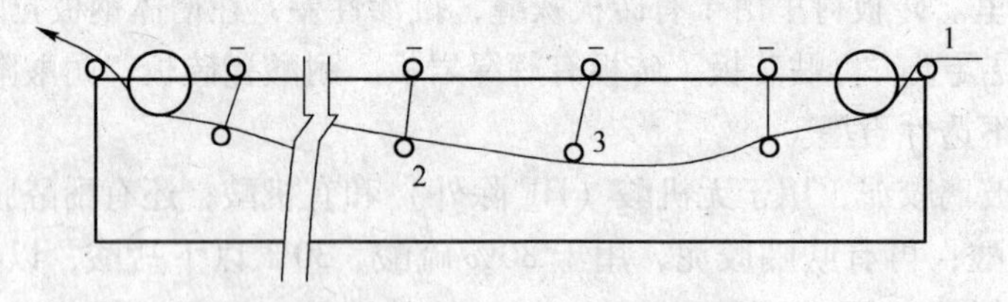

图 7-3　浸入式托、压阴极

1—钢丝；2—托线阴极；3—压线阴极

（3）非浸入式阴极。电流通过槽外部两端的棒形阴极导入钢丝，它允许的载流量小。

7.5.3　阳极

一般有吊式和卧式两种。卧式对阳极的电流分布均匀性较差，但宽度小，占地面积小些。吊式阳极的导电杠用紫铜制造，一般有直径为 ϕ25mm、ϕ35mm、ϕ40mm 几类（阴极也可用此类尺寸）。卧式电极导入溶液内的导电部件，多以耐酸性腐蚀的不锈钢带制成。

7.5.4 槽内布置

（1）镀液面。镀液面应距离槽上沿 50～80mm（压枪式、浸入式及非浸入式皆可参考此尺寸；但直线式的液面应与槽子的内槽上沿平齐）。

（2）钢丝应浸入液面下深度 30～40mm。

（3）吊式阳极板应深入液面下 100～200mm。

（4）钢丝间距 50～60mm。

（5）槽内各管道应垫高，距槽底 60～80mm，有的资料对管径提出其外径最大为 50mm。

（6）压缩空气搅拌。使用无油空气。管子可用硬聚氯乙烯塑料管或其他耐腐蚀管制成。

管子上小孔直径约为 ϕ3mm，孔距为 80～130mm，小孔面积总和应等于搅拌管截面积的 80%，搅拌管距槽底约 25mm。供气管可用 3/4 英寸（in）到 1 英寸管子（1in = 0.0254m）。

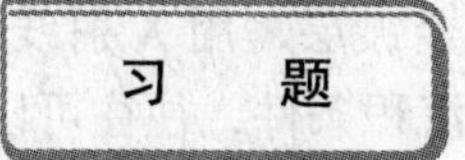

习　题

7-1　常见的电镀铜镀液有哪些？

7-2　焦磷酸盐镀铜液的阴、阳极主反应是什么？

7-3　焦磷酸盐镀铜液主要成分对镀层有什么影响？

7-4　怎样去除焦磷酸盐镀铜液中的“铜粉”？

7-5　硫酸铜电镀液是高酸度还是低酸度镀液？Cu^{2+} 来源于哪里？反应怎样？

7-6　列举常见的焦磷酸盐镀铜液和硫酸铜电镀液的工艺规范。

8 合金电镀

8.1 概述

电解过程中，在阴极上同时发生的多个还原反应中，如果至少有两个是属于金属沉积的反应，则称这个过程为金属的共沉积。从工艺的角度来看，在金属制品表面上，若共沉积的金属能形成结构和性能合乎使用要求的镀层，则这种工艺就称为合金电镀。

大约有33种元素可以从水溶液中实现电沉积，其中，实际上常用的纯金属镀层仅有14种。合金镀层的出现，扩大了镀层的品种范围，虽然实际应用的合金镀层还仅仅是一小部分，但可以实现共沉积的合金已经发现近110多种。共沉积得到的合金，往往具有许多不同于纯金属镀层的特性。合金镀层与组成它的纯金属镀层相比，合金镀层更平整、更亮和有更细的结晶，例如高磷镍合金镀层，用X射线衍射也观察不到它的晶界，被视为金属玻璃。在实践中有的通过控制沉积条件，往往可以改变合金镀层的颜色。这些特性可以使合金镀层广泛用于防护装饰目的，例如铜-锌、铜-锡、锡-镍等合金。

电沉积的合金硬度较高。有些合金，如锡-锌合金的镀层经大气曝晒试验和盐雾试验，均证明其耐蚀性比纯锌或纯锡镀层都好。

在钢丝制品中，镀覆盖黄铜可以大大提高钢丝与热压橡胶的附着力，这类镀覆黄铜的钢丝可制成轮胎钢帘线、高压胶管钢丝等等。有的资料表明：与热压橡胶的附着力有关系的是铜-锌比例，只有当黄铜层中含锌量在20%～25%之间的α相黄铜层，才能与橡胶有牢固的附着力。橡胶与β相及γ相黄铜不能附着；与 w（Cu）为62%、w（Zn）为38%的黄铜层结合不良。有的资料表明：得到α相黄铜，条件是含铜质量分数大于62.4%。含Cu质量分数小于61%而含锌量增加时，会得到α+β双相黄铜，它的硬度高，塑性差，且与橡胶结合力差。α相黄铜层与橡胶结合力大的机理是：硫化处理时，橡胶中的S与黄铜中的Cu，在初期形成 Cu_2S，而后，游离的硫与 Cu_2S 进一步形成CuS，CuS保证黏合强度。黄铜中Zn是接触剂，它能调节铜的硫化物的形成速度。

黄铜与橡胶之间的附着力与镀层成分的关系见表8-1。

表8-1 黄铜与橡胶的结合力

序号	黄铜层厚度	组分 w(Cu)/%	组分 w(Zn)/%	附着力/$N \cdot cm^{-2}$	镀层颜色
1	3.3	87.3	12.7	0	玫瑰铜色
2	3.5	81.5	18.5	0	玫瑰色（浅）
3	3.2	73.7	26.3	204	柠檬黄色
4	3.4	68.4	31.6	190.2	
5	3.6	66.7	33.3	185.3	麦草黄色
6	3.6	62.0	38.0	29.4	麦草黄色

续表 8-1

序号	黄铜层厚度	组分 $w(\mathrm{Cu})/\%$	组分 $w(\mathrm{Zn})/\%$	附着力/$\mathrm{N \cdot cm^{-2}}$	镀层颜色
7	3.7	59.6	40.4	0	金黄色
8	3.4	43.4	56.6	0	无光、淡玫瑰色
9	3.5	31.5	68.5	0	银白色

附着力的单位是 $\mathrm{N/cm^2}$。钢铁试件可做成圆形，如图 8-1 所示，表面镀层 8 ~ 10μm，在镀黄铜层后 8h 内进行，热轧硫化橡胶，硫化后冷却，再置于拉力机上拉伸，测量其结合力（即附着力）。

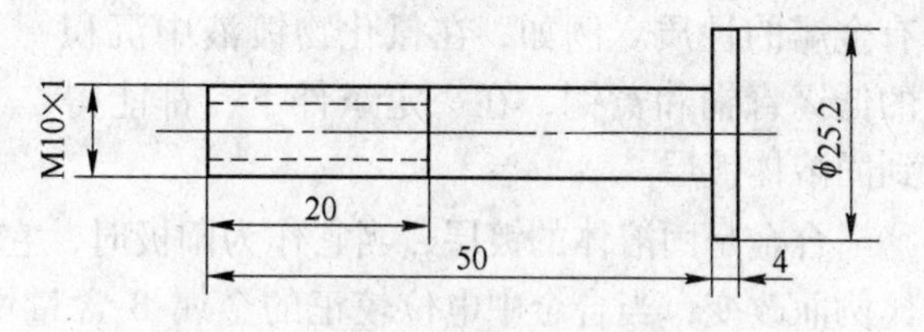

图 8-1　圆形试棒

在实践中，为获得组成或性能合乎需要的合金镀层，必须考虑各种电解因素对所得合金中各组分的相对含量的影响。

有关金属共沉积规律的讨论，大部分还只停留在一些实验结果的综合和某些定性的解释上，定量的理论探讨还有许多工作要研究。

在共沉积时，需要考虑两种或两种以上的金属同时结晶的问题，电极上同时发生两种以上的金属离子的还原过程时，会出现两种或两种金属离子竞相放电的现象、离子间相互影响，以及电结晶过程中合金元素对于成相规律的影响等问题。

在研究共沉积的理论并以这些理论指导实际生产时，除了深入研究共沉积过程本身之外，还需要有关纯金属电结晶过程规律的知识作为基础。

8.2　合金电镀理论

一种实用的新的合金电镀，一般包括三个步骤：

(1) 先找出一种较为合适的镀液，因此要求对该金属的电化学性质、其盐类的溶解度以及它的络合物等有所了解，进行电解实验。

(2) 第二步研究影响镀层成分的重要因素，这包括两大要素：其一是镀液组成，如络合物浓度，金属盐浓度，金属比和 pH 等；其二是工作条件，如电流密度、温度、搅拌等。

(3) 第三步研究镀层的性质，例如镀层有无脆性、防腐蚀及机械性能等。

下面介绍有关合金电镀的基本理论。

8.2.1　合金镀层的结构

设以 A 和 B 为组成合金的两种金属，电极电位 A 小于 B（或 A 比 B 的电位较负）。合金镀层的结构上要有三种：机械混合物、固溶体和金属化合物。

8.2.1.1　机械混合物

它不是真正的合金，它是由互相混合而仍保持金属各自原有特性的两种金属所组成。这类镀层表现出各个金属某些原有的性质。如当该机械混合物作为阳极时，首先是电位较负的 A 组分先溶解，等到 B 把 A 完全包围，使 A 溶解受到阻滞，这时合金电位突跃到 B

的电位，B 才开始溶解，如图 8-2 所示。

8.2.1.2 固溶体

它是一种金属溶解于另一种金属之中所形成的合金镀层。含有一种固溶体的合金是单相均匀体系。在某些方面，它已改变了原有金属的性质。例如，在氰化物镀液中沉积的低锡青铜和黄铜，在一定条件下，都能得到固溶体镀层。

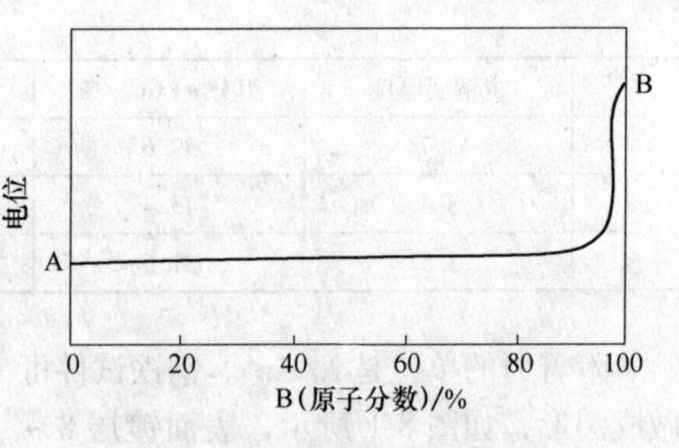

图 8-2 机械混合物电位与原子分数关系

合金是固溶体的镀层，当它作为阳极时，它的最低溶解电位随合金中两种金属含量的比例而改变，当合金中电位较正的金属 B 含量增加时，它的最低溶解电位也增大。若是在阴极上沉积含 B 量较高的二元合金，只需较小的负电位即可。例如，氰化物镀低锡青铜，在阴极电流密度（J_k）较小的部位，其负电位代数值较小（阴极极化随 J_k 较小而较小），于是电位较正的铜在该部位含量略多些，于是色泽偏红些；反之在阴极电流密度较大的部位，由于极化随 J_k 较大而增大，故其负电位代数值较大，在该部位合金中电位较负的锡含量略多些，色泽就偏黄些。

8.2.1.3 金属化合物

两种金属按一定比例形成化合物的合金称为金属化合物。如表达为 A_mB_n。它具有某些独特的性质，如有固定的溶解电位（在 A、B 之间）和固定的熔点。

在镀 Cu-Sn 合金中，当镀层中含 Sn 量较高时，发现有 Cu_6Sn_5 金属化合物存在。

8.2.2 金属共沉积的基本条件

除了具有电镀单金属的一些基本条件外，金属共沉积还应具有两个基本条件：

（1）至少其中一种金属能单独从其盐的溶液中沉积出来。例如钨、钼等金属不能单独从其盐类溶液中沉积出来，但是当它与其他金属（如铁族）在一起时，就能共沉积。

（2）两种金属的沉积电位必须接近。在金属共沉积的电解体系中，电位较正的金属将优先沉积，甚至完全排除电位较负的金属沉积，要想使较活泼的金属同时析出，就必须满足在不高的电流密度下（实践证明高电流密度下实现共沉积不符合该条件）到达它的析出电位，因此，对于沉积电位相差太大的两种金属，要使它们共沉积，也只有当这两种金属的析出电位十分相近时才能做到共沉积。

根据电化学理论，在一定的离子浓度（应该是离子活度或有效浓度，一般近似地用浓度 C 表示），通过一定的电流时的电极电位为 $\varphi = \varphi_{平} + \Delta\varphi$。

其中
$$\varphi_{平} = \varphi^{\circ} + \frac{0.0592}{n}\lg C \quad (25℃时)$$

于是
$$\varphi = \varphi^{\circ} + \frac{0.0592}{n}\lg C + \Delta\varphi$$

式中 φ°——标准电极电位；

n——得失电子数；

$\varphi_{平}$——平衡电位；

C——某离子（放电离子）的有效浓度；

$\Delta\varphi$——某金属通电时的过电位。

今设共沉积的两种金属为 A 和 B，为使它们共沉积，应该使它们的沉积电位（析出电位）相接近，即：

$$\varphi_A^\circ + \frac{0.0592}{n}\lg C_A + \Delta\varphi_A \approx \varphi_B^\circ + \frac{0.0592}{b}\lg C_B + \Delta\varphi_B$$

通过分析该式，可以得出要使两种金属沉积电位接近，应从离子的有效浓度和电极的极化作用来考虑。

现在介绍几个金属电沉积过程的重要概念。

平衡电位：是指金属浸在只含该金属盐的溶液中达到平衡时，即没有电流通过时的电极电位。

平衡电位是静态电位的一种。

静态电位：它包括两种电位，即平衡电位和稳定电位。它们都是电极金属与电解液之间没有电流通过时的电极电位。

其中稳定电位是指金属不是浸在该金属盐类电解质溶液中，而是浸在含任何盐类的电解质溶液中，在不通电的条件下，经过一定时间建立的电位称做稳定电位。

因此，静态电位是一种把金属浸在该金属盐类或其他金属盐类的电解质溶液中，没有电流通过时的电极电位。例如，钢铁制品在实际电镀中，浸入铜-锡合金液中，在不通电时建立的电极电位就是静态电位。

动态电位（也称动力学电位）：它是在有电流通过时，在其一定电流密度下，金属实际沉积时的电位。

怎样使两种标准电位（φ°）相差甚大的金属能够发生电位移动，并使它们的电位接近相等以使它们共沉积。

8.2.2.1 改变镀液中金属离子浓度

首先，分析一下不能采取改变金属离子浓度的办法，使它们电位相接近的原因。

以二价金属离子 M^{2+} 为例，$M^{2+}+2e \rightarrow M$ 反应，若增大较活泼金属（φ°较负的金属）的离子浓度，使其电位变正些，或降低较不活泼金属（φ°较正的金属）的离子浓度，使其电位变负些，从而使两种金属的电位接近，这是难以实现的。因为前者受金属盐的溶解度限制，而后者根据能斯特公式：$\varphi = \varphi^\circ + \frac{0.059}{2}\lg C_{M^{2+}}$，当把浓度稀释 10 倍$\left(为原浓度的\frac{1}{10}\right)$时，电位仅向负移动 0.0295V，就是将浓度稀释 1000 倍，电位向负移动也仅仅为 $0.0295 \times 3 = 0.089$V。实际上，把某种金属离子稀释到如此小是不可取的，在合金电镀的实践中，当金属盐浓度相差 100 倍时，就很难获得满意的镀层。

8.2.2.2 采用络合物镀液

在相当多的一部分金属共沉积的电解液中，常常采用络合离子溶液，它可以使两种金属的电位相互接近。

一般来说，在使用络合离子的镀液中，金属的电极电位都趋于负向偏移。而且常常使得原来电位差距较大的两种金属的电位互相接近，也就是使其中电位正的金属向负方向变的幅度大些，这对两种金属共沉积是有益的。

但是，若络合剂的使用，使两种金属电位向负变化同样的幅度，那么，它们的电位差距还是没有缩小，对于金属共沉积没有任何帮助。

现在以铜和锌的静态电位在络合离子溶液中偏移的情况为例，来讨论铜和锌在各种组分的电解液中的静态电位差值大小。

（1）在由 $CuSO_4$ 和 $ZnSO_4$ 组成简单盐溶液中，静态电位值 Cu 为 +0.285V，Zn 为 −0.815V，二者差值为 1.100V（以 $\varphi_{Cu}-\varphi_{Zn}$ 计算）。

（2）由各类溶液组成的络合物镀液中，铜、锌的静态电位见表 8-2。

表 8-2 各类络合物镀液的静态电位 （V）

各类型溶液		静态电位		静态电位差值 $\varphi_{Cu}-\varphi_{Zn}$
		Cu	Zn	
A	$Na_6[Cu(P_2O_7)_2]$ $Na_6[Zn(P_2O_7)_2]$	+0.082	−0.972	1.054
B	$Na_2Cu(C_2O_4)_2$ $Na_4Zn(C_2O_4)_3$	+0.093	−0.915	1.008
C	$Cu(NH_3)_4SO_4$ $Zn(NH_3)_4SO_4$	−0.080	−1.036	0.956

在表 8-2 中，各类溶液中 Cu 和 Zn 的静态电位与简单盐类溶液中比较，电位向负偏移值分别为：

A 类中偏移电位值：Cu 为 0.203V，Zn 为 0.157V。

B 类中偏移电位值：Cu 为 0.192V，Zn 为 0.100V。

C 类中偏移电位值：Cu 为 0.365V，Zn 为 0.221V。

因此，可以看出：在上述各类络合物溶液中，Cu 和 Zn 的静态电位与简单盐溶液中的静态电位相比较，向负方向偏移的值，即偏移幅度相近似，因此在上述各类络合物溶液中，Cu 和 Zn 的静态电位差距还是没有减小。从静态电位分析，对两种金属共沉积不利。

但是从动态电位来分析，即有电流通过时的电极电位，例如在阴极电流密度为 $50A/m^2$ 时的电位。

A 类络合镀液中，动态电位之 Cu 为 −1.102V，Zn 为 −1.392V，它们与简单盐溶液中相比，向负方向偏移值 Cu 为 1.363V，Zn 为 0.514V。

B 类络合镀液中，动态电位之 Cu 为 −1.016V，Zn 为 −1.292V，它们与简单盐溶液中相比，向负方向偏移值 Cu 为 1.277V，Zn 为 0.414V。

C 类络合镀液中，动态电位之 Cu 为 −1.042V，Zn 为 −1.305V，它们与简单盐溶液中相比，向负方向偏移值 Cu 为 1.303V，Zn 为 0.427V。

因此，从动态电位（在 $J_k=50A/m^2$ 时）来看较正的铜向负偏移多，而原来电位较负的锌向负偏移的少。于是，从动态电位上分析，Zn 和 Cu 的电位差值，在络合物镀液中相差很少，彼此相近，可认为实现共沉积的目的是能够达到的。

在 $J_k = 50A/m^2$ 下，Cu 和 Zn 于各类镀液中的动态电位见表 8-3。

表 8-3 在 $J_k = 50A/m^2$ 下各类镀液的动态电位 (V)

溶液类型	动态电位		动态电位差
	Cu	Zn	$\varphi_{Cu} - \varphi_{Zn}$
A	-1.102	-1.392	0.290
B	-1.016	-1.292	0.276
C	-1.042	-1.305	0.263

(3) 下述各类络合物溶液，铜和锌的静态电位差减少了，且动态电位差值更小，其动态电位值更加相接近，有利于金属共沉积。几种镀液的静态电位值见表 8-4。

表 8-4 D ~ G 各类镀液的静态电位 (V)

各类型溶液		静态电位		静态电位差值
		Cu	Zn	$\varphi_{Cu} - \varphi_{Zn}$
D	$Na_2[Cu(CN)_3]$ $Na_2[Zn(CN)_4]$	-0.620	-1.077	0.457
E	K_2CuCl_3 $ZnSO_4$	+0.162	-0.815	0.977
F	$Na_3Cu(S_2O_3)_2$ $ZnSO_4$	-0.120	-0.815	0.695
G	$KCu(CNS)_3$ $ZnSO_4$	-0.315	-0.815	0.500

上述络合物溶液与简单溶液相比，静态电位差值，即静态时向负方向偏移的幅度，原先较正的 Cu 偏移较多，原先较负的 Zn 偏移较少，因此在静态时 Cu 与 Zn 的电位差值减少了。偏移的幅度（与简单盐的静态电位相比较）见表 8-5。

表 8-5 D ~ G 各类镀液与单盐镀液比较的静态电位差值 (V)

溶液类型	Cu	Zn
D	0.905	0.262
E	0.123	0
F	0.405	0
G	0.60	0

并且在上述络合物溶液中，动态电位（Cu 与 Zn 之间）更小，见表 8-6。

表 8-6　$J_k = 50A/m^2$ 下 D ~ G 的铜锌动态电位　(V)

各类镀液	动态电位		动态电位差
	Cu	Zn	
D	-1.448	-1.424	0.024
E	-1.054	-0.878	0.176
F	-1.155	-0.878	0.276
G	-1.225	-0.878	0.347

总之，通过在有电流通过时的动态电位分析，所有络合物镀液中（A ~ G 类为例），Cu 和 Zn 的动态电位非常接近，因此认为共沉积的可能性是存在的。

在上述的分析中，值得注意的是：所得的动态电位是各金属（Cu 或 Zn）分别在对应种类（A 至 G 类）的溶液中单独沉积的结果，而不是两种金属在阴极上同时共沉积体系中的真实电位，实际上没有保持单一金属（Cu 或 Zn）在上述溶液中的特性。真正的两种金属共沉积时，一种金属对另一种金属的沉积是互相影响的，这不能以个别金属在上述溶液中单独沉积的动态电位代替共同沉积时的动态电位。例如，氨镀液中（第 C 类镀液），在 $J_k = 50A/m^2$ 下，Cu 与 Zn 的动态电位只相差 0.263V，但仍未能获得满意合金层。

8.2.2.3　添加剂

添加剂对静态电位影响很少，但是对动态电位影响较大，即对某些金属沉积起阻滞作用。

8.2.3　金属共沉积的类型

镀液组成和工作条件的各个电解参数对合金沉积的组成有影响，按照这些影响的过程特征，把金属共沉积分为以下五种类型：正则共沉积，非正则共沉积，异常共沉积，平衡共沉积和诱导共沉积。

8.2.3.1　正则共沉积

正则共沉积的特征是沉积过程基本上受扩散的控制。电解参数是通过对金属离子在阴极附近液层即扩散层的浓度变化来影响合金沉积的组成。因此，常利用扩散理论来预测合金沉积的组成受电解参数变化影响的规律。例如，增加镀液中金属总含量，并采取降低电流密度，提高温度和增加搅拌的方法，都能增加阴极表面附近液层中金属离子的含量，都会增大较不活泼金属在合金中的质量分数。

单盐镀液常为正则共沉积。

若是两种金属在镀液中的静态电位相差较大，且彼此不形成固溶体型合金，则易发生正则共沉积。

8.2.3.2　非正则共沉积

其特征是过程受扩散控制的程度较小，而主要控制因素是阴极电位，在这种共沉积过程中，某些电解参数对合金沉积的组成的影响，往往遵守扩散理论，而另一些电解参数的影响却与扩散理论相矛盾。同时，对于合金沉积组成的影响，各个电解参数表现得都不像正则共沉积那样明显。非正则共沉积常见于络合物镀液，当组成合金的个别金属的静态电位显著受络合剂浓度的影响时，例如 Cu 和 Zn 在氰化物电解液中的电位，当两金属的静态电位十分相近且它们能形成固溶体时，容易出现这种共沉积。

8.2.3.3 平衡共沉积

当把两种金属侵入含此两种金属离子的溶液中时，此两种金属与溶液将达成化学平衡，它们的静态电位终将趋于相等，电位差为零，此时，两种金属从它们处于化学平衡的溶液中共沉积，这种共沉积过程叫平衡共沉积。特征是在小的电流密度下（阴极极化很小），合金沉积中的金属比等于镀液中的两种金属含量之比。此类型数量很少。例如 Cu 与 Sn 在酸性镀液中的共沉积属于此类。

上述三类共沉积统称为常态共沉积。共同点是两种金属在合金沉积中的相对含量可以定性地依据它们在对应的溶液中的静态电位来推断，电位较正的金属优先沉积。

8.2.3.4 异常共沉积

异常共沉积，其特征是较活泼的金属反而优先沉积。此类共沉积很少见，含 Fe、Ni、Co 中一个或多个合金沉积常涉及异常共沉积。

8.2.3.5 诱导共沉积

诱导共沉积，其特征是难以推断各个电解参数对合金组成的影响。它是 W、Mo 等金属不能自水溶液中单独沉积，但却可与铁族金属一起共沉积。

异常共沉积和诱导共沉积统称为“非常态共沉积”。

8.2.4 合金极化曲线的分解

8.2.4.1 络合镀液中合金组元共沉积的定性关系

首先，要明确个别金属单独沉积的 J_k-φ_k 曲线，与金属共沉积的 J_k-φ_k 曲线及其组成之间没有规律性的联系。此外，两种金属同时沉积时，彼此之间肯定发生相互干扰。

举例说明电解参数改变对合金沉积的两组分的影响：以氰化物络合铜，以 NaOH 络合锡的镀 Cu-Sn 合金镀液为例，铜以氰化物络合状态存在，锡以锡酸盐状态存在。当分别增加氰化物或 NaOH 络合剂的浓度时，实验结果见表 8-7。

表 8-7 Cu-Sn 合金中 Sn 的含量与合金沉积的 J_k-φ_k 曲线移动间的关系

序号	络合剂	增加络合剂对沉积电位的影响			对合金中 Sn 的含量的影响
		合金	铜	锡	
1	NaCN	较负	较负	无影响	Sn 含量增加
2	NaOH	较负	无影响	较负	Sn 含量减少

可以看出，无论增加哪一种络合剂，都会使合金沉积 J_k-φ_k 曲线向负方向移动，并且移动方向与个别金属单独沉积的 J_k-φ_k 曲线的移动方向一致，当增加 NaCN 浓度时，原先

电位较正的金属 Cu 的电位向负方向移动，而对原先较负电位的金属 Sn 的电位无影响，从而使 Cu 与 Sn 的沉积电位相靠近，结果使较活泼的金属 Sn 在合金沉积中的含量增加。若增加 NaOH 浓度，情况则相反，结果使两金属的沉积电位相隔更远，以致使 Sn 在合金沉积中含量减少。

通过上面分析，可以得出普遍性的沉积电位的移动与合金沉积组成之间的定性关系：

（1）由于电解参数的变化而导致合金沉积的 J_k-φ_k 曲线的移动，若原先电位较正的金属（不活泼金属）朝负方向移动多一些，而原先电位较负的金属（活泼金属）朝负方向移动少一些，此时前者朝负方向与后者靠近，合金沉积的 J_k-φ_k 曲线的移动方向也与不活泼金属电位移动方向相同。

（2）电解参数变化时，若使个别金属的沉积电位相近，则在合金沉积中活泼金属（如 Sn）含量将增大。

8.2.4.2　合金沉积极化曲线的分解

把一条合金沉积极化曲线分解为组分金属的分极化曲线，可以了解合金电镀的规律和特征，并且与各别金属单独沉积的极化曲线进行比较，如图 8-3 所示。

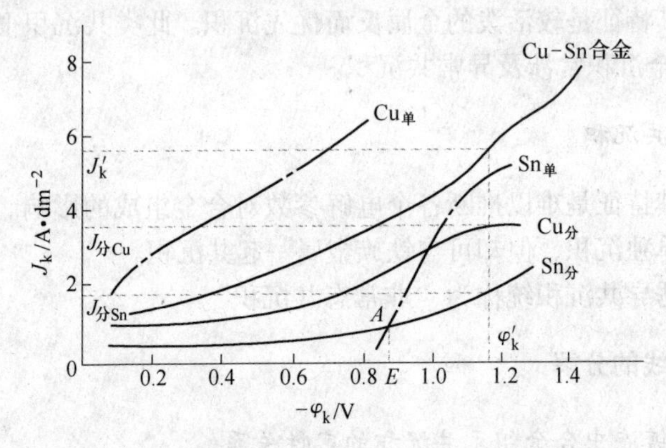

图 8-3　某焦磷酸盐溶液电镀 Cu-Sn 合金极化曲线

图 8-3 是某焦磷酸盐镀液电镀 Cu-Sn 合金的极化曲线，以及它分解为 Sn 的分极化曲线（$Sn_{分}$）和 Cu 的分极化曲线（$Cu_{分}$），点划线分别为 Cu 和 Sn 单独沉积的极化曲线（注 $Cu_{单}$ 及 $Sn_{单}$）。

A　总极化曲线（Cu-Sn 合金）分解方法

（1）测定出每一个给定电流密度下，合金镀层中 Sn 的质量分数 $x\%$ 及合金中 Cu 的质量分数 $y\%$（计算质量分数的方法是由合金镀层中某组分金属克数折算成物质的量，再计算每组分金属物质的量占两组分金属物质的量总和的质量比，便分别得 Sn 的 $x\%$ 和 Cu 的 $y\%$ 质量分数），然后由 J'_k（每一个给定电流密度）及各组分的质量分数，分别求出给定电流密度下的 Cu 的分电流密度 $J_{分Cu} = J'_k \times y\%$ 和 Sn 的分电流密度 $J_{分Sn} = J'_k \times x\%$。

（2）然后，在合金曲线上每一个给定电流密度 J'_k 相应的阴极电位 φ'_k 处，标出计算得到的 $J_{分Cu}$ 及 $J_{分Sn}$ 的点，在图上分别把 Cu 和 Sn 的分电流密度点连成曲线，便可得 Cu 和 Sn 的分极化曲线（$Cu_{分}$ 和 $Sn_{分}$），如图 8-3 所示。

B 共沉积时合金组元的相互影响

从图 8-3 上分析可以得出结论：

（1）Cu 和 Sn 的分极化曲线纵坐标之和等于合金极化曲线的纵坐标。

（2）观察图上 *AE* 线以后的曲线，表明分极化曲线都比各个金属单独沉积的单极化曲线为负，证明了它们彼此之间在共沉积时是相互影响的，它们彼此都增加了另一种金属的极化。例如铜的分极化曲线在铜单独沉积极化曲线之右，则前者比后者更负，这表明锡的存在增加了铜沉积的极化作用。

8.2.5 合金电镀液成分对镀层成分的影响

8.2.5.1 镀液各组分浓度比的影响

镀液中金属浓度比值的控制比各个金属的实际浓度更加重要。对于正则共沉积，增加镀液中不活泼金金属的浓度比，使镀层合金中不活泼金属的含量也按比例增加。对于非正则共沉积，虽然在镀液中不活泼金属的浓度比增加，镀层合金中的不活泼金属含量也随之提高，但却不成正比。

此外，合金镀液中金属盐浓度增加，可允许使用更高的电流密度。

8.2.5.2 络合剂浓度的影响

络合物镀液分类：

（1）单一络合剂镀液即一种络合剂络合两种金属。

（2）混合络合剂镀液：

1）是一种金属为简单离子，另一种金属呈络合状态，这种情况较少见到。

2）是两种金属用不同的络合剂络合。

在单一络合剂镀液中，如果增加络合剂浓度，使 B 金属沉积电位变负的幅度比 A 金属大时，那么提高络合剂浓度，会使镀层中 B 的质量分数降低。如氰化物镀黄铜，Cu 与 Zn 皆为氰络盐，由于 NaCN 对铜的沉积电位影响较大，故增加 NaCN 会使镀层中 Cu 量稍稍降低。又如焦磷酸盐电镀合金，焦磷酸盐既络合铜，也络合 Sn^{2+}，由于 $P_2O_7^{4-}$ 对铜的沉积电位影响比 Sn^{2+} 的更大一些，于是增加焦磷酸盐浓度会使镀层中含 Cu 量下降。

在混合络合剂中，两种金属用不同络合剂络合类型中，如氰化物镀 Cu-Sn 合金，此镀液中 Cu 与氰化物络合，锡与 NaOH 络合成锡酸钠，若增加 CN^- 浓度使 Cu 的沉积电位变得更负，而对锡无影响，于是镀层中 Cu 量降低。同理，增加 NaOH 浓度使 Sn 的沉积电位变更负，而对 Cu 无影响，于是镀层中 Sn 含量也降低了。

8.2.5.3 添加剂的影响

添加剂的针对性很强，如焦磷酸盐-锡酸钠镀 Cu-Sn 合金镀液中，加入明胶，蛋白胨，可使镀层中含 Sn 量提高。

8.2.5.4 pH 影响

在含简单离子的合金镀液中，pH 的变化对镀层组成影响不大。在含络离子的合金镀液中，pH 的变化对镀层组成影响较大。这种情况产生的原因不在于 pH 本身，而在于 pH 变化可能改变金属盐的化学组成，往往影响络合离子的组成与稳定性。例如锡酸根、锌酸根、氰化物、胺等络离子在碱性溶液中较稳定，而酸化时，它们就分解了。又如氰化镀 Cu-Sn 合金中，增大 pH 即相当于增加 NaOH，由于 NaOH 只络合 Sn 而不络合铜，故提高 pH 会使镀层中 Cu 含量提高。但是在氰化镀 Cu-Zn 黄铜镀液中，虽然加入 NaOH，不与 Cu 络合，但是锌既可以与 CN^- 络合，又可以和 NaOH 络合，所以加入 NaOH 时，一部分锌氰化钠络盐转化为锌酸盐络盐，由于锌酸盐比锌氰化钠络盐容易放电，故使镀层中锌含量提高，铜含量反而降低。

8.2.6　工艺规范对镀层成分的影响

8.2.6.1　电流密度的影响

在合金沉积中，电流密度对镀层的金属成分含量有一定的影响，一般的规律是提高电流密度会使阴极极化程度加大，但是电流密度与合金成分的关系比较复杂，要视每一种金属及合金在一定条件下沉积时阴极极化的特性而定，如在焦磷酸盐电镀 Cu-Sn 合金时，在允许电流密度范围内（即镀层“烧焦”之前），随着电流密度的增加，镀层中较负的金属的比例增大，即镀层中含锡比增加，理论上解释这种情况，往往从阴极电位的变化或扩散方面来说明。从阴极电位来说，电流密度（J_k）的增大使阴极电位趋向于更负，这就使阴极电位更接近于较负金属的沉积电位，使镀层中较负电位的金属的含量比增加了。从扩散方面分析，金属沉积速度（即阴极电流密度）的上限决定于离子穿透阴极表面邻近液层的速度，在一定的电流密度时，容易析出的金属，即电位较正的金属其沉积速率比电位较负的金属更接近于它的上限值，使电位较正的金属沉积速度不能再随电流密度的增加而增大，于是电流密度的增加仅仅使电位较负的金属沉积速度有所增加，使得镀层中含 Sn 的比例增加。但是也有少数的合金沉积中，发现与上述相反的情况，迄今还很难解释清楚，例如，同样是电镀 Cu-Sn 合金，当采用氰化络合镀液时，随电流密度的增加，镀层中电位较负的金属 Sn 含量比反而减小。

由于采用焦磷酸盐镀 Cu-Sn 合金时，随电流密度增加，电位较负的金属 Sn 含量比在镀层中增大，因此镀件不同部位由于电流密度分布不均匀，常在凹下处因电流密度较小，而使此处镀层含铜量比例增大，镀层偏红色。

8.2.6.2　搅拌的影响

增加搅拌一般能增加合金镀层中电位较正的金属比例。

在没有搅拌时，合金沉积过程中，阴极表面邻近液层中各种金属离子减少了；并且各种金属浓度比与主体溶液中的浓度比也不同了，这是由于阴极上电位较正的金属优先沉积，于是使阴极表面邻近液层中电位较正的金属与电位较负的金属的比例小于主体溶液中它们的比例。因此，当进行搅拌时，一方面减薄了扩散层厚度，有利于离子扩散，另一方面使阴极表面邻近液层中各种金属离子的浓度提高，使之趋于主体溶液的浓度，这就抵消了阴极表面液层中较正金属易于沉积而减少的现象。

8.2.6.3 温度的影响

A 对极化作用的影响

温度对金属的静态电位影响不大，主要影响金属沉积时的极化作用。温度升高使得阴极极化作用降低，使金属沉积电位（动态电位）通常变得较正。至于哪一种金属随温度升高其极化作用降低的多些，还须具体测定它们的极化曲线，没有一定的规律。

B 对浓度的影响

升温增加镀液的扩散和对流，使阴极表面液层的浓度升高。这时温度影响镀层组成。一般情况是升高温度会增加镀层中电位较正的金属量。原因是原来电位较正的金属优先沉积，于是阴极表面液层中优先沉积的金属浓度必然减低得多一些，因此在升高温度后，阴极表面镀层中电位较正的金属浓度随着各种金属浓度增加而增大，它又是优先沉积的金属，于是加速了该金属的沉积，使其在镀层中含量增高。少数镀液情况相反。

C 对阴极电流效率的影响

温度对金属的阴极电流效率的影响会间接影响合金镀层的组成。

例如，在氰化物镀单金属铜或碱性镀单金属锡时，升高温度，各个镀液的阴极电流效率也增高。当电流效率不随温度变化的其他金属与铜或锡进行共沉积时，铜或锡在合金镀层中的含量将随温度的升高而增多。这与铜或锡在与其共沉积的金属相比较其电位是较正还是较负无关。

后两个因素在合金电镀中较为重要。

8.2.7 合金电镀的阳极

阳极的作用主要有：

(1) 导入电流。

(2) 补充镀液中的金属。

(3) 控制电流在阴极上的分布。希望等量和等比例的补充镀液中金属的消耗。实际上，合金镀液中，阳极的成分和性能并不能在短时间内直接决定镀层的合金成分。在给定的工艺规范下，镀层的成分依赖于镀液的成分，只有经过一定的电镀时间后，镀液成分随阳极不同而改变时，才会使镀层成分发生改变。

理论上要求合金阳极的成分应与镀层成分相同，并且能全部均匀地溶解，但是，很难做到这种情况。

在某些合金镀液内，很难使合金阳极正常溶解，这时应使用两种分开的单金属阳极。若是两种金属的溶解电位相接近，可以把它们挂在一个阳极导电杆上，由调整它们的面积来控制它们的溶解速度。不过，大多数的情况是：两种金属的溶解电位相差较大，这就应该有两个分开的阳极电路，通过串联在各个阳极电路中的可变电阻来调节两种阳极的电位和它们各自的阳极电流密度。

另外，在合金镀层中一种金属的含量低时，可以只使用一种金属阳极，而另一种在镀层中含量低的金属，不挂它的阳极金属，采用该金属化合物的形式直接加入镀液中，以补充其消耗。

8.3　电镀铜-锡合金

铜-锡合金镀层又称青铜镀层。按照合金中含 Sn 量的多少，可分为三类：低 Sn 青铜 [w(Sn) 为2%～15%]；中锡青铜 [w(Sn) 为16%～23%]；高锡青铜[w(Sn)为40%～50%]。

低锡青铜的外观为粉红色或深黄色，随含锡量的增加，镀层色泽从粉红转向金黄色和银白色，同时镀层的硬度和在空气中的稳定性也逐渐增加，与钢铁基体相比，铜锡合金的电位比铁正，故属于阴极性镀层。当镀层含 Sn 量在6%以上时，孔隙率很低，具有良好的机械性防腐蚀能力。

中锡青铜外观为浅金黄色，高锡青铜外观为银白色，其镀层性质较脆和不能经受变形。

在钢丝表面上镀 Cu-Sn 合金，主要是提高钢丝与橡胶的黏结力，即增大它们之间的附着力，例如轮胎钢丝，在其表面上电镀 Cu-Sn 合金，其成分为 w(Cu) 为90%～98%、w(Sn)为10%～20%，属于低锡青铜镀层，要求成品钢丝的青铜层厚度为0.08～0.21μm。

8.3.1　Cu-Sn 合金镀液的主要类型及特性

这种镀液主要有高氰的、低氰的和无氰的三类。

8.3.1.1　高氰的 Cu-Sn 合金镀液

这种是很成熟的工艺方法。Cu 和 Sn 各有自己的络合剂，铜以 Cu^+ 与氰化物络合，NaCN 为络合剂；锡以四价锡形式用络合剂 NaOH 络合成锡酸钠的形式。铜主要为 $[Cu(CN)_3]^{2-}$ 络离子，锡主要为 Na_2SnO_3 形式。

采用络合离子的原因是 Cu 及 Sn 的电位相差甚远，以 $\varphi^o_{Cu^+/Cu}=+0.52V$；$\varphi^o_{Cu^{2+}/Cu}=+0.34V$；$\varphi^o_{Sn^{2+}/Sn}=-0.14V$；$\varphi^o_{Sn^{4+}/Sn}=+0.005V$。故简单盐难以共沉积。

在合金镀液中，有多余的游离 NaOH 和 NaCN。这可使镀液保持稳定，及用游离量控制镀层中两种金属的含量比。当络合剂游离量增多时，就会使各自的析出电位变得更负，从而使镀层中相应的金属含量比降低，并且使阴极电流效率降低。

一般电流密度升高，会使镀层中含锡量增加。

由于 CN^- 对 Cu^{2+} 有还原作用，即 $2Cu^{2+}+8CN^-\rightarrow 2[Cu(CN)_3]^{2-}+(CN)_2\uparrow$，使 Cu^{2+} 还原为 Cu^+，游离的 NaCN 存在不会使镀液中有 Cu^{2+}。

二价锡会与 NaOH 生成亚锡酸钠（Na_2SnO_2），会使镀层发灰和起毛刺。一般用过氧化氢把 Sn^{2+} 氧化为四价锡，即生成锡酸钠（Na_2SnO_3）。

高氰的镀液镀低锡青铜的工艺规范为：

氰化亚铜 CuCN 35～42g/L；锡酸钠 $Na_2SnO_3\cdot 3H_2O$ 30～40g/L；游离 NaCN 20～25 g/L；NaOH 7～10g/L；温度55～60℃；阴极电流密度100～150A/m^2；合金阳极含 w(Sn) 为10%～20%。

8.3.1.2　低氰的 Cu-Sn 合金镀液

这种镀液主要由氰化物-锡酸盐镀液改制而来，只是游离氰化物含量比高氰镀液减少四分之三，并采用辅助络合剂三乙醇胺。此类镀液能获得良好的低锡青铜镀层。

电镀的配方和工艺规范如下：氰化亚铜 20 ~ 30g/L；锡酸钠 $Na_2SnO_3 \cdot 3H_2O$ 60 ~ 70g/L；游离 NaCN 3 ~ 4g/L；NaOH 25 ~ 30g/L；三乙醇胺 $N(CH_2(H_2OH)_3)$ 50 ~ 70g/L；温度 55 ~ 60℃；阴极电流密度 150 ~ 100A/m^2；阳极：合金阳极含锡 10% ~ 12%。

8.3.1.3 无氰电镀 Cu-Sn 合金镀液

这种镀液主要有以下三种类型。

A 焦磷酸盐二价锡镀液

Cu 与 Sn 均以二价形式与主络合剂焦磷酸盐络合：

$3K_4P_2O_7 + Cu_2P_2O_7 \longrightarrow 2K_6[Cu(P_2O_7)_2]$, $3K_4P_2O_7 + Sn_2P_2O_7 \longrightarrow 2K_6[Sn(P_2O_7)_2]$

主络合剂为 $K_4P_2O_7$（焦磷酸钾），在 pH 为 8 ~ 9 范围内，铜以 $K_6[Cu(P_2O_7)_2]$ 络合离子形式存在。

辅助络合剂有氨三乙酸，它还可以减少铜粉和促进阳极溶解。

缓冲剂为 K_2HPO_4（它也可由焦磷酸盐水解而来 $P_2O_7^{4-} + H_2O \rightarrow 2HPO_4^{2-}$，水解反应随 pH 降低和温度上升而加速进行）。由于 K_2HPO_4 的存在，还可避免镀层“烧焦”现象，这是因为发生下述反应抵制阳极表面液层的 pH 上升，即：$HPO_4^{2-} + OH^- \rightarrow PO_4^{3-} + H_2O$

镀液配方如下：焦磷酸钾 $K_4P_2O_7$ 350 ~ 400g/L；二价铜（以焦磷酸铜加入）16 ~ 18g/L；二价锡（以焦磷酸锡加入）1.5 ~ 2.5g/L；氨三乙酸 $[N(CH_2COOH)_3]$ 30 ~ 40g/L；Na_2PO_4 40 ~ 50g/L；pH 8.5 ~ 8.8；温度 30 ~ 35℃；阴极电流密度 60 ~ 80A/m^2；阳极为电解铜板。

B 柠檬酸盐-锡酸盐镀液

以柠檬酸盐为主络合剂，适当配合辅助络合剂，如焦磷酸盐和酒石酸盐。铜以二价形式与柠檬酸盐络合，锡以四价形式络合。

工艺规范：铜（以 $CuSO_4$ 形式加入）20g/L；锡（以 K_2SnO_3 形式加入）15 ~ 18g/L；柠檬酸钾 150 ~ 200g/L（它可用柠檬酸 $C_6H_8O_7$ 120 ~ 150g/L 与 KOH 100 ~ 120g/L 制得）；焦磷酸钾 50g/L；电流密度 100A/m^2；温度 40℃；pH 9.5；阳极与阴极面积比 4 : 1。

C 焦磷酸盐-锡酸盐电镀 Cu-Sn 合金镀液

主络合剂为焦磷酸钾，二价铜与 $K_4P_2O_7$ 络合，四价锡既可能存在于焦磷酸盐络合离子中，又可能存在于锡酸盐中。该镀液比较稳定，易于控制，用于低锡青铜镀层的电镀工艺中，它的沉积速度较快。

8.3.2 焦磷酸盐-锡酸盐电镀 Cu-Sn 合金工艺

8.3.2.1 镀液成分与工艺规范

铜（以 $Cu_2P_2O_7$ 形式加入）8 ~ 12g/L；锡（以 $Na_2SnO_3 \cdot 3H_2O$ 或 $K_2SnO_3 \cdot 3H_2O$ 形式加入）25 ~ 35g/L；$K_4P_2O_7$ 230 ~ 260g/L，酒石酸 25 ~ 30g/L（或酒石酸钾钠 $KNaC_4H_4O_6 \cdot 4H_2O$ 30 ~ 35g/L）；KNO_3 40 ~ 45g/L；明胶 0.01 ~ 0.02g/L；pH 10.8 ~ 11.2；电流密度 200 ~ 300A/m^2；温度 25 ~ 50℃；阳极为含 $w(Sn)$ 为 6% ~ 8% 合金板；沉积速度 15 ~ 25μm/h；电流波形单相全波；阴极效率 45% ~ 55%。

8.3.2.2 工艺原理

（1）主盐。铜以二价形式的络盐存在，一般以焦磷酸铜 $Cu_2P_2O_7$ 盐引进铜离子为佳。四价锡以锡酸盐形式加入镀液，由于有 $K_2P_2O_7$ 存在，因此四价锡除了以 SnO_3^{2-} 络合形式存在外，还可能转化成其他络盐。

（2）络合剂（$K_4P_2O_7$）。在 pH 为 8～9 时，Cu^{2+} 以下列反应络合为 $[Cu(P_2O_7)_2]^{6-}$ 离子：$3K_4P_2O_7 + Cu_2P_2O_7 \rightarrow 2K_6[Cu(P_2O_7)_2]$。由于该镀液为四价锡镀液，其 pH 为 11 左右，故铜主要络合形式为 $[Cu(P_2O_7) \cdot (OH)]^{3-}$。

由于主络合剂 $K_4P_2O_7$ 的存在，锡虽然以 Na_2SnO_3 形式结合，并加入到镀液中去，随之便发生络合形式的转化：

$$2K_2P_2O_7 + Na_2SnO_3 \cdot 3H_2O \longrightarrow K_4[Sn(P_2O_7)_2] + 4KOH + 2NaOH$$

及

$$2K_2P_2O_7 + Na_2SnO_3 \cdot 3H_2O \longrightarrow K_6[Sn(OH)_2 \cdot (P_2O_7)_2] + 2KOH + 2NaOH$$

其中 $[Sn(OH)_2 \cdot (P_2O_7)_2]^{6-}$ 络离子比 SnO_3^{2-} 以及 $[Sn(P_2O_7)_2]^{4-}$ 络离子放电容易。

一般规律是 Cu/Sn 浓度比增加，镀层中 Cu/Sn 的比也增加，最好的镀液中浓度比是 Cu：Sn＝1：(1.5～3.0)。

而 $K_4P_2O_7$ 与金属浓度比，应控制在 $K_4P_2O_7$：Cu＝(20～25)：1。$K_4P_2O_7$：Sn＝(9～10)：1。

辅助络合剂为酒石酸钾钠（$KNaC_4H_4O_6 \cdot 4H_2O$）

（3）缓冲剂。为稳定 pH，本工艺中不外加 K_2HPO_4，而是由 $K_4P_2O_7$ 水解而来。

（4）KNO_3。主要用于扩大允许电流密度范围，由于 NO_3^- 在阴极上得电子，生成中间状态的还原产物，这样在阴极电流密度大时，抑制了 H^+ 得电子反应，防止析氢和“烧焦”现象。

（5）明胶为有机添加剂。添加剂可增大阴极极化，有利于镀层结晶细致，色泽均匀。

8.3.2.3 镀液的配制

（1）将 $K_4P_2O_7$ 溶于全部镀液的 2/3 体积热水中（60～70℃），加入 $Cu_2P_2O_7$，充分搅拌使之完全溶解。

（2）加入酒石酸钾钠，搅拌溶解。

（3）镀液升温至 70～75℃，在搅拌下加入锡酸钠，但随 Na_2SnO_3 的加入 pH 会升高，当 pH 在 12 以上时，溶液由天蓝色变成深绿色，会有 $Cu(OH)_2$ 沉淀生成，故应以 H_3PO_4 或 H_2SO_4 或酒石酸来降低 pH 至 8～9，然后再加入 Na_2SnO_3，到加完后 pH 调到 10.8～11.2。

（4）溶入 KNO_3。

（5）待溶液冷却到 40℃，加过氧化氢 6～8 毫升/升，充分搅拌，以使溶液中 Cu^+ 完全氧化为 Cu^{2+}，再与 $P_2O_7^{4-}$ 络合：

$$Cu^+ + 2H_2O_2 + 2H^+ \longrightarrow 2Cu^{2+} + 2H_2O$$

$$Cu^{2+} + 2P_2O_7^{4-} \longrightarrow [Cu(P_2O_7)_2]^{6-}$$

（6）分析、调整、过滤镀液，电解数小时。

(7) 加入电解明胶。

方法：将计算好的明胶泡于冷水中，过夜，使之膨胀溶解，第二天加入温水全部溶解；其含量约5~10g/L，加入KOH 15~20g/L，然后通电电解，通电量约3~4A/(h·L)。阴、阳极用铜板或不锈钢板。若用铜板，溶液呈紫红色。添加时按配方计算量加入镀液中。

8.3.2.4　镀Cu-Sn合金工艺流程

由于焦磷酸盐-锡酸盐镀液的碱度不高，所以没有强的除油能力，因此镀前处理中除油要彻底，这对于获得良好结合力的镀层是有决定性作用的。另外，虽然Cu-Sn合金镀液中Cu以络合状态存在，但电位与铁比较，在游离络合剂很少甚至不存在时，由于二焦磷酸合铜（Ⅱ）络离子的解离，Cu^{2+}的存在等因素，仍会发生钢丝基体铁置换铜的反应，从而影响镀层结合力，所以在镀合金前需要进行预镀。目前，生产中采用的工艺流程主要有以下几道工序：

上线→电解除油→水洗→酸洗→水洗→活化预镀铜→水洗→电镀铜-锡合金→水洗→热水洗→烘干→下线。其中三个主要工序是：

(1) 阴极电解除油工艺规范。NaOH 40~50g/L，Na_3PO_4 50~60g/L，Na_2CO_3 30~40g/L，Na_2SiO_3 5~10g/L，温度70~85℃，电流密度300~500A/m^2，阳极为不锈钢板。

(2) 酸洗。多数用浓盐酸，并在其中加少量缓蚀剂，如六次甲基四胺。

(3) 预镀铜。焦磷酸铜（以铜计算）1.5~2.5g/L，焦磷酸钾200~250g/L，$Na_2HPO_4 \cdot 12H_2O$ 40~60g/L，pH值9~9.5，温度20~35℃，电流密度30~50A/m^2。

8.4　电镀铜-锌合金

铜锌合金，有的称为黄铜。正如前面所述：钢丝表面覆镀黄铜镀层，有利于橡胶的结合力。例如汽车轮胎钢帘线，需要镀黄铜层，其金相组织是α-黄铜，其要求含w(Cu)为70%±5%，含w(Zn)为30%±5%。厚度（成品）0.25~0.35μm。

除了目前已采用的先镀铜、后镀锌单一金属电镀后，进行热扩散法镀黄铜外，直接电镀Cu-Zn合金的工艺有氰化物络合物镀液和无氰即焦磷酸盐络合镀液等。

8.4.1　氰化物络合电镀Cu-Zn合金

8.4.1.1　镀液配方及工艺规范

氰化锌（$Zn(CN)_2$）5.5~14.5g/L，氰化亚铜（CuCN）8.5~14g/L，游离NaCN 5~10g/L，Na_2CO_3 10~25g/L，NH_3水0.5~1.0mL/L，Na_2SO_3 5~8g/L，铜与锌浓度比(1~2)：1，温度20~30℃，电流密度30~50A/m^2，pH 10.3~11.0，阴阳极面积比1/2，阴极电流效率60%，阳极中铜与锌之比7：3（用压延的Cu-Sn合金板，其成分最好与镀层的成分及含量相等，以保镀液含量的稳定。）

8.4.1.2　镀液的制备

(1) 将NaCN用水溶解后，取其中2/3容积量溶解CuCN，另外的1/3溶液量溶解

$Zn(CN)_2$，然后将二者合并。

（2）把 Na_2CO_3 先水溶解，再加入镀液中。

（3）加入氨水 1mL/L。

（4）以低的阴极电流密度电解数小时后，进行试镀。

8.4.1.3　镀液成分及工艺规范的影响

（1）在氰化物镀 Cu-Zn 合金溶液中，当溶液中铜与锌浓度比值显著变化时，镀层的成分才有较大改变。一般认为若溶液 Cu 与 Zn 含量比升高，铜在镀层中含量也升高，但其变化的程度不明显。

（2）游离的 NaCN 含量对镀层成分影响显著。随着游离的 NaCN 浓度增大，镀层中铜含量迅速下降，并且使阴极电流效率降低。然而，若是 NaCN 的游离浓度过低时，又使阳极钝化，且使镀层粗糙。

（3）氨水的主要作用。据经验表明，氨水主要使阴极电流密度可在较宽的范围内变动；还能抑制氰化物的水解。但是，提高氨水的含量，会使镀层中铜含量降低。

（4）Na_2CO_3 应适量，它能提高镀液的导电性和均镀能力。不过，当 Na_2CO_3 含量过高时会降低阴极的电流效率。尤其注意的是 NaCN 的分解及溶液吸收空气中 CO_2 后，会使 Na_2CO_3 含量增多：

$$2NaCN + H_2O + CO_2 \longrightarrow Na_2CO_3 + 2HCN$$

（5）pH 增大，会使镀层中 Zn 含量增加。

（6）温度应控制在 40℃以下，因为随温度上升会使镀层中 Cu 含量显著升高，而且也会加速 NaCN 的分解。

（7）阴极电流密度升高，会使得镀层中含铜量降低。

8.4.2　焦磷酸盐镀 Cu-Zn 合金

该镀液为无氰电镀液。

（1）镀液配方及工艺规范。$K_4P_2O_7$ 200～300g/L，$Cu_2P_2O_7$ 1.4～2.1g/L，$Zn_2P_2O_7$ 42～54g/L，甘油（$C_3H_5(OH)_3$）8～12mL/L，过氧化氢 0.2～0.5mL/L，pH 值 7.5～8.5，温度 20～35℃，阴极电流密度 10～30A/m²，阴、阳极面积比 1：(1～1.5)。

（2）据有关资料介绍，有关钢丝采用无氰镀液直接电镀 Cu-Zn 合金的工艺规范如下：以焦磷酸盐络合物镀液为例，镀液成分为：$Na_4P_2O_7 \cdot 10H_2O$ 100g/L，$NaHPO_4 \cdot 12H_2O$ 22g/L，$CuSO_4 \cdot 5H_2O$ 11g/L，$ZnSO_4 \cdot 7H_2O$ 12g/L。

工作规范：温度 40±2℃，pH＝8.5～9.5，电流密度为 300～400A/m²，镀液采用搅拌。

习　题

8-1　金属发生共沉积的基本条件有哪些？简要分析。

8-2　金属共沉积有哪些类型？

8-3　青铜镀层有哪几类？依据是什么？

8-4　举例说明 Cu-Sn 合金镀液的主要类型及镀液组成。

8-5　焦磷酸盐-锡酸盐电镀 Cu-Sn 合金工艺中溶液怎么配制？

8-6　有一批黄铜零件要镀光亮酸性铜，厚度要求 15μm，在生产中电流密度为 $3A/dm^2$，电流效率 100%，问需要多长时间能达到标准？（铜的电化当量 = 1.186g/(A·h)，铜密度 = $8.92g/cm^3$）。

9 典型产品的工艺介绍

本章将介绍四种产品的工艺，包括有：钢丝绳用圆钢丝热镀锌，航空钢丝绳用钢丝热处理-电镀锌工艺，轮胎钢丝热处理-电镀铜工艺和轮胎钢帘线用钢丝热扩散镀黄铜有关内容。通过对于几种典型产品在实际生产中的工艺介绍，可以进一步了解金属制品热镀与电镀的理论知识在生产实践中的应用情况。

9.1 钢丝绳用圆钢丝热镀锌

9.1.1 原料的技术条件

用于镀锌的钢丝是按国家规定的优质碳素钢控制，钢丝的化学成分见表9-1。

表9-1 钢丝的化学成分 （质量分数/%）

钢 组	钢 号	化学成分						
		C	Si	Mn	不大于			
					P	S	Cr	Ni
第一组普通	65号	0.62~0.70	0.17~0.37	0.50~0.80	0.035	0.035	0.25	0.25
含锰量钢	60号	0.57~0.65	0.17~0.37	0.50~0.80	0.035	0.035	0.25	0.25

9.1.2 热镀锌原料

（1）锌块。锌块成分质量分数为：

Zn	Pb	Fe	Cu	Cd
99.96%	不大于0.015%	不大于0.010%	不大于0.001%	不大于0.010%

（2）NH_4Cl 工业品，质量分数大于99.5%。

（3）盐酸工业用，质量分数大于31%。

（4）NaOH 工业用，质量分数大于96%。

（5）木炭粉粒度3~5mm。

（6）铅锭：$w(Pb)$ 为99.98%，$w(Ag)$ 为0.001%，$w(Cu)$ 为0.001%，$w(As)$ 为0.002%，$w(Sb)$ 为0.004%，$w(Sn)$ 为0.002%。

（7）锌锅钢板成分：$w(C) < 0.1\%$，$w(Si) < 0.04\%$，$w(P) < 0.05\%$，$w(S) < 0.055\%$。

9.1.3 工艺流程

工艺流程为：上线→碱洗去油→热水洗→酸洗去锈→清水洗→涂助镀剂→热镀锌→下线→检验→入库。

9.1.4 各道工序工艺规范

（1）碱洗。NaOH 质量浓度为 100～150g/L，温度为 80～90℃。

（2）热水洗。水温度 60～80℃，循环水。

（3）盐酸洗。盐酸质量浓度为 120～150g/L，含 Fe^{2+} <120g/L 温度；室温，冬天小于 40℃。

（4）清水洗。沿逆钢丝运行方向冲洗钢丝。

（5）助镀剂池。NH_4Cl 100～150g/L，含 Fe<60g/L，温度 80～90℃。操作：当助镀剂池中含 Fe 量达到 60g/L，将池内 2/3 的溶液倒出在另外槽内，沉降以后弃去沉淀物可再使用。

（6）烘干。从铵池出来后的钢丝，一定要烘干。钢丝离烘板平面 5～8cm。

（7）锌锅。锌锅温度在 455～470℃。例如：钢丝直径为 0.48mm 时，浸锌时间为 2.36～2.08s，卷筒直径为 230mm。又如：钢丝直径为 1.08mm 时，浸锌时间为 4.35～3.94s，锌锅温度为（465±5）℃，卷筒直径 400mm。

压线辊压入深度为 210～220mm。热电偶插在压线辊近处，深度与压线轴水平位置相同。锌液面比锅沿低 20～30mm，锅底有厚度为 5～10cm 铅液来保护锌锅底。钢丝出锌锅的锌液表面用浸油炭末封闭，浸油炭末应预先烘烤到 100℃才可使用。浸油炭末的配方是：油的成分为黄油/机油 =（30～40）/（70～60）（体积比）；炭末与油的比例为炭末/油 =10/（3～11）（质量比）。

9.1.5 热镀锌设备

（1）放线架 30 个（可同时热镀锌钢丝 30 根）。

（2）碱池（长×宽×高，下列各项皆以此表示）2500mm×1400mm×600mm。

（3）热水池 1500mm×1400mm×600mm。

（4）盐酸池 6200mm×1400mm×370mm。

（5）清水池 1500mm×1400mm×400mm。

（6）铵池 1500mm×1400mm×800mm。

（7）镀锌炉 3800mm×2000mm。

（8）锅锌 2500mm×1500mm×800mm。

（9）收线机卷筒直径 300～400mm。

（10）收线电机电机容量 6kW。

9.2 钢丝绳用钢丝热处理-电镀锌工艺

本工艺适用于钢绳用钢丝半成品的热处理-电镀锌生产，钢丝规格为 ϕ0.8～1.6mm。

9.2.1 工艺流程

上线→热处理（加热炉→铅浴淬火）→水洗→酸洗→水洗→电镀锌→冷水洗→热水洗→烘干→收线。

9.2.2 电镀锌钢丝技术要求

（1）表面质量不允许挂铅；锌层不得出现疏松脱落、发灰、白膜、黑斑。要求锌层呈银亮色。

（2）力学性能及镀层质量见表 9-2。

表 9-2 力学性能及镀层质量要求

直径/mm	公差/mm	拉力/N	伸长率/%	硫酸铜/次·$30s^{-1}$	上锌量/$g \cdot m^{-2}$	缠线倍数
0.8	+0.08 −0	550 ~ 650	不小于 6	≥5	≥160	1
0.9	+0.08 −0	700 ~ 824	不小于 6	≥5	≥160	1
10.	+0.08 −0	844 ~ 1000	不小于 6	≥5	≥160	1
1.1	+0.08 −0	1020 ~ 1207	不小于 6	≥5	≥160	1
1.2	+0.08 −0	1220 ~ 1442	不小于 6	≥5	≥160	1
1.3	+0.08 −0	1442 ~ 1697	不小于 6	≥5	≥160	1
1.4	+0.010 −0	1667 ~ 1962	不小于 6	≥5	≥160	1
1.5	+0.010 −0	1903 ~ 2256	不小于 6	≥5	≥160	1
1.6	+0.010 −0	2168 ~ 2570	不小于 6	≥5	≥160	1

9.2.3 工艺制度

（1）热处理工序工艺要求见表 9-3。

表 9-3 热处理工艺规范

规格/mm	线温/℃	铅温/℃	在炉时间/s	在铅时间/s	罐径/mm
0.8	860 ~ 870	515 ~ 525	30	14	355
0.9	860 ~ 870	515 ~ 525	30	14	355
1.0	870 ~ 880	510 ~ 520	32.5	15	355
1.1	870 ~ 880	510 ~ 520	32.5	15	355
1.2	870 ~ 880	510 ~ 520	35.4	16	355
1.3	870 ~ 880	510 ~ 520	39.4	18	355
1.4	870 ~ 880	510 ~ 520	42.5	19	355
1.5	870 ~ 880	510 ~ 520	48.8	22	355
1.6	870 ~ 880	510 ~ 520	55	25 ~ 26	355

（2）盐酸酸洗。HCl 150 ~ 200g/L，常温。侧排风抽走酸雾，用石灰水中和酸雾。

（3）电镀锌：

1）阴极枪压入钢丝在液面下 20 ~ 30mm。

2）两阳极锌板之间运行钢丝 1 ~ 2 根，钢丝间距 30 ~ 40mm，锌板外有阳极套。

3）镀液过滤每班两次，每次两小时。镀液使用压缩空气搅拌。

4）镀液成分及工艺规范：$ZnSO_4$ 750～950g/L，H_2SO_4 0.5～0.8g/L，密度 1.4～1.45，pH=3～4.5，温度 40～50℃，电流 240～290A/根，电压 5～8V。空气搅拌，循环过滤镀液。

（4）冷水洗使用活水。

（5）热水洗高于 80℃热水。

（6）烘干温度为 80～100℃。

9.2.4 原材料

浓硫酸含 $w(H_2SO_4)>98\%$。盐酸含 $w(HCl)$ 为 31%。锌板特一号锌（Zn—01）。其中含有 $w(Zn)$ 为 99.995%，$w(Pb)$ 为 0.003%，$w(Fe)$ 为 0.001%、$w(Cd)$ 为 0.001% 及 Cu 为 0.001%。$ZnSO_4 \cdot 7H_2O$ 含 $w(ZnSO_4)$ 为 99%。

9.2.5 设备

（1）电源。容量 3000～3500A，电压 0～12V。

（2）机组设备规格：

1）加热炉（长×宽×高）5.5m×2.4m×1.9m，20 孔；

2）铅锅 2.4m×1.4m×0.45m，容积为 1.51m^3；

3）冷水池 0.9m×1.3m×0.4m，容积为 0.46m^3；

4）酸洗池 5m×1.3m×0.3m，容积 1.95m^3；

5）水洗池 1.1m×1.3m×0.4m，容积 0.57m^3；

6）电镀槽 20m×1.3m×0.4m，容积 10.4m^3；

7）冷水洗 1.5m×1.3m×0.4m，容积 0.78m^3；

8）热水洗 1.5m×1.3m×0.4m，容积 0.78m^3；

9）烘干箱 1.5m×1.5m×1.0m；

10）上线落子 20 个，直径 ϕ350mm；

11）过滤器锥形，直径 1.5m，高 2.7m；

12）收线机电机容量 4.5kW。

9.3 轮胎钢丝电镀铜工艺

钢丝镀铜，主要用于汽车、拖拉机外胎边沿口的专用钢丝，直径为 ϕ1.0mm。若用于自行车外胎边沿口的镀铜钢丝直径为 ϕ1.15mm。

目前多为电镀紫铜，而电镀或化学镀青铜镀层是轮胎钢丝的发展方向。

本工艺采用无氰电镀铜，首先采用焦磷酸盐络合铜镀液进行预镀，以便形成结合力好的均匀的薄铜层，由于铜的络合物生成，使其电极电位向负方向偏移，这就避免了钢丝铁基体从铜盐溶液中置换铜的化学反应。然后，再以硫酸盐镀液进行主镀铜，在较快的沉积速度下获得要求的铜层厚度。

9.3.1 成品钢丝的质量要求

钢丝直径 ϕ1.0±0.02mm。抗拉强度（1.77～2.21）×10^9Pa。弯曲次数不小于 12 次。

扭转次数不小于27次。

9.3.2 半成品钢丝的技术要求

钢丝直径为 ϕ2.4mm，进行热处理-电镀铜后，拉拔至 ϕ1.0mm 成品钢丝。

ϕ2.4mm 半成品的技术要求：

（1）钢丝直径、公差 ϕ2.4±0.03mm；

（2）铜层平均厚度≥0.8μm；

（3）抗拉强度：（1.15～1.23）$\times 10^9$Pa；

（4）钢丝材质：按国家标准，为优质碳素钢。取65号钢上限 w(C) 为 0.62%～0.70%，w(Si) 为 0.17%～0.37%，w(Mn) 为 0.50%～0.80%，w(P) ≤0.04%，w(S)≤0.04%，w(Cr) ≤0.25%，w(Ni) ≤0.25%。

9.3.3 工艺流程

上线→马弗炉加热→铅淬火→水洗→酸洗→水洗→焦磷酸盐预镀铜→水洗→硫酸盐主镀铜→清水喷洗→热水洗→下线。

9.3.4 工艺规范

（1）热处理。进行铅浴等温淬火处理，金相结构为索氏体。钢丝直径为 ϕ2.4mm，经马弗炉加热，线温为880±10℃，在炉时间84s，钢丝金相组织发生相变，成为奥氏体。然后进行铅浴淬火，铅温515±5℃，在铅时间42s，产生索氏体化组织。

线速7m/min，收线机罐径560mm，转速为4r/min。线温用光学高温计测第5根和第10根钢丝，公差±10℃。铅锅热电偶插在铅锅中部，其热端与钢丝在同一运行面上，公差±5℃。铅液面不低于锅边缘25～40mm，铅液面上覆盖60～100mm 厚木炭层。钢丝从加热炉进入铅锅部位，应以木炭封闭，并往该木炭层上浇水，做到均匀适量，切忌浇到钢丝和热电偶上。

热处理后要求钢丝不允许有暴皮、挂铅、烧损缩径等缺陷，铅浴等温淬火后抗拉强度为（1.15～1.23）$\times 10^9$Pa。

（2）盐酸酸洗。

盐酸质量浓度：HCl 150～180g/L，含铁不大于100g/L。

盐酸温度：室温，酸液面高于钢丝运行平面15～20mm。

（3）预镀铜。工艺参数：镀液成分有焦磷酸钾260～320g/L，铜（以焦磷酸铜加入）20～25g/L，KOH 15g/L，氨三乙酸5～10g/L，K_2HPO_4 50g/L，pH=8.5～9.0，温度为45～50℃，电流密度为300～400A/m^2，槽电压为1.5～2.5V。镀液面高于钢丝运行平面15～20mm，镀液每星期过滤一次。

（4）清水洗。逆钢丝运行方向的用净水喷洒在钢丝上。

（5）主镀铜。工艺参数：镀液成分有硫酸铜200～250g/L，硫酸20～45g/L。温度20～40℃，电流密度300～400A/m^2，槽电压1.5～2.5V。镀液面高于钢丝运行平面15～20mm，镀液每星期过滤一次。

（6）热水洗。温度应高于80℃。

9.3.5 各种电镀液的配制

9.3.5.1 焦磷酸盐镀液

各成分用量：焦磷酸钾 300kg/m³，焦磷酸铜（$Cu_2P_2O_7 \cdot 3H_2O$）以 $\frac{2Cu}{Cu_2P_2O_7 \cdot 3H_2O} = \frac{20}{x}$ 公式，则用量可计算为 $\frac{2 \times 64}{355} = \frac{20}{x}$，$x = 55\text{kg/m}^3$。磷酸氢二钾为 50kg/m³。KOH 为 15kg/m³。氨三乙酸 8kg/m³。现根据镀池容积（2.6m³）计算各个成分的用量。将 $K_4P_2O_7$ 溶于欲配溶液体积 $\frac{2}{3}$ 水中，将 $Cu_2P_2O_7$ 加入上述溶液，并将 K_2HPO_4 加入该溶液中，再加入水至所需的镀液体积。

把氨三乙酸溶于 KOH 中配成 pH 为 10 ~ 13 溶液，加入上述镀液调节 pH 为 8.5 ~ 9.0。

9.3.5.2 硫酸铜镀液

计算各成分用量，在欲配制镀液的 $\frac{2}{3}$ 容积水中，加入 $CuSO_4$；使之溶解，然后慢慢加入硫酸，再加入水至所需的镀液容积。

9.3.6 设备规格

根据技术要求所得出的各工序所需时间，以及按照收线机罐径、转速来设计所用设备的尺寸。

所需设备的规格尺寸（长×宽×高）如下：

(1) 放线架 18 个；
(2) 热处理炉 10.00m×1.47m×1.80m；
(3) 铅淬火槽 4.20m×1.40m×0.64m；
(4) 盐酸池 11.00m×1.20m×0.35m；
(5) 喷水池 1.50m×1.20m×0.35m；
(6) 清水池 1.50m×1.20m×0.35m；
(7) 预镀池 7.20m×1.20m×0.35m；
(8) 喷水池 1.50m×1.20m×0.35m；
(9) 清水池 1.50m×1.20m×0.35m；
(10) 主镀池 6.20m×1.20m×0.35m；
(11) 喷水池 1.50m×1.20m×0.35m；
(12) 热水池 2.00m×1.20m×0.35m；
(13) 收线机罐径 560mm，18 ~ 20 个；
(14) 电机约 11kW；
(15) 整流器 1 ~ 2 台。

9.4 钢丝热扩散法镀黄铜

钢丝镀黄铜的工艺有采用氰化物络合镀液的，也有采用两步法热扩散镀黄铜的。这里介绍先镀铜后镀锌热扩散两步法镀黄铜工艺。

钢丝通过黄铜镀层保证在静力条件和动力条件下与橡胶有很强的黏合力，它的机理是：经硫化的橡胶中硫成分与黄铜中的 Cu 产生化合作用，生成 Cu_2S（硫化亚铜）和 CuS（硫化铜）。由于硫化橡胶的游离硫大量过剩，从而使 Cu_2S 进一步生成 CuS，在 S-Cu，S-橡胶之间形成了连接的链，即通过 CuS 保证钢丝与橡胶的结合力。为了达到高的黏结能力，应使黄铜中 Cu 含量，以及橡胶中 S 含量达到最佳数值，保证反应进行顺利。

黄铜中锌是接触剂，常称为触媒，它可以调节铜的硫化物的形成速度。

我们希望获得的是含铜量大于 62% 的单相的 α-黄铜，其塑性良好，能经受压力加工。当黄铜层中锌含量大时，便生成 β-黄铜或 α + β 黄铜，它们具有较高的硬度、较低的塑性，会降低加工的工艺性能，如拉拔时增加断线次数，或出现拉拔划痕，损坏拉拔模；此外，存在 β-黄铜时，会降低钢丝的黄铜层与橡胶的反应能力，从而降低钢丝与橡胶的黏合能力。

α 黄铜是 Zn 在 Cu 中的固溶体，其合金中的含铜量在 62.4% 以上。

β 黄铜是以电子化合物 CuZn 为基的固溶体，CuZn 化合物是体心立方晶格。β 相区随着温度降低而缩小，可能析出 α、γ 相；当温度降低到 456 ~ 468℃ 时 β 相发生有序化转变，得到 β’相，β’相的出现，使黄铜的塑性显著降低，当把 β’相黄铜又加热到 456 ~ 468℃ 以上时，β’相又转变为无序的 β 相，β 相没有良好的冷加工性能，但有良好的热加工能力黄铜。

γ 相使以 Cu_5Zn_8 为基的固溶体，性硬而脆，不能承受压力加工。γ 相中 Zn 含量大于 45% ~ 47%，即含 Cu 质量分数小于 53% ~ 55%。

α + β 两相共存的黄铜中，含 Cu 质量分数在 56.0% ~ 62.4%。

据有的资料介绍，黄铜合金镀层中锌的含量在 20% ~ 25% 之间时，形成单相 α-黄铜，它与橡胶的结合力较强。镀黄铜的成品钢丝在其镀层厚度为 0.3 ~ 0.4μm 时，钢丝与一定成分的橡胶可以达到最大的黏合力。

在金属制品工业中，使用镀黄铜层的钢丝品种包括有汽车轮胎钢帘线，运输胶带钢丝，高压胶管钢丝等等。

轮胎钢帘线的强度很高，与橡胶结合力很大，并且在较大的温度变化中，这些性能很少改变。钢帘线尺寸恒定，可以消除使用过程中轮胎在不同方向的磨损，同时它的破断强度高，特别适宜高速行驶。

用于运输胶带的钢丝，与非金属帘线相比，具有较大的挠度和较高的强度，因此可以使运输距离加长，在运输中，胶带的伸长度小（有资料表明小于 0.5%），并使张紧装置的外形尺寸缩小，为原来的 $\frac{1}{2} \sim \frac{2}{3}$。

9.4.1 轮胎钢帘线用钢丝

9.4.1.1 钢帘线结构及用途

对于轻型汽车，轮胎常用结构简单的钢帘线，如 1 × 4、1 × 5 等，直径 0.5 ~ 0.8mm。中型汽车轮胎常用直径为 0.8 ~ 1.5mm 钢帘线。重型载重汽车轮胎常用直径为 1.5 ~

2.1mm 的钢帘线。帘线破断拉力为：对于加固轻型卧车轮胎的钢帘线为 373 ~589N；加固中型载重汽车轮胎为 1962N；加固重型载重汽车轮胎为大于 1962N。

9.4.1.2 钢帘线用成品钢丝的技术要求

（1）成品钢丝直径。目前一般用于钢帘线的钢丝直径范围为 0.12 ~0.38mm，有些国家钢帘线生产中所用钢丝直径范围为 0.15 ~0.27mm。

（2）抗拉强度及其他力学性能。成品钢丝直径为 ϕ0.15mm 镀黄铜钢丝的抗拉强度为 $2.45\times10^9 \sim 3.04\times10^9$Pa，打结强度不小于不打结强度的 55%。

钢帘线的外绕钢丝的性能应比钢帘线本身钢丝的塑性要好。拉制工艺由 ϕ0.65mm 拉到 ϕ0.16mm 成品，其抗拉强度为 $2.06\times10^9 \sim 2.4\times10^9$Pa，打结强度应不低于不打结强度的 60%。

（3）成品钢丝镀黄铜层的要求。黄铜层厚度 0.25 ~0.35μm，应为 α 相黄铜，其中 w(Cu) 为 70% ±5%，w(Zn) 为 30% ±5%。

9.4.1.3 半成品镀黄铜钢丝

（1）半成品钢丝直径。一般工厂采用 ϕ0.78mm 钢丝。

（2）半成品黄铜层的控制。ϕ0.78mm 钢丝，采用先镀铜，后镀锌，再进行热扩散工艺。

经过计算，理论上铜层厚度在 0.9 ~1.4μm，锌层厚度在 0.4 ~0.6μm，黄铜层总厚度约为 1.3 ~2.0μm，这样可以满足拉拔后成品钢丝的黄铜层厚度，以及保证形成 α 相黄铜。

9.4.2 高压胶管用钢丝

9.4.2.1 高压胶管用钢丝的技术要求

（1）钢丝直径公差 ϕ0.30 ±0.01mm。

（2）抗拉强度为大于 2.26×10^9Pa。

（3）打结率不小于破断力的 58%。扭转次数大于 60 次。

（4）自由圈径 21cm 以上。

（5）黄铜镀层为 α 相黄铜，控制含 Cu 质量分数为 70% ±5%，含 Zn 质量分数为 30% ±5%。厚度 0.25 ~0.35μm。

（6）钢丝原料成分按照国家标准，采用优质碳素结构钢，70 号钢，其中 w(C) 为 0.67% ~0.75%，w(Si) 为 0.17% ~0.37%，w(Mn) 为 0.3% ~0.6%，w(P) <0.03%，w(S) <0.03%。

9.4.2.2 半成品钢丝进行热处理-热扩散镀黄铜

（1）半成品钢丝直径为 ϕ1.25 ~1.3mm。

（2）抗拉强度（热处理后）$\sigma_b = 2.31\times10^9$Pa。

（3）黄铜层为 α 相黄铜（其中含 Zn 要小于 35%），厚度 2.5 ~3.0μm（要求大于

1.5μm）。

9.4.3 半成品钢丝热处理-热扩散镀黄铜工艺

以轮胎钢帘线半成品为例，钢丝直径为0.78mm，然后拉拔至成品钢丝。

9.4.3.1 工艺流程

放线→加热炉→铅浴→盐酸酸洗→水洗→电解酸洗→水洗→焦磷酸盐预镀铜→热水洗→冷水洗→硫酸盐主镀铜→水洗→电镀锌→水洗→热扩散→收线。

9.4.3.2 简单工艺原理

热处理工序，使钢丝进行铅浴等温淬火处理，得到索氏体组织，具有较高的塑性。钢丝在加热炉中加热，使金相组织奥氏体化，线温为900～940℃，从炉子出来进入冷却介质即温度为510～540℃的铅浴中，进行等温转变，形成索氏体组织。

酸洗，加上电解酸洗，使钢丝表面更加洁净。

焦磷酸盐预镀铜时，由于铁的电极电位比铜的要负，铁比铜的化学性质活泼，在简单的铜盐溶液中（如$CuSO_4$），容易发生铁置换铜的化学反应，即$Fe + Cu^{2+} \rightarrow Fe^{2+} + Cu$，这种情况下铜在钢丝上的附着能力极小。当采用络合镀液，Cu^{2+}以络合状态$[Cu(P_2O_7)_2]^{6-}$存在，$K_{不稳} = 1 \times 10^{-9}$，极小。游离的$Cu^{2+}$很少，铜的静态电位（在仅存在金属铜离子而无其他金属离子存在时，就是平衡电位）向较负方向偏移很多，由子通电时，铜电极的极化作用，电位向更负方向偏移，于是难于发生化学置换反应，仅产生电沉积的电极反应，生成结合力大的铜镀层，一般预镀铜层厚要求为0.3μm，均匀分布。然后采用硫酸盐镀铜，快速沉积较厚的铜层。

电镀锌后，用流动水冲洗净表面残余盐溶液，再进行热扩散，热扩散可以在管式炉中，也可采用电接触设备进行Cu和Zn原子的扩散，从而形成α相黄铜。

9.4.3.3 先镀铜后镀锌及热扩散形成黄铜层的工艺介绍

A 预镀铜工艺规范

硫酸铜（$CuSO_4 \cdot 5H_2O$）：30～50g/L；焦磷酸钠（$Na_4P_2O_7 \cdot 10H_2O$）：140～180 g/L；磷酸氢二钠（$Na_2HPO_4 \cdot 12H_2O$）：80～100g/L；温度：(40±2)℃，阴极电流密度：小于1200A/m^2；pH=8～9。

B 主镀铜工艺规范

硫酸铜200～300g/L；硫酸60～80g/L；温度为45±2℃；电流密度为1500～2000A/m^2；采用无油的压缩空气搅拌溶液。

C 热扩散

采用管式炉，电阻丝加热，辐射方式加热，炉温800～830℃。线温在450℃。

采用电接触加热设备，钢丝本身通电，由于钢丝电阻而使之加热，钢丝运行速度可以较快，提高生产率，在钢丝温度为450～500℃的条件下，电接触保温时间不少于11s，这样保证得到含$w(Cu)$为70%±5%，含$w(Zn)$为30%±5%的α黄铜。

9.4.4 生产钢帘线工艺举例

（1）ϕ6.5mm（或6.0）线材→机械去锈→重卷在大工字轮上→焙炖处理→表面处理→拉拔 6.5mm（或 6.0mm）→4.5mm（或 4.0mm）→焙炖热处理→表面处理→拉拔 4.5mm（或 4.0mm）→2.5mm（或 2.0mm）→焙炖热处理→表面处理→拉拔 2.5mm（或 2.0mm）→1.45mm（或 0.78mm）→焙炖处理→表面准备→电镀黄铜连续机组→半成品 1.45mm（或 0.78mm）拉拔→0.30mm（或 0.15mm）成品铜丝→钢丝捻制成股→捻制钢帘线→检验分类→包装。

（2）ϕ5.5mm 线材→机械去锈→酸洗→拉拔 ϕ5.5mm→ϕ4.8mm→焙炖热处理→表面处理→拉拔 ϕ4.8mm→ϕ2.25mm→ϕ2.81mm→焙炖热处理→表面准备→拉拔 ϕ2.25mm→ϕ2.81mm→

$$\left[\begin{array}{l}\phi 2.25\text{mm 拉至}\to\phi 0.75\text{mm}\\ \phi 2.81\text{mm 拉至}\to\phi 0.98\text{mm}\sim 1.25\text{mm}\end{array}\right]$$

→对 ϕ0.75mm，ϕ0.98mm，ϕ1.10mm，ϕ1.18mm，ϕ1.25mm 钢丝进行焙炖热处理→表面准备→镀黄铜→拉拔→

$$\left\{\begin{array}{l}\phi 0.75\text{mm}\to\phi 0.15\text{mm}\\ \phi 0.98\text{mm}\to\phi 0.175\text{mm}\\ \phi 1.10\text{mm}\to\phi 0.20\text{mm}\\ \phi 1.18\text{mm}\to\phi 0.22\text{mm}\\ \phi 1.25\text{mm}\to\phi 0.25\text{mm}\end{array}\right\}$$

→捻股→捻制钢帘线→检验→包装。

图 9-1 照片为半成品钢丝镀黄铜的金相照片。

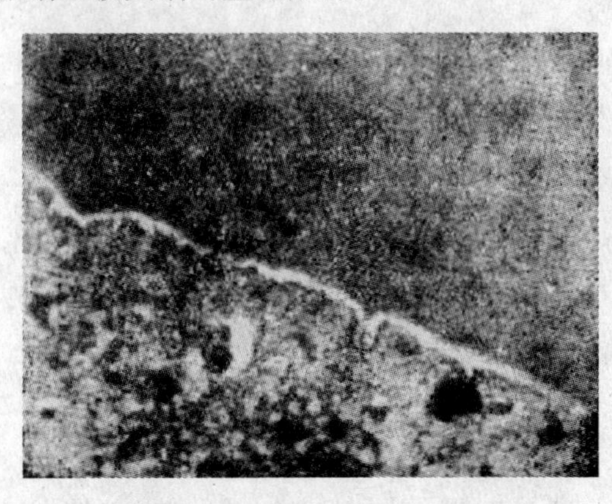

图 9-1　半成品钢丝镀黄铜金相照片

习　题

9-1　钢丝绳用圆钢丝热镀锌生产各工序的工艺规范是什么？

9-2　轮胎钢丝电镀铜工艺预镀铜、主镀铜的工艺规范各是什么？

9-3　电镀铜-锌合金与钢丝热扩散法镀黄铜工艺的区别在哪里？

9-4　钢丝热处理-热扩散镀黄铜工艺的流程及工艺是什么？

参 考 文 献

［1］何家麟．钢丝的防腐与镀层［M］．北京：冶金工业出版社，1987.
［2］徐民奎．钢丝镀层与防腐．湘潭钢铁厂职工大学，1988.3
［3］张允城，胡如南，向荣．电镀手册（第3版）［M］．北京：国防工业出版社，2007.
［4］《金属制品》杂志．2010～2013年．
［5］潘志勇，邱煌明．钢丝绳生产工艺［M］．长沙：湖南大学出版社，2008.

冶金工业出版社部分图书推荐